JN203137

宇宙飛行士に聞いてみた！

世界一リアルな
宇宙の暮らしQ＆A

ティム・ピーク 著
JAXA社友 Koshoya2020代表 柳川孝二 監修

日本文芸社

1

2

3

1 船外活動（EVA）訓練。肉体的にきつかったが、私はとても好きだった。

2 この写真はアメリカ航空宇宙局（NASA）が宇宙服用のイギリス国旗を認証する前のもの。星条旗のついた宇宙服を装着。

3 同僚のティム・コプラとNASAのジョンソン宇宙センターでロボットアームの訓練中。テストパイロット時代にヘリコプターの訓練をかなり積んでいたことが、国際宇宙ステーション（ISS）のロボットアーム操作を学ぶ訓練で役に立った。異なる軸で高度な調整能力と空間認識能力が求められる。オペレーションは通常2名編成。両手でそれぞれ操作コントローラーをにぎり、1名がアーム操作を、もう1名がシステムのセットアップやコマンド送信、アームの状態モニターの確認、地上との交信といった操作を行う。

4

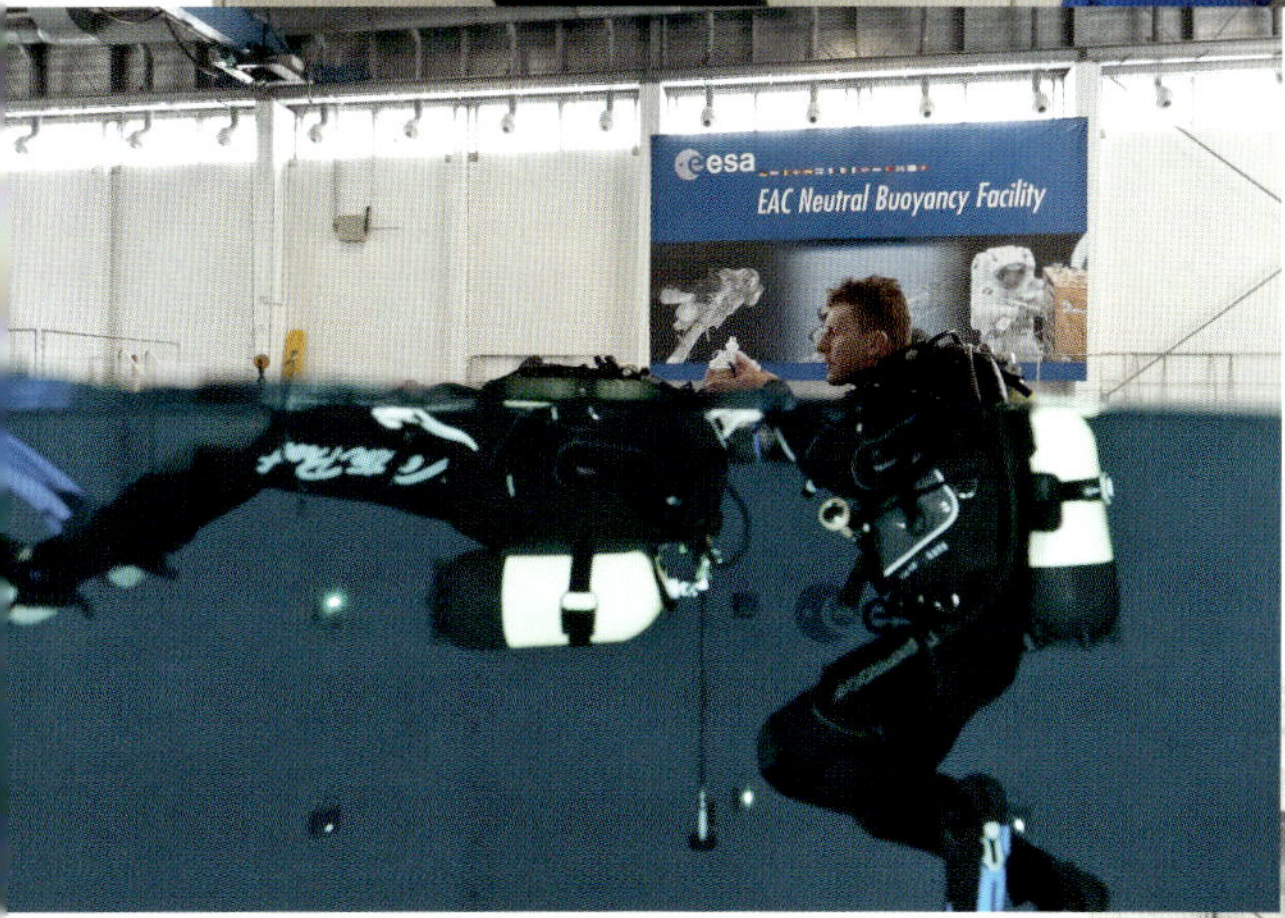

5

6

4 放物線状の飛行パターンにおける無重力状態、ゼロG訓練。エアバスA300機を用いて行う。無重力状態に慣れる。

5 海底での極限環境ミッション運用(NEEMO)訓練に備えた、過酷なサバイバル訓練。意識のないダイバーに救難呼吸を施しているところ。この訓練の目的は、海底に設置された閉鎖施設内で生活を行い、宇宙飛行に似た環境下で、ISS長期滞在ミッションにおいて必要となるリーダーシップやチームワーク、自己管理などの能力を向上させること。そして、ISSや月および火星探査に向けた新技術とミッション運用技術の開発など。

6 EVAに向けての訓練。ハーネスを装着し、一次元無重力シミュレーターに吊るされているところ。道具を使うと体がどう回転するかを学ぶ。EVAタスクでは体の姿勢をいかにキープするかが重要。楽しい訓練だった!

7

8

9

7 ソユーズ宇宙船の座席の型取りの様子。帰還する際の、大気圏突入やパラシュート開傘時における加速度変化（減速になる）、着地時の衝撃に、宇宙飛行士が耐えられるよう、打ち上げの2〜3か月前に各人の体形にあわせて、厳密に型取りが行われる。

8 ISSでのお楽しみ、宇宙食。食品の多くは、長期保存のためにガンマ（γ）線またはX線を照射された照射食品、缶詰、ドライおよびフリーズドライ食品。宇宙食の味はまあまあ。

9 イギリスの三つ星レストラン、ザ・ファット・ダックのオーナーシェフであるヘストン・ブルーメンタール（写真右）と「大英帝国宇宙食ディナー」を開発。ISSでの夕食メニューでお気に入りだったのは、アラスカ産サーモンの缶詰。ケッパーの強い香りが効いていた。

10

11

12

10 モスクワ1月、マイナス24度でのサバイバル訓練。これをやればなんでもこいだ！

11 宇宙に出たら洗濯はできないが、訓練中はこんな光景も。

12 ISSで火災が発生したら、最速で火元を特定して消化する。訓練中、繰り返し練習した。

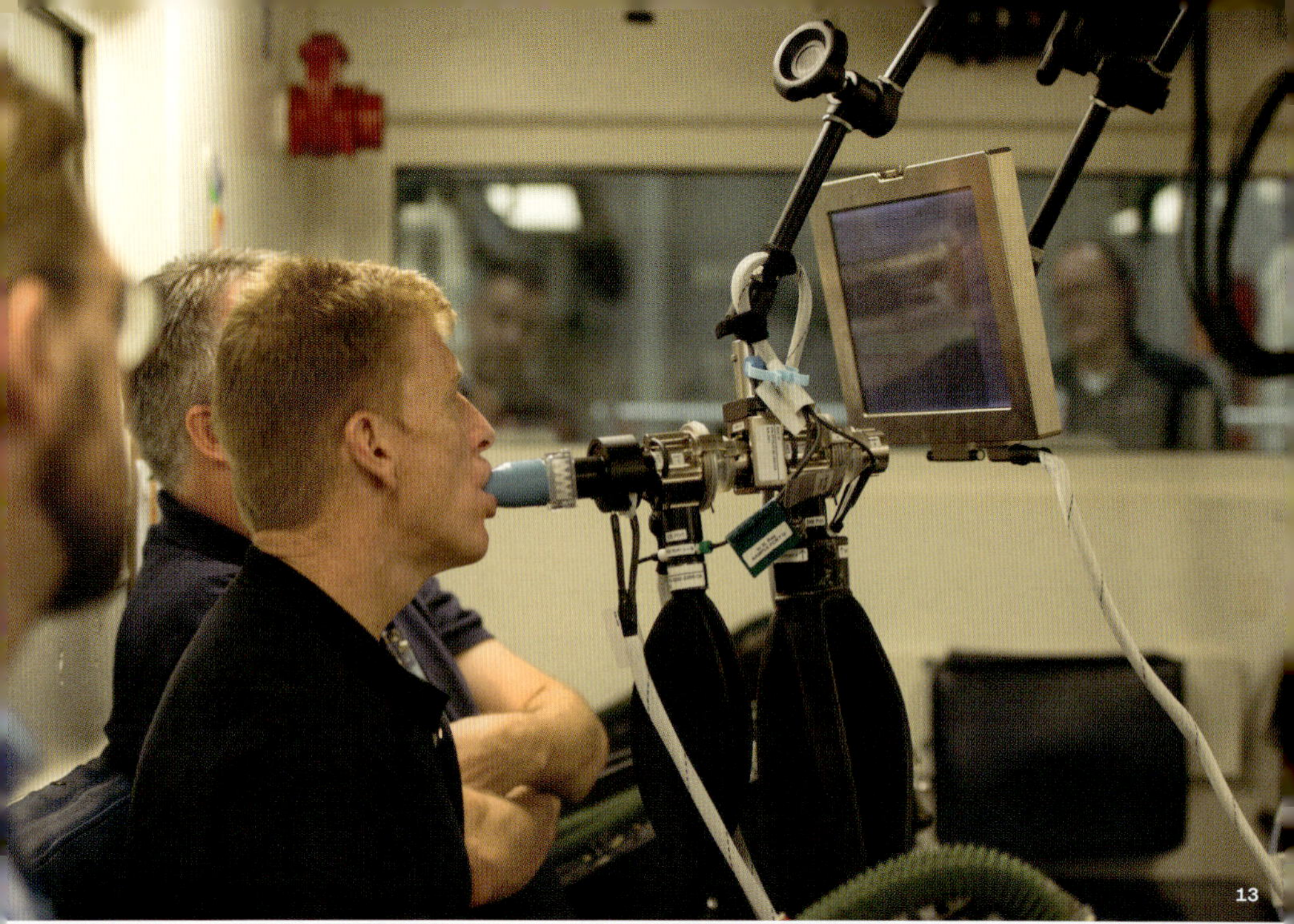

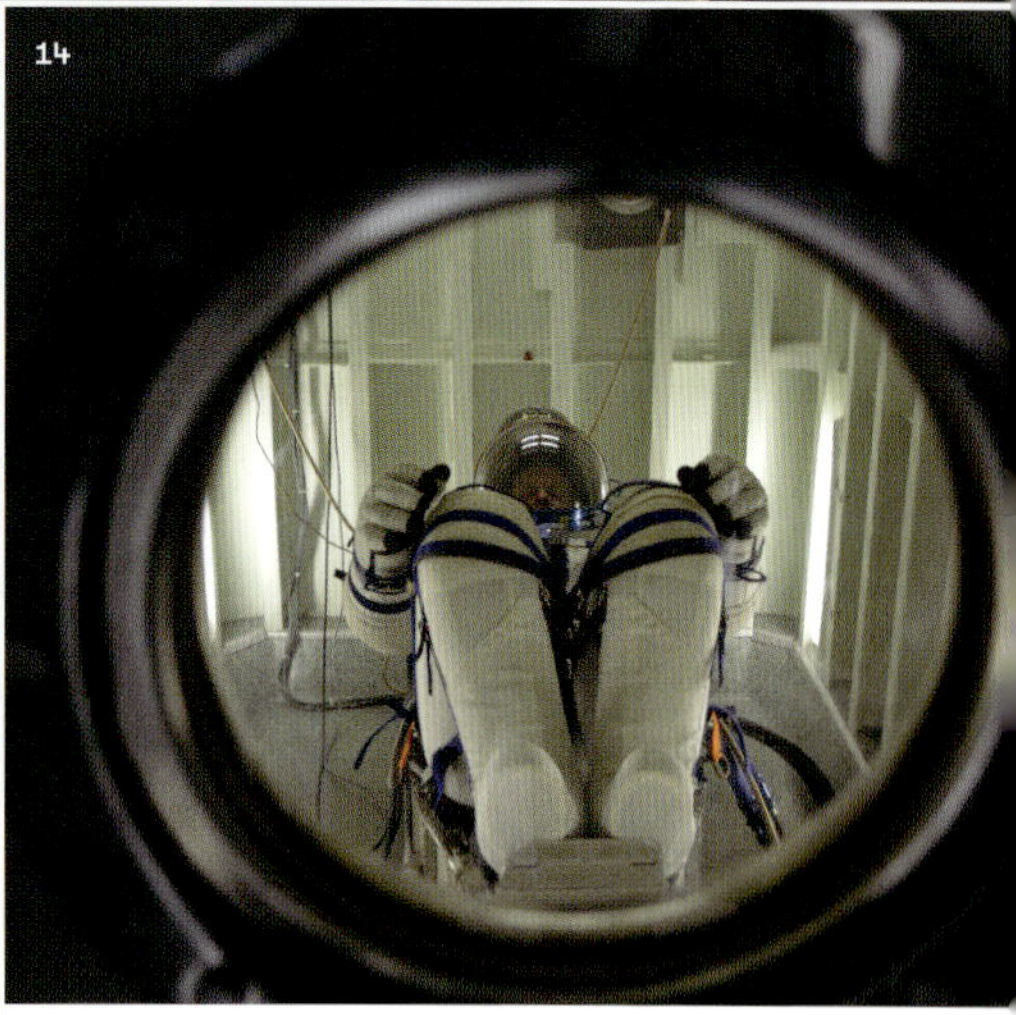

13 ISSで行う科学研究の多くは、人体への理解を深める。ミッションの前後と最中に医療データを集め、どんな変化が起きたかを確認する。この実験は気道の炎症を観察し、喘息に役立つ。

14 宇宙服をテストできるように真空室は宇宙の状態を再現している。

15 打ち上げ前に、ソユーズ宇宙船のシミュレーターで行った最後の訓練。

16

17

16 打ち上げ当日の伝統儀式。バイコヌール宇宙基地内の宿泊施設の一角にある「宇宙飛行士の並木道」に記念植樹。

17 こちらも打ち上げ当日の伝統儀式で、「ホテルの部屋のドアにサイン」。

18 こちらも打ち上げ当日に行われる伝統儀式で、ロシア正教会の司祭による祈祷。

19 発射台に向かうバスのガラス越しに家族としばしの別れを惜しむ。

18

19

20–21 2015年12月15日、ソユーズロケットの打ち上げの様子。

20

21

22

22 10時間以上も狭苦しいソユーズ宇宙船で過ごし、多忙なドッキングプロセスを経て、無事にISSに到着。よろこんでいる私たちをミハイル・コルニエンコ、セルゲイ・ヴォルコフ、スコット・ケリーが迎えてくれた。

25

23

24

23–25 科学用データを集めるのは、ISSでの生活の大きな部分を占める。私が一番興味を持った研究は生命科学の実験。血液サンプルの採取、気道炎症の検査、筋萎縮の究明など、研究は常に楽しい。

26 太陽からの荷電粒子が地球の磁気圏に入ると、大気の中で原子や分子に衝突する。その結果、南極と北極の上空ではオーロラが優雅に舞う。カメラではとらえきれない美しさだ！

27 お気に入りの一枚。非常にレアな南極大陸の写真。ISSの軌道のずっと南に位置しているため、こんなにくっきりと撮れるのは極めて異例。

28 惑星も恒星もISSからはっきりと見える。これは太陽がのぼる直前に金星がのぼっているところ。地球の大気の乱れの上なので、宇宙から見ると惑星も恒星も地球から見るようにキラキラまたたいてはいない。

29 南アメリカ、アンデス山脈。地球を1日16周していると、地球上で一番辺鄙《へんぴ》な険しい場所でさえ、すぐに見慣れてくる。今や行ってみたい場所ばかりだ！

30 ロシア極東部、カムチャッカ半島の火山。

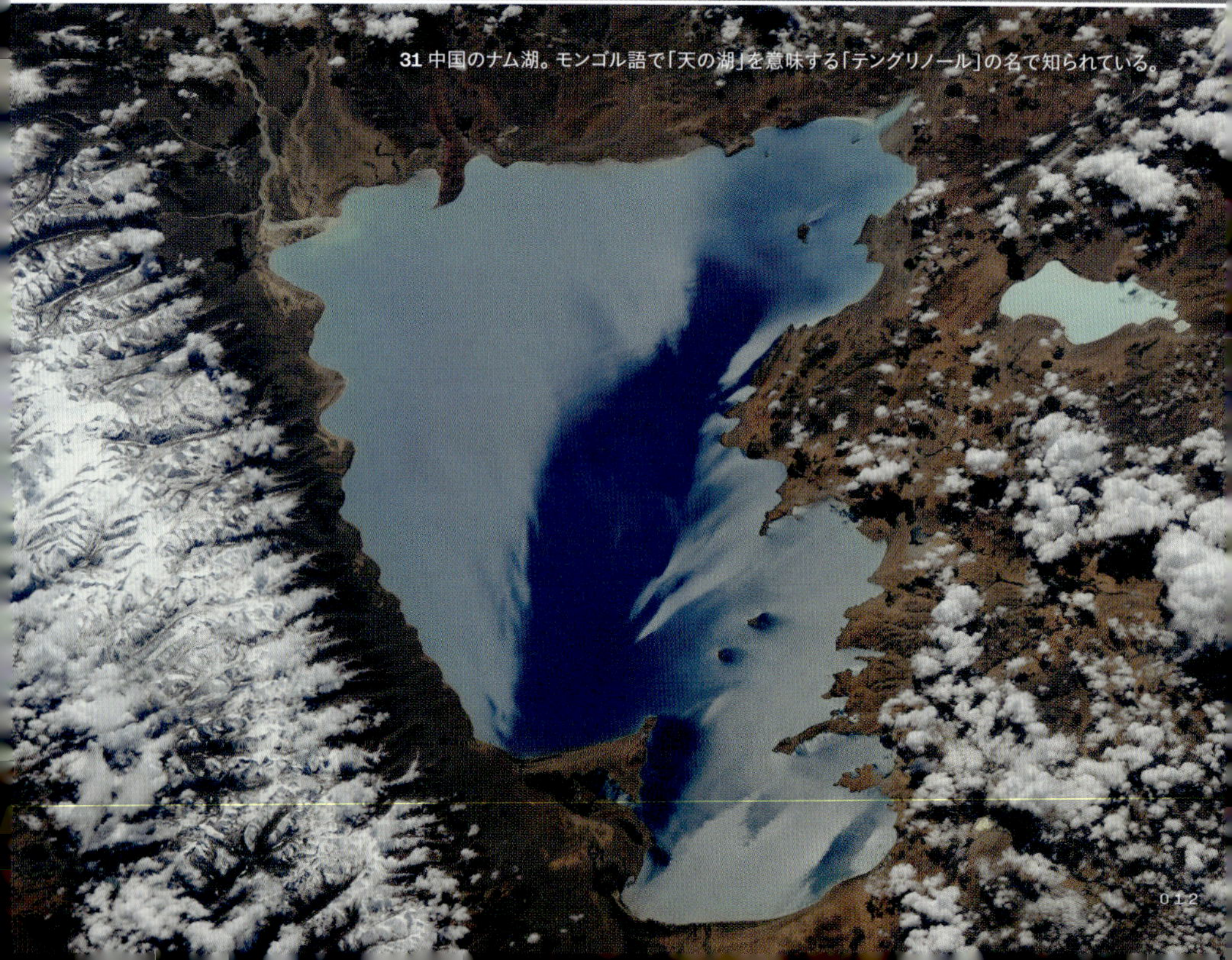

31 中国のナム湖。モンゴル語で「天の湖」を意味する「テングリノール」の名で知られている。

32 カナダ、ブリティッシュコロンビア州のコースト山脈。

33 カザフスタン、アルマトイ州のアラコル湖。

34

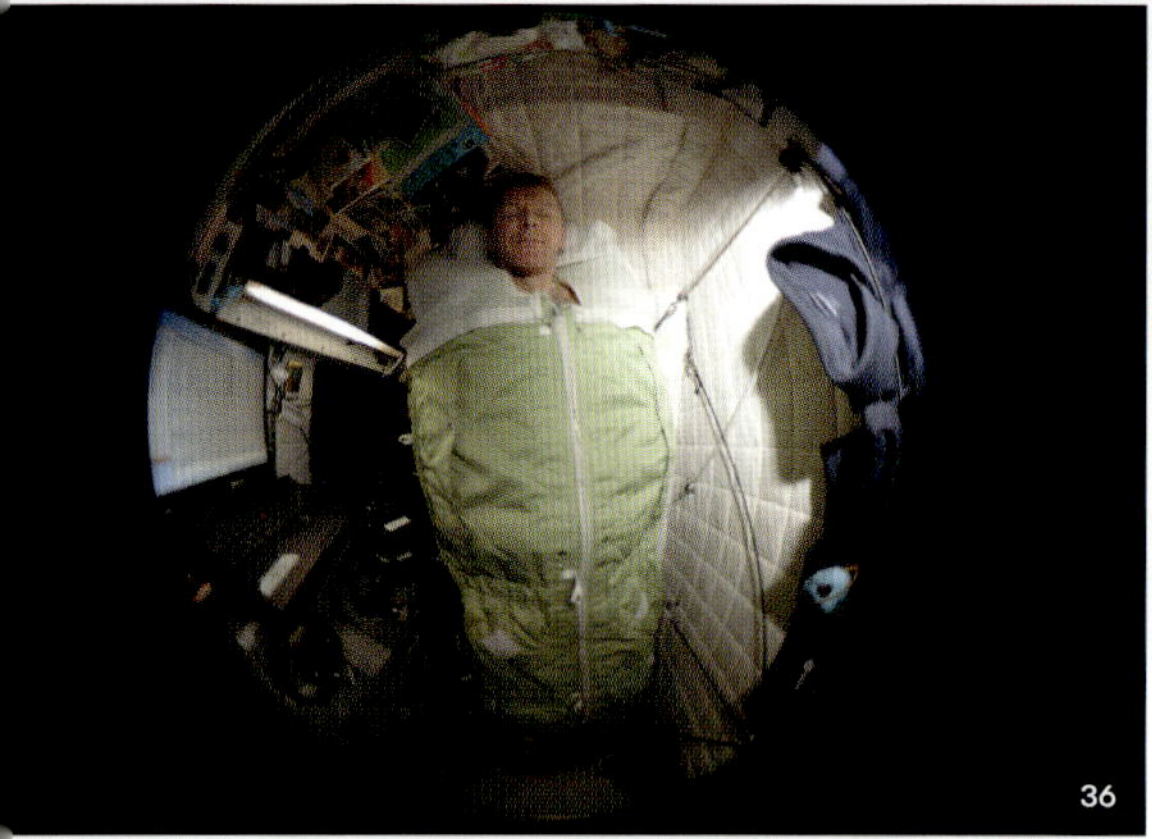
36

35

37

34 補給船の到着がいつも待ちどおしかった。変わりばえしない食品に新鮮なフルーツが加わるのはありがたい。

35 ISSの「床屋」で週に1回、へただが自分で散髪。切った髪がISS内を漂わないよう、バリカンにつながったチューブは、真空掃除機に接続されている。

36 宇宙で眠るのに慣れるには2週間ほどかかる。想像するほど簡単ではなく、地球上のようにベッドに倒れ込み、枕で頭を休めるといった満足な睡眠は決して取れない。

37 マラソンをするのはとても難しい。宇宙でトレッドミル(T2)を使う時はハーネスで固定する必要があり、これがさらなる負担になる。走りおわってマシンから離れ、無重力状態の中で浮遊した瞬間、ものすごくホッとした。

38

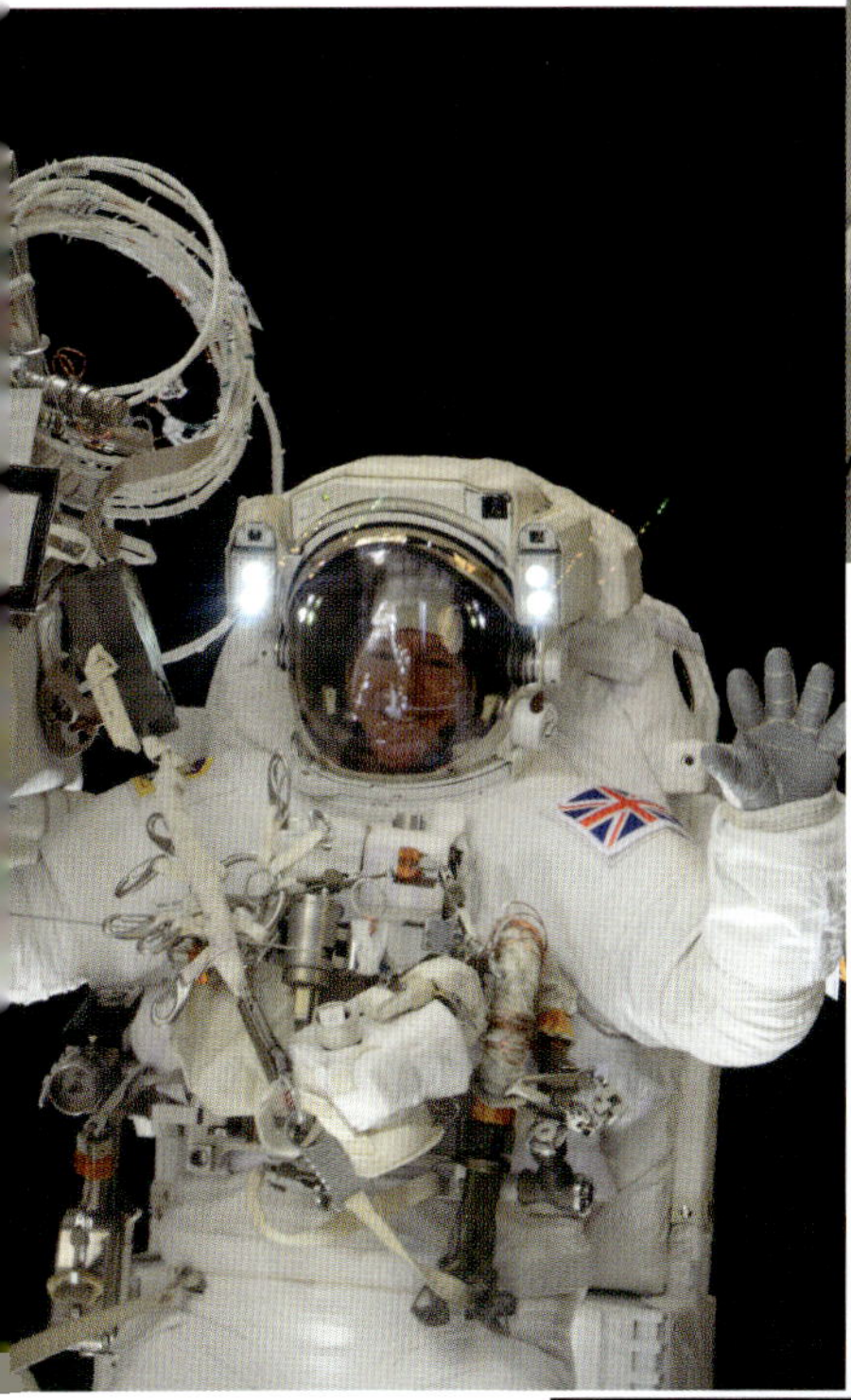

39

38–39 初のEVAは、ISSで過ごした中で一番気持ちが弾んだ経験だった。たった4時間43分のことだったが、この日のために何年もかけて準備をしてきた。一生忘れない。

40

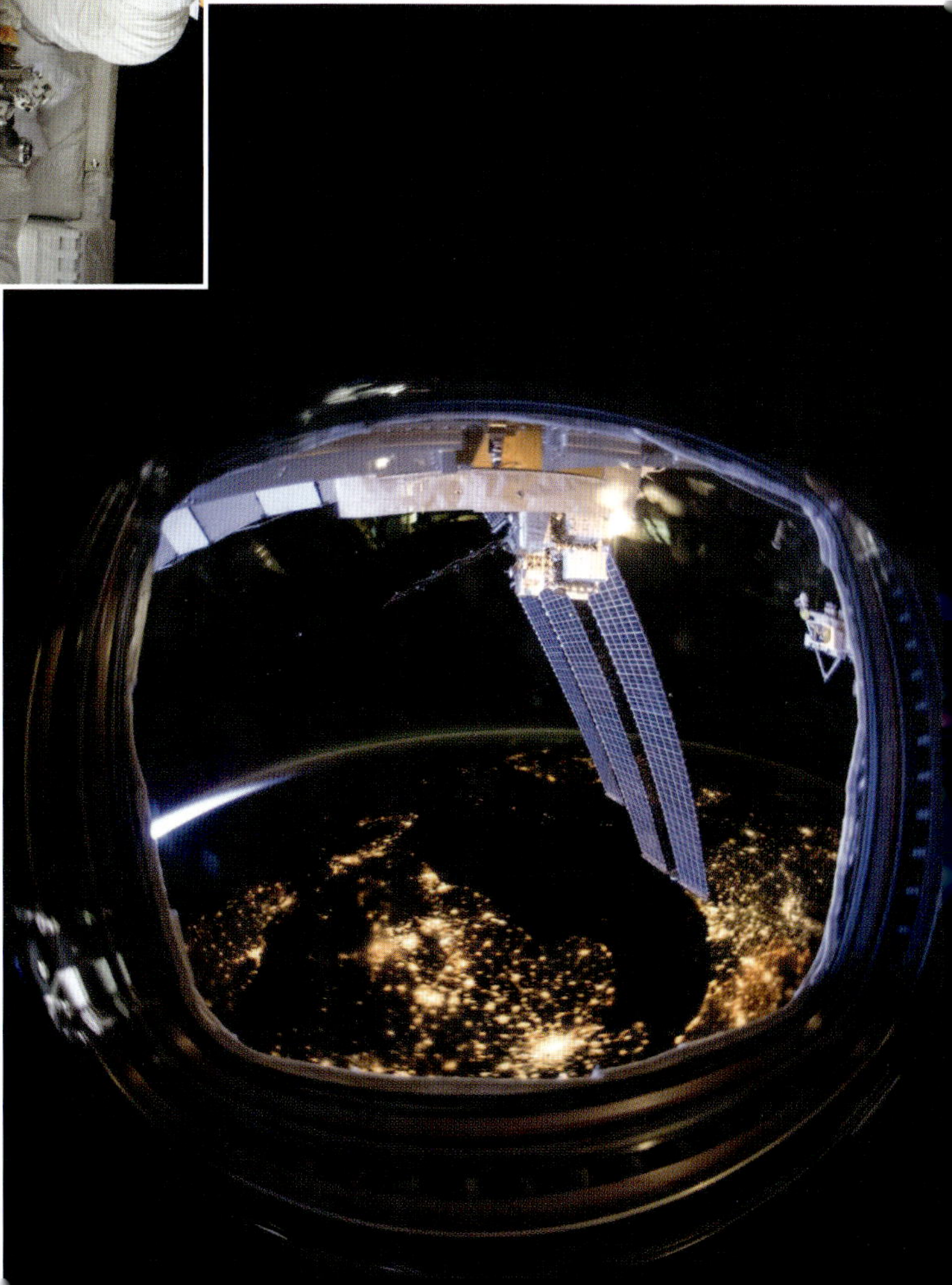

40 ISSでの生活は忙しい。しかし日曜日には通常、自由な時間があり、世界が動いているのを眺めながら、地上にいる家族や友だちに連絡できた。

41

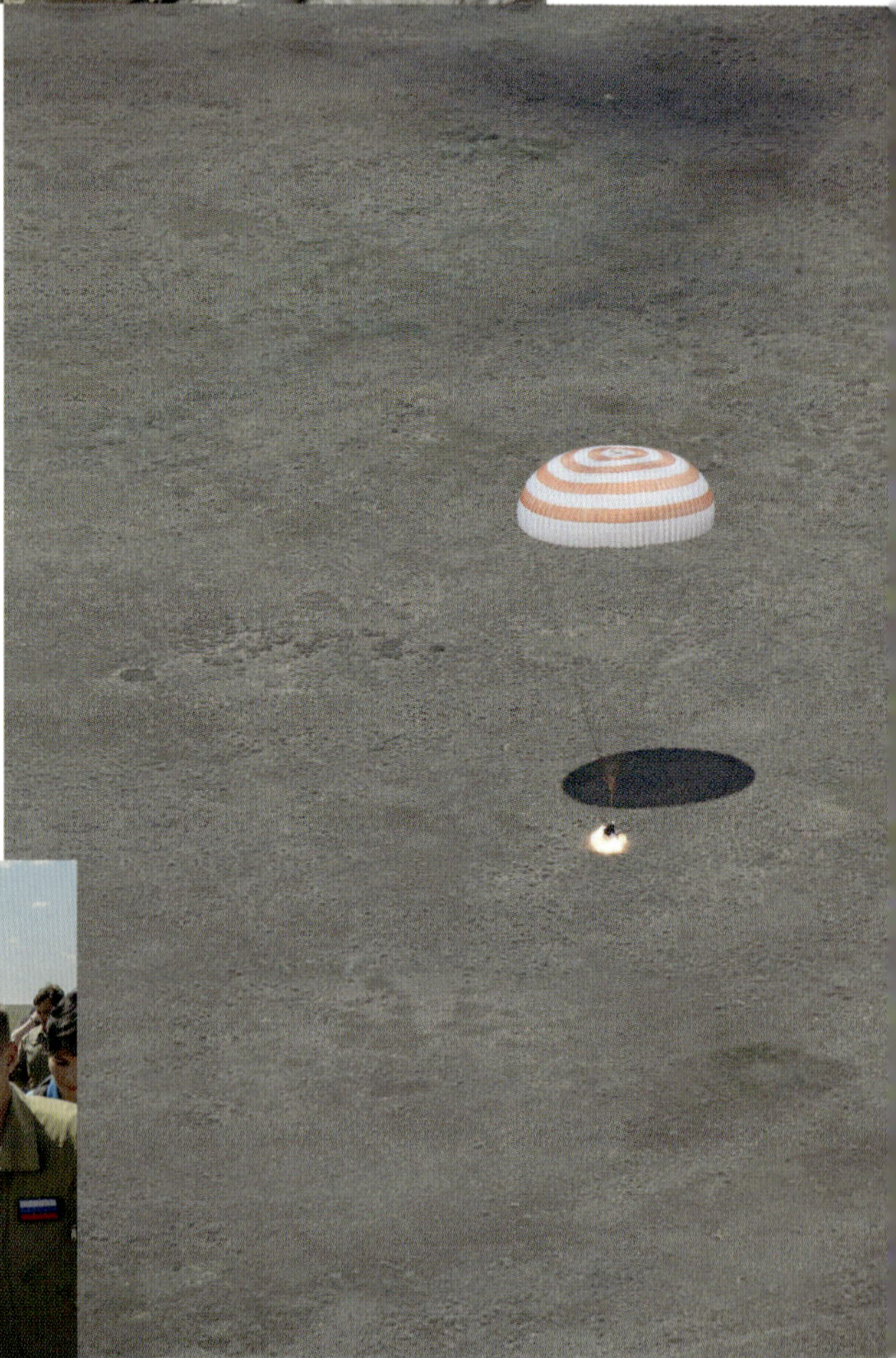

41 宇宙でおよそ6か月過ごしたあと、背骨がのびて5cmほど成長した。切り離しまであと3週間となり、ソユーズ宇宙船で座席を微調整しているところ。

42 地球に戻る際の飛行はかなり荒っぽかった。高度99.8km地点で大気圏に突入してから、高度10.8km地点でパラシュートが開くまで、ワクワクと楽しい8分17秒だった。この写真は、着地の直前にソフトランディング用噴射器が点火したところ。

43 宇宙で長く暮らしたあとは、地球の重力がとてもつらい。とくに帰還して最初の48時間は目がまわったり、吐き気をもよおしたり、めまいを感じたりする。だが、ISSで6か月過ごしたあとの、地球の新鮮な匂いにまさるものはない。

42

43

プロローグ

宇宙の話をはじめよう

私が国際宇宙ステーション（ＩＳＳ）に到着したのは２０１５年12月15日、43歳の時。その場にいること、そして憧れの先達と同じ道を歩んでいることが、とても誇らしかった。幸運にもかぎられた宇宙飛行のメンバーになれたことも信じられなかった。

私の宇宙への旅は、イングランド南東部ウェスト・サセックス州の海沿いにあるチチェスター郊外の小さな村ではじまった。約18年、軍のテストパイロットの経験を積んだが、自分のいるべき場所にいつもいたことが、宇宙飛行士になる道を開いてくれた。

ＩＳＳから戻ると、私のミッションや宇宙飛行士、宇宙についてもっと知りたい人々から、あたたかいメッセージと質問が届いて驚いた。

「宇宙はどんな匂いがする？」「宇宙には重力がある？」「宇宙の暮らしで一番つらかったことは？」といった問いに、私は楽しく答えた。「エイリアンとのはじめての遭遇に向けて、国際協定は存在するのか？」と聞かれた時は目が点になった。

「宇宙遊泳している時に宇宙のゴミであるスペースデブリ[1]と激突したら、どうなる？」という身につまされる質問や、「宇宙ではお茶を飲めるの？」など、思わず微笑んでしまうようなものもあった。ちなみに、宇宙ではもちろんお茶が飲める！

多くの小さな子どもたちの一番の関心事は「宇宙ではどうやってトイレに行くの？」ということだった。

人間性と実体、冒険と宇宙物理学、おそれとよろこびなど、宇宙飛行士とはこういうものだという私の考えを伝えるために、みなさんの疑問にできるかぎり答えるよう努めてきたが、この本ではもっと多くの質問に答えたいと考えている。そして結果として、はじめて火星を歩く人がこの本の読者であることを望む！

ソーシャルメディアのユーザーたちに #askanastronaut でシェアされ、ツイッターやフェイスブックを通して寄せられたすばらしい質問の数々を採用させてもらった。

私が遂行したミッションを網羅するために、「打ち上げ」「訓練」「ＩＳＳでの仕事と生活」「船外活動（ＥＶＡ）」「地球と宇宙」「地球への帰還」「未来」とキーワードに沿ってわけた。そしてそれぞれの質問に答えている。

回答する中で自分が思っていた疑問の答えも得られた。執筆するにあたりＩＳＳでの日々を追体験できたのは大きな糧となった。

1　意味のある活動をせずに地球の衛星軌道上を周回する人工物体。事故や故障により制御不能となった人工衛星や、衛星

訓練や準備、ＩＳＳを支える科学や実験、４００km以上離れた宇宙から見る地球の美しさ、大気圏を超音速で飛行するスリル、宇宙遊泳の興奮と危険、クルーたちとの友情など、すばらしい経験を経て、ものの見方が変わった。私の宇宙への旅とはなんだったのかをすべてみなさんと共有したいと思っている。

科学的な側面だけではなく、宇宙での日課についても伝え、楽しんでもらえればうれしい。宇宙旅行を目指す次の世代の人たちにとって有用な手引きになればと願う。

このプロジェクトに携わったすべての人に感謝を伝えたい。みなさんの好奇心は、この本を作る上で重要な役割を担った。心からお礼を申し上げたい。

幅広いテーマを扱ったこの本が、あらゆる世代の読者に支持されることを願っている。

では、まずは一番肝心な質問からはじめよう。

Q どうしたら宇宙飛行士になれますか？

A すばらしい夢をもっているね。

１９６０年代、アポロ計画[2]が人類に大いなる飛躍をもたらした。そして今、私たちは宇宙探査の黄金期に入りつつある。これからの数十年間、月への移住や火星着陸、太陽系のより遠くへの探査が期待できる。人類が夢見てきた試みが現実のものになろうとしていて、だれ

などの打ち上げに使われたロケット本体、一部の部品、多段ロケットの切り離しなどで生じたデブリ（破片）どうしの衝突で生まれた微細デブリ、宇宙飛行士が落とした手袋や工具、部品なども含まれる。

2　1961年から1972年にかけて実施されたアメリカ航空宇宙局（NASA）による月への有人宇宙飛行計画。人間を安全に月へ送り、地球に帰還させることを目標とした。アポロ11号で月面に着陸した宇宙飛行士のニール・アームストロングが発した「この一歩は小さいが、人類には大きな飛躍だ」は有名。NASAは1958年に設立されたアメリカの宇宙開発を行う機関。本部はワシントンDCにある。

もがこのすばらしい冒険に加わることができるのだ。

1961年4月12日、ユーリ・ガガーリン[3]が果敢に宇宙に飛び立って以来、37か国、545人が、宇宙[4]に到達している。

宇宙飛行士は人数こそ少ないが、国籍はもちろん、教師、パイロット、エンジニア、科学者、医者など、キャリアやバックグラウンドも広範にわたる。共通点は探検が好きなこと、そして宇宙飛行への情熱だ。もちろん、宇宙飛行士に求められる能力や資質はいろいろあるが、訓練で技量を培えばいい。

宇宙飛行士になるのに決まった道のりはない。

この本を読みおえた時に、現代の宇宙飛行士にとってなにが不可欠な資質かが、はっきりわかるだろう。なかには、意外に思うようなこともあるかもしれない。

たとえば英語以外の言葉ができると便利だし、宇宙飛行士になる前になにをしていたかも重要だ。情熱を傾けられることや職業を見つけ、ベストをつくしていたかが大切なのだ。

言うまでもないが、学校の成績はひとつの目安にすぎない。成功の鍵は、やる気と情熱、そして個性と人柄だ。

地球に帰還して間もなく開かれた記者会見の折に、母校の子どもたちへのメッセージを求められ、次のように話をしたことがある。

「君たちと同じように学んで、普通の成績で高校を卒業した。そんな男が6か月にわたる宇宙ミッションから戻ってきたばかりだ。だからこそ、『自分がやりたいと思うことは、だれになにを言われてもやってみることだ』と言いたいんだ」。

宇宙飛行士になるのは簡単ではない。実際、私の人生においてこれほどつらい経験をしたことがない。しかし、これほどやりがいのあることもなかった。その途方もない経験の数々は、生涯、忘れることはないだろう。

Q ISSでは日の出が1日に16回訪れる[5]そうですが、宇宙飛行士たちはいつ新年を祝うのですか？

A　ISSが採用している時刻はグリニッジ標準時（GMT）[6]で、ロンドンと同じ時刻に新年を迎える。イギリスの宇宙飛行士に都合がよさそうだが、世界各国の宇宙飛行士たちはそれぞれ自分の国の時刻に応じて新年を祝っている。

Q 宇宙にいる時に地球の気候が恋しくなりませんでしたか？一番恋しかったものは？

A　意外かもしれないが、ともかく雨。6か月もの間、シャワーを浴びられなかったしね。

3　ソビエト連邦の軍人、パイロット、宇宙飛行士。1961年、世界初の有人宇宙飛行であるボストーク1号に単身搭乗し、地球を1周した。「地球は青かった」のひと言は有名。

4　地上より高度100kmをカーマン・ライン（53ページ）と称し、それ以上に到達すると宇宙飛行士となる。

5　ISSは90分で地球を1周するため、日の出と日の入りを毎日16回拝める。

6　経度0度と定められたグリニッジ天文台における平均太陽時。イギリスのロンドンにある。

私はアウトドア派だから、狭くてあたたかいＩＳＳ内で、トレッドミル（Ｔ２）[7]で走っている時に、冷たい霧雨を顔に浴びたいと何度も思ったよ。

Ｑ　ＩＳＳに持っていったもので贅沢品は？

Ａ　地球観測で日常的に使うものだから、特別な贅沢品ではないが、カメラだ。興奮したり驚いたりしながらシャッターを切っていた。すっかり写真を撮るのが趣味になったよ。今でも写真を見れば、いつ、どこで撮ったかを思い出すことができる。心からよろこんだものは、スペースＸ社[8]の仲間からドラゴン補給船で届いた小さなクーラーボックス。クルーのためのアイスクリームがいっぱい詰まっていたんだ！

Ｑ　訓練中、知識が増えるほど宇宙に行く「恐怖」は消えましたか？

Ａ　訓練期間中はさまざまな知識を深めていく。おかげでＥＶＡや打ち上げ、大気圏再突入、緊急事態といったハイリスクなミッションや状況に対する不安は少しやわらぐ。

でもそれより大事なのは、難しい状況に対処する選択肢が増えて、最初につまらない選択をしないですむことだ。アメリカ航空宇宙局（ＮＡＳＡ）の宇宙飛行士で、アポロ８号の船長だったフランク・ボーマン[9]は、かつてこんなことを言った。「すぐれた操縦士はすぐれた判断をして、すぐれた技量が必要となる状況を回避する」とね。

私たちが受けた訓練は非の打ちどころがなく、トレーナーとインストラクターのすばらしいチームに大変お世話になった。彼らはミッションを安全かつ有意義に遂行できるよう身を粉にしてつくしてくれた。

発射台に向かっている時、宇宙に行く準備は万全だと感じたよ。人生最高のフライトがもたらすスリルと興奮が楽しみでならなかった。その時、「宇宙へ行くのはこわくないか？」と質問されていたら、「まったくないね！」と即答しただろう。

しかし宇宙への飛行は、どんなに知識があっても、訓練しても、準備しても、リスクがともなう。すべての宇宙飛行士は打ち上げ前にこのことを理解し、考慮しているが、最悪の事態が起きない保証はない。はっきり言えば、宇宙船の爆発やクルーの死亡事故といったものだ。

打ち上げ直前に家族に「さよなら」と言うのはもっともつらいことだった。体をロケットに預けたら、「二度と家に戻ってこられない」サイコロの目を引くかもしれないからだ。

「恐怖」は危険を察知すると生まれる感情だ。危険を感じない人は窮地に立たされても状況をよく理解できないだろう。それは火のつきやすい推進剤[10]を満載した、建物の10階の高さに相当するロケットのてっぺんにすわっても同じこと。

私は確かに、一抹の恐怖を感じている自分を見つけた。でもいつもそんな気持ちに打ち勝ってきたし、今はビクついている場合じゃないと腹をくくったんだ。

7 14ページ、写真37。178、298ページ。

8 南アフリカ共和国出身の実業家、イーロン・マスクが設立したアメリカの宇宙企業。開発したドラゴン補給船でISSへ定期的に物資を輸送する。

9 アメリカの宇宙飛行士。月への最初のミッションであるアポロ8号の船長。

10 ロケットは推進剤（燃料と酸化剤）を、飛行機は燃料と空気中の酸素を使用。26、28ページ。

打ち上げ時のソユーズロケット

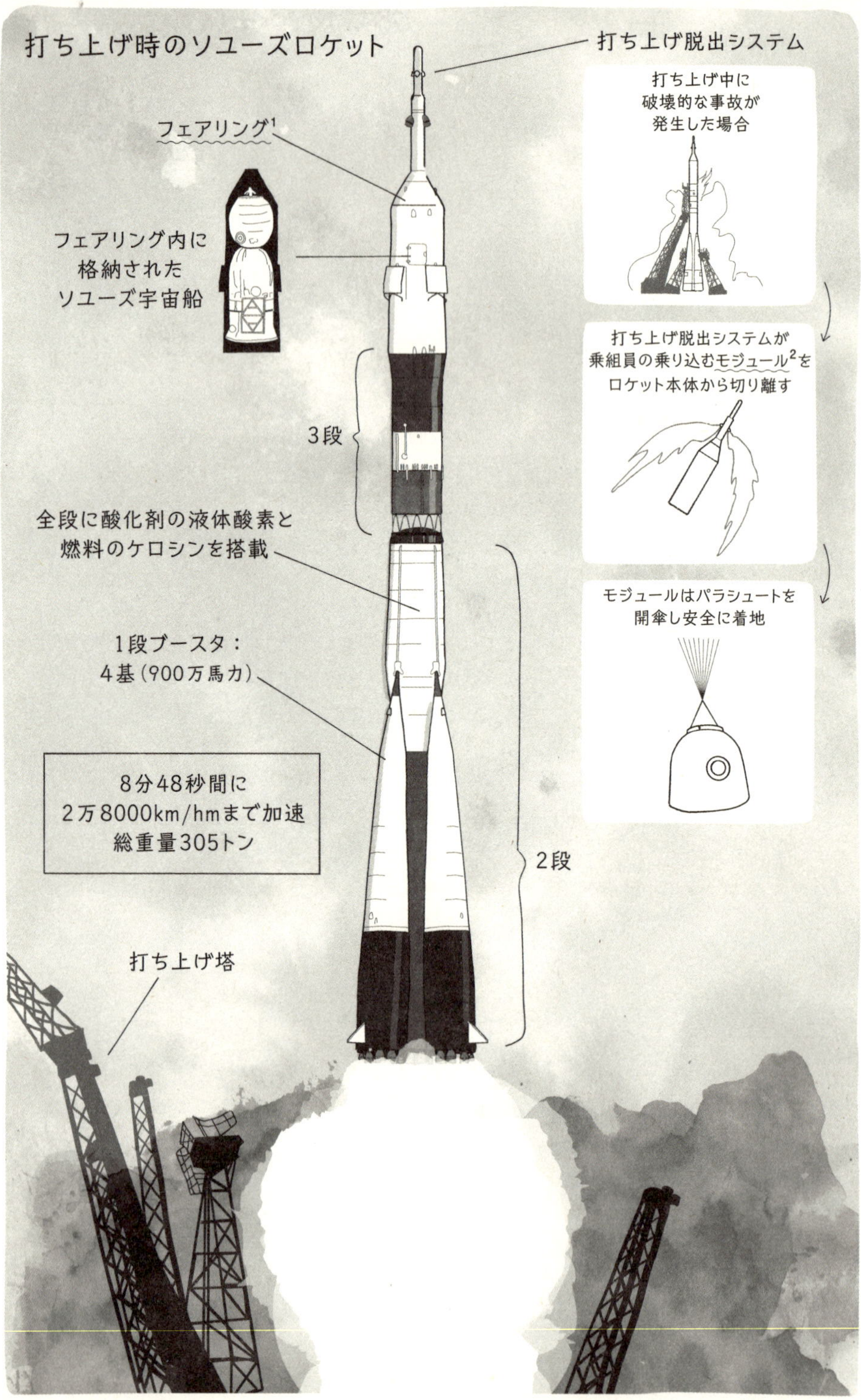

第1章

さあ、旅立とう

Q 重さ300トンのロケットのてっぺんに乗るってどんな気持ちですか？

A 私はそれまでの人生で多くの航空機に乗ってきた。でも、まもなく発射を迎えるロケットに乗り込む時ほど、高揚感を覚えたことはない。ただ神経質にはならなかった。むしろ逆だ。私はこの瞬間をずっと待ち望んでいた。落ち着けと言い聞かせ、プロとして集中し続けようとしたが、ただただ子どものようにはしゃいでいる自分がいた。

2015年12月15日、カザフスタン。現地時刻14時33分、打ち上げ2時間30分前。発射場の上空50mで、光り輝くソユーズロケットの先端に立ち、乗り込む時を待った。すばらしく澄みきった冬の日だった。眼下に広がるバイコヌール宇宙基地[3]、その向こうに

1 ロケット先端部のカバーで、搭載されているソユーズ宇宙船をロケット上昇時に空気抵抗や熱から守る。

2 49ページ。

3 カザフスタンのチュラタムに位置し、ロシアのロケット発射場などがある。34ページ。

は緑の広大なカザフステップ[4]がどこまでも続いていた。地球を6か月も離れることを惜しんで五感をフル稼働させ、この惑星の眺めや香り、音を感じた。先端のフェアリング[5]に格納された小さな宇宙船に乗り込んだ時、ロケットは生きているようだった。

極低温の推進剤[6]の沸騰は、絶えまなくロケットの下部を異様なまでに白い霧で覆う。

この零下の推進剤は薄い氷の層を発生させ、ロケット下部の3分の2を占め、午後の日差しの中、本来はオレンジと緑の色をした機体はまばゆいほど白くなっていた。ソユーズ宇宙船までリフトであがる時、ロケットの姿を間近で楽しんだ。

液体酸素とケロシンを300トンも搭載し、発射の直前まで金属製の支持構造の中で「シュー」という音をたてながら蒸気を吐き出すロケットを、地球の重力から解き放つ、工学技術のすばらしさに圧倒された。

ソユーズ宇宙船に乗り込む順番は決まっている。一番目は左側にすわる人で、私たちのチームの場合、ティム・コプラ[7]。次は右側にすわる人で、私だった。最後はソユーズの船長であるコマンダーのユーリ・マレンチェンコ[8]。

まずは横についた出入り用ハッチ[9]をぬけ、おそろしく狭い居住モジュール[10]に入る。そして体をくねらせながら、足から下におりるハッチをぬけて、帰還時に使用する帰還モジュール[11]におりる。はしごはないが、足かけを頼りにおりていく。この垂直のハッチをすりぬける時

4 旧名、キルギスステップ。カザフスタン北部からロシア南部まで広がる草原地帯。

5 26ページ。

6 ソユーズロケットは燃料としてのケロシンと、酸化剤としての液体酸素の組みあわせを推進剤として使用。

7 アメリカ航空宇宙局（NASA）の宇宙飛行士。本名ティモシー・コプラ。

8 ウクライナ系のロシアの宇宙飛行士。

9・10・11 49ページ。

12 ロシアの航空宇宙開発の中心地。ソユーズ宇宙船で国際宇宙ステーション（ISS）へ向かう

は、ともかく気を使った。アンテナが内蔵されていて、6か月後に着陸した際に、捜索救難隊に自分たちの居場所を知らせるのに必要だからだ。

座席はすわるというよりグッと押し込めるイメージ。スターシティ[12]で訓練を受けたソユーズ宇宙船のシミュレーター[13]とはまったく違った。宇宙船は積み荷でいっぱいだった。

まず船長の座席に落ちるようにすわり、そして慎重に足から順に体を横に移動して、右側の自分の座席に着いた。宇宙服や宇宙船にダメージを与えるわけにはいかないので、なにごともゆっくりとしたスピードで慎重に行う必要がある。

訓練期間中に洞窟探検[14]をした時のことを思い出し、極端に窮屈なスペースでの活動を経験しておいてよかったとつくづく思った。

自分の座席に着くと、電気ケーブルとエアホースを2本ずつ宇宙服[15]につなげた。クルーは医療用ハーネスを胸のわきにつけている。これで心拍数と呼吸数が計測され、データはフライトサージャン[16]に送られるのだ。2本のホースは冷却と換気を行い、急激に気圧がさがった時に酸素100%を供給する。

次にひざパットにあたるニーブレスをはめる。これは打ち上げの間に発生する重力加速度(G)負荷からひざを守る。そして5点式のハーネスシートベルトを確認する。

そして地上乗務員がなんとか宇宙船に入り込み、クルーがシートベルトを締めるのを手伝い、チェックリストを手渡してくれる。

宇宙飛行士は、モスクワ郊外のスターシティにあるガガーリン宇宙飛行士訓練センターで訓練する。日本では「星の街」と表現される。

13 6ページ、写真15。

14 欧州宇宙機関(ESA、31ページ)構成国であるイタリアのサルデーニャ島で行われるサバイバル訓練。洞窟で実施する。89、287ページ。

15 打ち上げからISSまで宇宙船内で着用する宇宙服(与圧服)。ロシアでは「ソコル」と呼ばれる。44ページ。

16 航空宇宙医師。航空宇宙医学の知識をもち、パイロットや宇宙飛行士の健康管理や航空宇宙医学の研究を行う専門医。

私は打ち上げまでの時間を意識し、最後にもう一度チェックリストを念入りに確認した。これからの決定的な数分間と、その先の数時間をシミュレーションしながら、私は最後の儀式を行った。つまりモチベーションをあげてアドレナリンを放出させたのだ。

打ち上げ前に、宇宙飛行士はそれぞれ3曲の音楽を聴かせてもらえる。私が選んだのは、クイーンの『ドント・ストップ・ミー・ナウ』、U2の『ビューティフル・デイ』、コールドプレイの『ア・スカイ・フル・オブ・スターズ』。

クルーたちの選曲メドレーがおわると、あとはロケット点火を待つだけだ。

するとそこへ最後のサプライズが！

ヘッドセットから、ロケットの轟音をかき消すような、シンセサイザーのメロディとギターの和音が流れてきた。ヨーロッパ[17]の『ファイナル・カウントダウン』だ。ロシア人にはユーモアのセンスがないなんて、だれが言ったんだろう。ソユーズの教官からの粋な計らいだった。

宇宙までのカウントダウン

ソユーズ宇宙船の打ち上げを実際にはじめて目にしたのは、2015年6月。私が宇宙へ飛び立つ半年前のこと。同僚クルーのティムとユーリと一緒に、私たちの前に宇宙に滞在するクルーのバックアップクルー[18]として、バイコヌール宇宙基地に滞在した。

17 ヨーロッパは、1979年に結成されたスウェーデンのロックバンド。この歌は宇宙へ旅立つ心情を歌っている。

18 ISS滞在クルーは自動的に前の滞在クルーのバックアップとなり、打ち上げまで同行する。

19 実際に宇宙飛行を行う宇宙飛行士。

20 ロケットを打ち上げる地点。発射場。

21 1981〜2011年、NASAが再使用を念頭に135回打ち上げた有人宇宙船。実用化されたのは、コロンビア、チャレンジャー、ディスカバリー、アトランティス、エンデバーの5機。

私たちの仕事は[19]プライムクルーの行動を追従し、できる範囲でサポートすること。すでに数週間前に必要な検査と試験をすべて合格し、宇宙へ飛び立つ準備はできていたが、プライムクルーと交替する可能性は極めて少ない。それでも、バイコヌールの[20]射点にいることで、フル装備のリハーサルとロケットの打ち上げを生で見ることができた。

その何年か前には、[21]スペースシャトルのディスカバリー号に[22]欧州宇宙機関（ＥＳＡ）の同僚飛行士、[23]クリステル・フォーグレサングが搭乗する際、アメリカのフロリダ州にある[24]ケネディ宇宙センターに打ち上げを見に行ったこともあった。

だが１回目のトライは天候不良により延期され、２回目のトライも[25]スペースシャトル・オービタの燃料バブルのひとつがトラブルを起こして取りやめになった。

結局、ディスカバリー号が宇宙へ打ち上げられたのはその数日後。訓練に参加するため、ドイツのケルンにある欧州宇宙飛行士センター（ＥＡＣ）へ向かっている時だった。

２０１５年６月にソユーズロケットの打ち上げに立ち会えたのは、その時の落胆を埋めあわせるには十分すぎた。なによりも発射台から驚くほど近い距離で打ち上げを見られたことが圧巻だった。私たちはロケットから１・５㎞ほど離れた捜索救難タワーの屋上にいた。

美しく澄みわたった夜で、午前３時をまわっていた。メインエンジンが点火し、数秒後に低い轟音が響くと、私の顔には満面の笑みが広がった。だがすぐに驚きに変わった。それまでの音はシステム作動確認のための、中間レベルの推力エンジン音にすぎなかったのだ。

22 ヨーロッパ各国で共同設立した宇宙開発研究機関。10か国の参加からはじまり、現在は19か国。

23 スウェーデン初の宇宙飛行士。２００６年12月10日～12月23日に行われたスペースシャトルのミッション、ＳＴＳ-116に参加。

24 正式名称はジョン・Ｆ・ケネディ宇宙センター。アメリカのフロリダ州に位置するメリット島にある。

25 スペースシャトルの宇宙船本体。エンタープライズ、コロンビア、チャレンジャー、ディスカバリー、アトランティス、エンデバーの6機。ロシア（ソ連）の宇宙船、ブランもオービタと呼ばれることがある。

エンジンが全開になると、轟音に飲み込まれた。ベース音のような低く力強い音がとどろき、胸のあたりに響きわたった。感動が最高潮に達した瞬間、ソユーズロケットは発射台から飛び立ち、どんどん上昇を続け、耳をつんざくようなバリバリという音が大気を満たした。

それから半年後、私はソユーズ宇宙船の座席にすわっていた。時刻は現地時間の夕方5時をちょうどすぎたところだった。目の前のデジタル時計にくぎづけになりながらも、真剣にヘッドセットから聞こえる指揮官の声に耳を傾けていた。

人生にはカウントダウンを期待する場面があり、まちがいなくロケットの打ち上げもあてはまる。しかしがっかりしたことに、ここでの打ち上げにカウントダウンはない。

エンジンが点火し、中間レベルの推力に達すると、ターボポンプが飛行スピードまで加速した。指揮官は打ち上げのタイミングを私たちクルーにキューを出して知らせ、最終ステージを告げたが、カウントダウンはなかった。

エンジンが[26]フル推力に達したとのコールが聞こえたのは、打ち上げ5秒前。自分たちのすぐ真下にあるロケットから、桁はずれのパワーを感じた。

打ち上げまでの数秒間、宇宙船内の音と振動はすさまじすぎて、発射台を飛び立ったのか、まだなのかさえわからなかった。ロケットが異常なほど激しく揺れる中、時間がゆっくりとすぎていくような気がした。ロケットエンジンの荒々しいエネルギーが生み出す独特のバリバリという音が聞こえ、加速がつきはじめた。飛び立ったのだ！

ふと半年前の記憶がよみがえり、地上の人々はどう感じているだろうかと思った。

おかしなことに、ソユーズ宇宙船にいると、音は外で感じるほど強烈ではない。誤解しないでほしいが、音はやはり非常にけたたましい。ヘッドセットを組み込んだ通信用キャップと、宇宙用ヘルメットをかぶるので、かなり防音になっているのだ。

逆に宇宙船内にいる時に強烈に感じるのは、純然たるエネルギーと、振動と加速のふたつのエネルギー。しかし激しい爆発があるわけではなく、耳にガンガン響くわけでもない。

ちなみにこの段階では、ロケットのフェアリングが宇宙船をカバーしているので、窓から外はまったく見えない。

ほんの数分で速度は秒速8㎞になる。これは飛行機で1時間15分ほどかかるロンドンからエジンバラを90秒で移動できる速度だ。私はスリル感を抑えきれず、微笑んだ。

宇宙への飛行は驚異的かつ非現実的な経験のひとつだ。私たちのように「ロシアの力で」[27]となると、より顕著になる。「壊れていないものは直さない」というロシアの哲学は、工学へのアプローチだけではないのだ。有人宇宙飛行を取り巻くすべてに適用され、歴史と伝統が染みついている。ユーリ・ガガーリン[28]の時にうまく機能したなら、現代の世界中の宇宙飛行士たちにも有効だろうという調子だ。

つまり打ち上げまでの一週一週、一日一日、一時間一時間が、必須な運用タスクではなく、過去の宇宙飛行士たちが忠実に受け継いできた伝統と儀式で彩られている。

26　4基の1段ブースタと2段エンジンが全開した状態。自重より推力が大きくなり、上昇しはじめる。

27　かつてはアメリカのスペースシャトルとソビエト連邦（ロシア）のソユーズで宇宙に行くことができたが、スペースシャトルが2011年に退役した現在、宇宙に行く手段はソユーズだけとなった。

28　22ページ。

Q どうしてカザフスタンから打ち上げるのですか？

A カザフスタン南部の大草原にあるバイコヌール宇宙基地は、世界初にして世界最大規模のロケット発射場だ。アメリカのスペースシャトル計画[29]が2011年に終了して以降、宇宙飛行士を国際宇宙ステーション（ISS）へ送り出す唯一の射点[30]となっている。

1950年代にソビエト連邦が建設し、1957年に人工衛星スプートニク1号、1961年に有人宇宙船ボストーク1号[31]が打ち上げられている。ともに人類初の快挙だ。

ここでの打ち上げは火花が派手に飛び散るように見えるため、とてもドラマチックだ。世界のほかの射点では、ロケット点火の際に噴出した火炎に水をかけて音を弱めるが、ここは砂漠地帯にあるため水を使わない。だから炎が燃え盛る中で打ち上げられる。

射点位置は入念な計画と検討を経て決定される。荷物を宇宙へ放つ効率を最適化するために地球の西から東への自転を利用し、少しだが「ただの加速」を使う。この「ただの」速度はあなどれず、時速約1670kmで音速より速く、赤道で一番速い。ただし、赤道に立ってもまわりの空気も同じ速度で流れているため、この速度を感じられるわけではない。

だが宇宙に飛び立つとなると、この追加の「加速」が効果的に働く。赤道から離れるにしたがって、「ただの」速度は低下し、北極と南極ではゼロになるのだ。

つまり、赤道付近でのロケット打ち上げが有利になる[32]。軌道に乗るまでに必要な燃料が少

29 1981年、アメリカ政府とNASAによって開始された有人打ち上げ機計画。

30 31ページ。

31 ユーリ・ガガーリンが搭乗。22ページ。

なくてすむので、その分より重い積荷の搭載が可能だ。

　しかし世界地図を見ればわかるとおり、ロシアは緯度の高いところに位置し、国土の大部分が北緯50度より上にある。ロシアで何度か冬を過ごした経験からも「熱帯気候とは程遠い気候だ」と断言できる。バイコヌール宇宙基地は北緯46度に位置し、赤道からは完全に離れていても、それでもロシアの大部分よりかなり南に位置する。

　単純に緯度だけの話ではない。バイコヌール宇宙基地は、もともと世界初の大陸間弾道ミサイルの試験場に選ばれ、その後、宇宙飛行のための打ち上げ設備が整えられた経緯がある。ミサイル試験場は、地上管制局から無線信号が途切れることなく届く平原にあり、ミサイル軌道を人口密集エリアから離れて確保できなければならなかったのだ。バイコヌールとカザフステップ[33]はすべての基準を満たしていた。しかもシルダリヤ川[34]から水の供給が可能で、モスクワからタシュケント[35]間の鉄道もたいして離れていなかった。

　赤道の近くから打ち上げるのは、地球の「ただの」速度を利用することに加えて、もうひとつの理由がある。それは軌道傾斜角[36]の選択肢がより多くなることだ。

　これを簡単にイメージするには、北極からのロケット打ち上げを考えてみるといいだろう。この場合、どの方向にロケットを向けたとしても、ロケットは南にしか行けず、極軌道[37]に乗ることになり、軌道傾斜角は90度となる。逆にロケットが赤道から打ち上げられた場合、い

32　ＥＳＡの射点は北緯5度付近で、赤道に近い南米ギアナに設置されている。静止衛星の場合、エネルギーの損出はほぼ0。

33　28ページ。

34　中央アジアの天山山脈を源に、キルギス、ウズベキスタン、タジキスタン、カザフスタンを通過し、カザフスタンとウズベキスタンにまたがる北アラル海に注ぐ。

35　ウズベキスタンの首都。

36　赤道と軌道をまわる飛翔体との角度をあらわす。

37　南極と北極の両方の上を通る人工衛星の軌道。

かなる方向にも飛ばせて、いかなる軌道傾斜角にも乗せることができる。この北極と南極の両地点の間の場合、軌道傾斜角は発射場の緯度によって決まる。

この法則は、燃料を消費して「軌道面変更操作」を行う場合は当てはまらない。しかし一度軌道に乗った物体の傾斜角度を傾けるには、莫大な量の推進剤が必要になるため、たいていのミッション立案者はこうした事態を避けようとする。

ＩＳＳの軌道傾斜角は何度？

ＩＳＳの軌道傾斜角は５１・６度。これは世界一の打ち上げ設備を誇る施設に発展したバイコヌール宇宙基地[38]（北緯46度）の緯度が決め手になった。

世界にはほかにも射点[39]はある？

たくさんある。ケネディ宇宙センター[40]は有人宇宙船の射点として歴史が長く、２０１０年代の末までに新開発されたふたつの宇宙船、ボーイング社のＣＳＴ－１００[41]とスペースＸ社のドラゴン補給船[42]が宇宙飛行士を乗せて再び打ち上げられる予定だ。また中国は有人宇宙船の打ち上げプログラムのために、酒泉衛星発射センター[43]を使用している。

38　北緯46度にあるバイコヌール宇宙基地（27、34ページ）から打ち上げ、エネルギーの無駄なくソユーズ宇宙船をＩＳＳにドッキングするには、ＩＳＳの傾斜角を51・6度にするのが最適だった。

39・40　31ページ。

41　アメリカの世界最大の航空宇宙機器開発製造会社。

42　24ページ。

43　中国とモンゴルの国境沿いのゴビ砂漠にある。

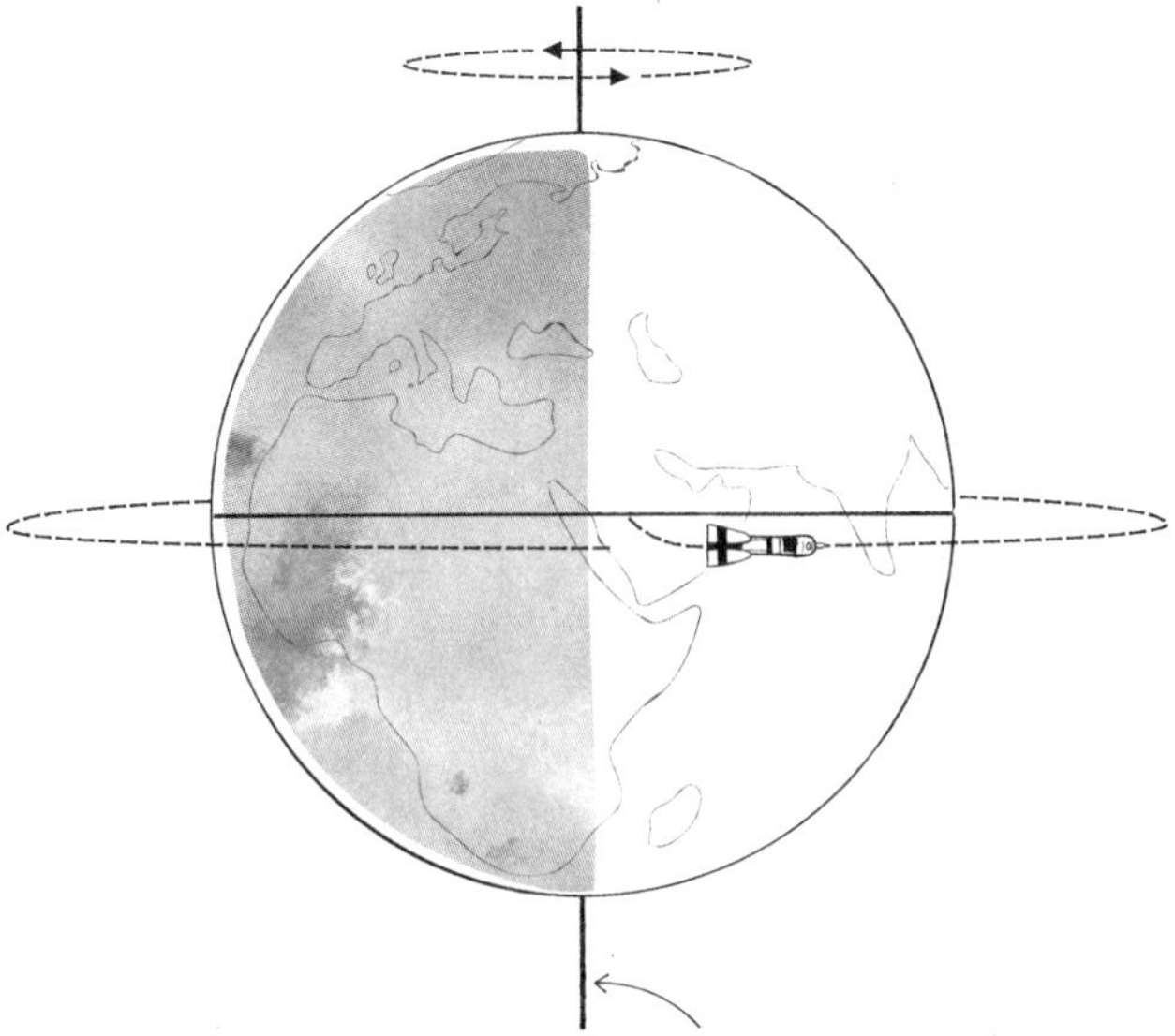
ロケットは
赤道付近では
打ち上げ前でも
時速1670kmで
移動している
極点において地球の
自転速度はゼロ

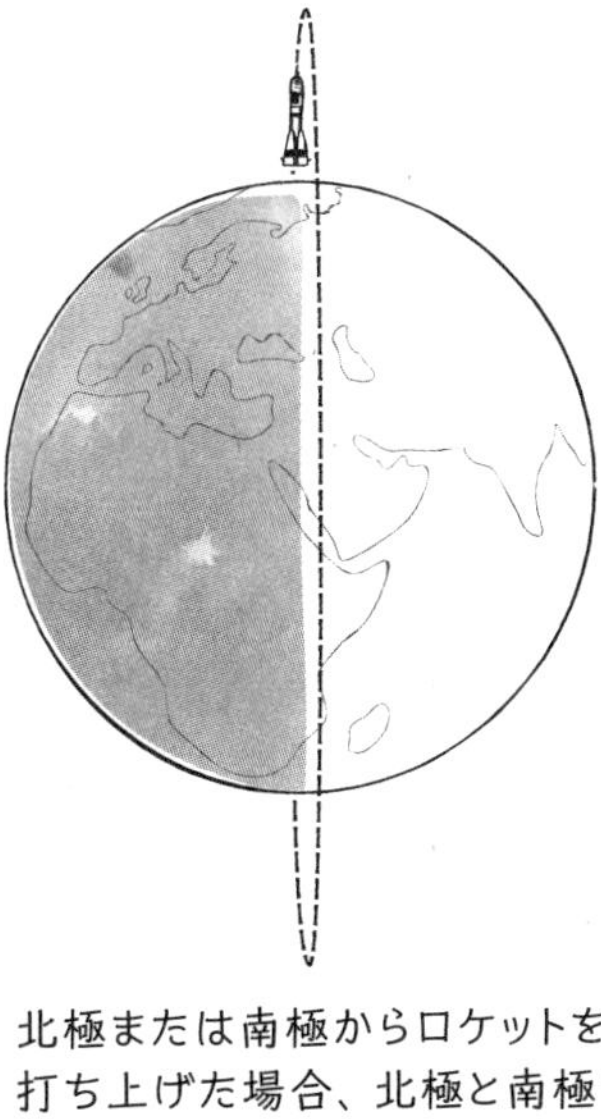

北極または南極からロケットを
打ち上げた場合、北極と南極を通過する
極軌道にしか乗ることができない

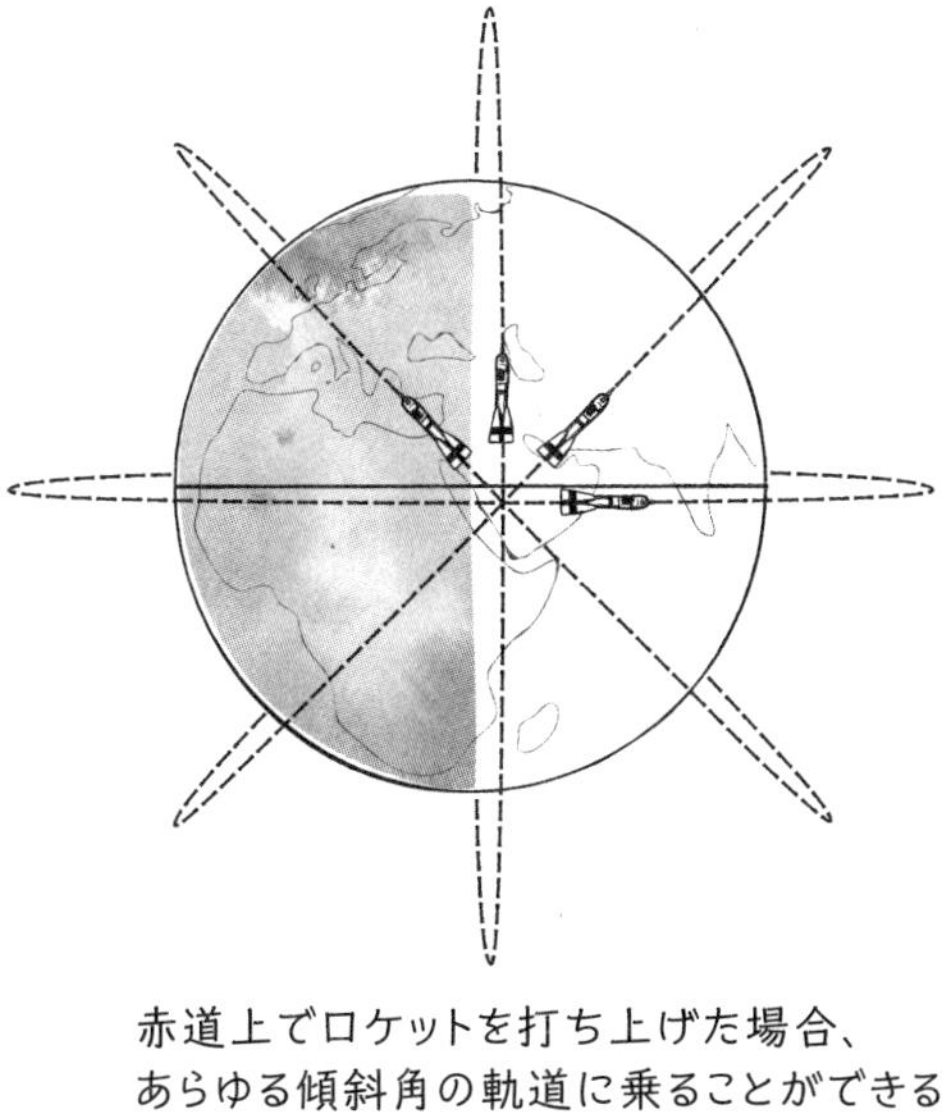

赤道上でロケットを打ち上げた場合、
あらゆる傾斜角の軌道に乗ることができる

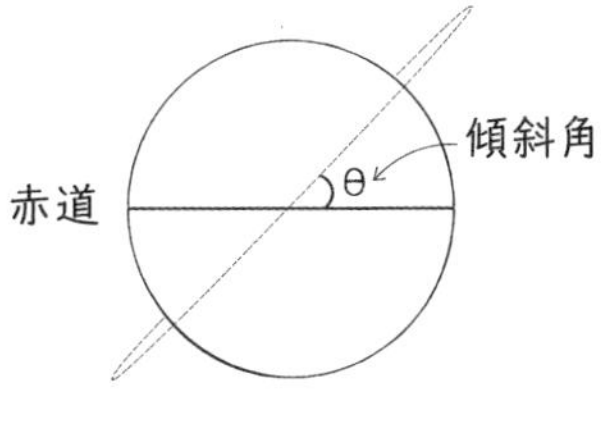

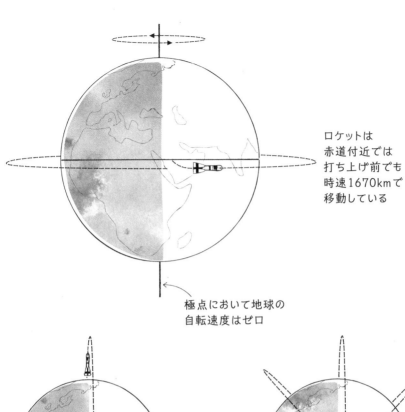

Q 打ち上げ前に宇宙飛行士はどれくらい隔離施設で過ごしますか？　面会はできますか？

A　宇宙飛行士のクルーは健康な状態でＩＳＳに到着する必要があるため、ウィルスに感染または発症していないか、一定期間の検疫が義務づけられている。

一般的には約2週間で、私たちは15日間の検疫隔離だった。この期間に最終的なプログラムチェックをすませ、打ち上げ前の最後の訓練を行う。準備はほとんどできていたので、のんびりしたり、打ち上げを見にきた家族や友達と会うこともできた。

だから検疫隔離の期間にだれにも会えないというわけではない。だが、ロシアの医療スタッフが厳しい規定を設けていて、直接に面会できるのは数名の家族のみ。

面会者はクルーに会う前に、フライトサージャン[44]による簡単な健康診断を受ける必要がある。また当然のことながら子どもは「歩く病原菌」になりやすいため、より感染源になりやすい12歳以下の子どもとは接触できない。とくに冬の季節は。12月のバイコヌール[45]は気温がめったに氷点下をうわまわることがなく、私の2人の息子たちは大きなガラス越しにしかパパに会えない理由を理解できないようだった。

検疫隔離は確かに必要な予防措置で、心を鬼にしなければならない医療スタッフたちには同情する。１９６８年、アポロ7号の11日間のミッション中に起きた風邪[46]の感染が教訓になっているのだ。

宇宙船の密閉された空間では空気は再循環し、洗浄の機会も少ない。おまけにいろいろなものをみなで触れる環境下だ。ISSが清潔な衛生状態を保てるなら、私たちはどんな苦労も惜しまない。それは打ち上げ前の検疫隔離の段階からはじまっているのだ。

Q 打ち上げ当日はなにをするのですか？

A 当然のことながら、打ち上げの瞬間までにすべてのことが決まっている。ソユーズロケットの打ち上げ時間はそのつど変わるが、打ち上げまでの分刻みのスケジュールは確定していて、ソユーズに乗る宇宙飛行士はみな一連の手順をこなす。すべてが予定時刻にはじまり、予定時刻におわる。信じられないほどの流れ作業で、慌てることのないように適度の余裕を入れて最大限の効率で遂行される。

重要なことが忘れられるのを防ぐだけでなく、クルーが装備を整え、自信をもちながらリラックスした状態で、発射台に向かう専用バスに乗るのを確実にするプロセスなのだ。

打ち上げ当日の朝のスケジュールは以下のとおり。

7時55分—8時5分：起床、洗面（10分間）
8時5分—8時15分：メディカルチェック（10分間）
8時15分—9時15分：特別医療処置（60分間）

44　29ページ。
45　27、34ページ。
46　最初に船長のウォーリー・シラーがひどい鼻風邪にかかり、新人飛行士のウォルター・カニンガムとドン・エイゼルに移ってしまった。3人はアメリカの宇宙飛行士で、ウォーリーはアメリカ初の有人宇宙飛行計画であるマーキュリー計画（81ページ）からジェミニ計画（82ページ）、アポロ計画（21ページ）とすべてに搭乗し、ウォルターはアポロ7号のミッションにおいてアポロ月着陸船を操縦し、ドンはアポロ7号の司令船を操縦した。

9時15分—9時35分：衛生洗浄（シャワー、20分間）
9時35分—9時40分：微生物制御（5分間）
9時40分—9時50分：皮膚の特別療法（10分間）
9時50分—9時55分：宇宙服の下に着る下着を着用（5分間）
9時55分—10時5分：徒歩で基地近くのコスモノートホテルへ移動（10分間）
10時5分—10時35分：食事およびトイレ（30分間）
10時35分—10時55分：壮行会（20分間）
10時55分—11時：ホテルの部屋のドアにサイン[47]（5分間）
11時—11時5分：ロシア正教会の司祭による祈祷[48]（5分間）
11時5分—11時10分：専用バスに乗車（5分間）
11時10分：254番ビルディングへ移動し、宇宙服を着用

10分間のメディカルチェックは検疫隔離の期間に毎朝受けていたのと同じく、基本的なバイタルサイン[49]の測定と体重測定だった。

ウィルスや感染症にかかっていないかを調べると同時に、体重が増えすぎていないかを確認する。打ち上げ当日までの間、食事内容は非常によく、量もたっぷりだったので、体重を増やさないようかなり努力した。クルーの体重変化は宇宙船の重心に影響をおよぼすため、重心は宇宙まで安全かつ確実に飛行できるよう厳密に計算されている。幸い私はベストの70kg前後をキープできていた。

47 7ページ、写真17。

48 7ページ、写真18。大きな筆のようなもので聖水を頭にかけられる。

49 生命徴候。脈拍、呼吸、体温、血圧、意識レベルの5つが基本。

50 NASAではMAGS（最大吸収性服）と呼ぶ。188ページ。

51 宇宙空間に出ても実は「無重力」にはならない。ISSは高度400kmに位置し、地上の90%くらいの重力がある。た

8時15分からはじまる特別医療処置について少し説明しておこう。

打ち上げに際して宇宙飛行士の多くは大人用の尿漏れパンツ、つまり大人用おむつ（MAG）[50]を着用する。重さ300トンの花火に乗って宇宙に飛び立つ興奮から、チビるのではと心配されるからではない。打ち上げ当日は宇宙服を着て約10時間も過ごすという単純な理由からだ。トイレが近くない人でも、そんなに長時間は我慢できるわけがない。

スケジュールに組まれている特別医療処置は第1の生理的欲求、つまり小さい方とは関係がない。実際は第2の大きい方が問題。注意散漫にならないよう、そして便意をもよおす前に消化器が1～2日で無重力[51]に慣れるように宇宙飛行士は浣腸を受ける。

アメリカ式かロシア式かを選ぶよう言われたが、違いがわからないし、そんなことに頭を使う余裕は残っておらず、私はただ「ロシア式で」と言うしかなかった。

内部がきれいに洗浄されると次は外側の洗浄だ。抗菌石鹸[52]で体を洗い、シャワーを浴び、抗菌タオルで体をふく。そして平静を保って裸のままフライトサージャンを呼ぶ。

宇宙飛行士になるには、羞恥心を捨てなければならないと早い段階で気づくだろう。宇宙への道のりは屈辱でいっぱいだ。S状結腸鏡検査[53]や内視鏡検査、浣腸など、突っ込まれたり、つつかれたり、どこまでも続く。だからフライトサージャンに特別仕様の抗菌タオルですばやく体をふいてもらっても、もはや耐えるのは苦ではなかった。

次に長ズボンの下にはく無菌の白い下着と長袖の下着を身に着けた。


だし、地球のまわりを秒速7・7㎞で円運動しているので、その遠心力と地球重力が釣りあい、地球に落ちることはない。その際、ISS内部で一緒に動く物体はプカプカと浮いているように見えるので、それを「無重力」あるいは「無重力状態」と表現する。宇宙環境を利用した実験などでは、「微小重力」「微小重力状態」といわれる。本書では、原書の「zero gravity（無重力）」「weightless（無重量）」「microgravity（微小重力）」をすべて「無重力」と表記した。249ページ。

52 29ページ。

53 肛門から管を挿入し、大腸の下部50・8㎝ほどの内部を観察して異常や病変の有無を調べる検査。

宇宙飛行前の最後の食事はバックアップクルー[54]やフライトサージャンと一緒に食べる。精神的に緊張する状況を目前に控えつつも、冗談を言ったり、すばらしいひと時を過ごした。朝食メニューは伝統で、卵料理、ベーコン、カーシャ[55]、パン、ハム、チーズ、ジャム、フルーツと決まっていた。ロシアの高級紅茶もタップリ用意されていた。数時間後まであたたかい食事を食べられないし、新鮮なものではないため、私はしっかり食べた。

食事がすむと伝統儀式がはじまる。プライムクルー[56]である私たちは小さな個室で配偶者と面会した。バックアップクルーと各国の宇宙局のシニアマネージャーも来ていた。ミッションの成功と、家族や友人の幸せを願って乾杯した。残念ながらプライムクルーは、シャンパンやウォッカではなく、水での乾杯だった。

最後は配偶者に別れの言葉を告げる。プライベートな会話をする最後のチャンスだ。

打ち上げ当日には伝統的に行う儀式がいくつかある。

最初に行うのは、宿泊先のコスモノートホテルの部屋のドアにサインをすること。自分が影響を受けた先達の宇宙飛行士たちのサインのわきに自分のサインを加えるという、とても特別な時間だ。

次は廊下の奥で待っていたロシア正教会の司祭による祈祷だ。

祈祷がすむと、階段を3階分おりてホテルのロビーに行くのだが、ロシアのロックバンド、ゼムリャーネが演奏するキャッチーなロック調の祝いの曲がフルボリュームで流れた。『ト[57]

ラバウドーマ』という曲で、宇宙飛行士が宇宙から地球を懐かしむという内容の歌詞だ。これは[58]1961年の時点ではなく、数年後から加わった伝統らしい。

階段をおりきる時にはロケットに飛び乗りたい気分になっていた。ホテルを出ると家族や友人が見送る中、専用バスに乗り込み、30分で254番ビルディングに到着。宇宙服に着替えると、ガラス越しに家族たちへ最後の「行ってきます！」の挨拶をして発射台に向かうバスに乗り込んだ。

Q ロケット発射台に行くバスのタイヤに、おしっこをかけるというのは本当ですか？

A ロシアの宇宙飛行士たちが受け継いできた打ち上げ前の伝統儀式は、すばらしいもの、くだらないものを含めていくつもある。発射台に到着する手前で小さい方をするのもそのひとつ。実際、数時間は身動きが取れないため、理にかなっているとも言える。

1961年4月12日、[59]ユーリ・ガガーリンが発射台に向かっていた時にはじまった。トイレに再び行きたくなってトイレ休憩を取り、バスの右側後輪にかけたのだ。50年以上も続く伝統になろうとは、ガガーリン本人も思いもよらなかっただろう。

ただ問題なのは、この段階では準備万端整っていて、すでに完全装備で宇宙服の気密点検

54 30ページ。

55 穀物を牛乳で煮たロシア風おかゆ。

56 31ページ。

57 1995年リリース。タイトルは「家の近くの草原」を意味する。ちなみにゼムリャーネというバンド名はロシア語で「地球人」を意味する。

58 ユーリ・ガガーリン（22ページ）による世界初の有人宇宙飛行が行われた年。

59 22ページ。

もすんでいる。バスが強制的にトイレ休憩と称して停車すると、私は靴ひも状のファスナーとラバー製の気圧シールをごそごそやって、保護マスクや抗菌グローブを装着する時のエンジニアたちの苦労を無にした。1時間と経っていないというのに！
だがもう一度用を足せてありがたかった。そしてガガーリンが宇宙へと飛び立った発射台に自分も向かっているという事実が、この儀式をより感動的なものにした。

フカボリ！

ソユーズの宇宙服って？

★1973年に、打ち上げからISS到着まで着る与圧服として導入され、ソコル（ロシア語で「はやぶさ」を意味する）という。船外活動（EVA）には使用できない。
★万が一、穴があくなど宇宙船内が減圧しても、宇宙服に酸素100％が送り込まれ、宇宙飛行士を保護してくれる。宇宙服の気圧は、0・4気圧と0・27気圧の2段階で、最長で5分持続する。
★湖などに着水した場合に備えて、首まわりから水が浸入するのを防ぐラバー加工のネックシールがついている。
★出入り口となる開口部は2本のラバー製バンドで気密が保たれている。
★それぞれの宇宙飛行士の体形にあわせてオーダーメイド。重量はわずか10kg。

60 22ページ。

61 ソビエト連邦の宇宙計画の指導者、ロケット開発指導者。世界初の大陸間弾道ミサイルR-7

★各自2～3分で装着可能。ただし、打ち上げ当日に着用する際には、エンジニアたちが10分程度かけて念入りに機能確認する。
★着心地はすわっている時はまあまあ快適だが、立っている時はそうでもない。そのため発射台に向かうバスに乗り込む宇宙飛行士は、猫背に見える。

ロシア式の伝統儀式って？

★モスクワの赤の広場に眠る、ユーリ・ガガーリン[60]とセルゲイ・コロリョフ[61]に献花を行う。
★不幸が降りかかるという言い伝えにより、搭乗するプライムクルー[62]はソユーズロケットの発射台への設置作業を見ない。
★験を担ぎ、コインをレールに置き、ソユーズロケットをひっぱる機関車にひかせる。
★同じく験を担ぎ、打ち上げ前夜、映画『砂漠の白い太陽』[63]を見る。
★船長はマスコット[64]を選ぶ。
★打ち上げ2日前に散髪する。
★スターシティ[65]からバイコヌール宇宙基地[66]に向かう前に朝食会[67]が行われる。ロシアの風習にならい、最後の瞬間、全員が着席したまま無言で過ごす。
★バイコヌールの宿泊施設の一角にある「宇宙飛行士の並木道」[68]に記念植樹をする。
★ロシア正教会の司祭による祈祷[69]。

を開発した。ロシアの宇宙計画の父とも称される。

62 31ページ。

63 1969年、ウラジミール・モティル監督作品。ソビエト連邦時代のアクション映画で、ロシア革命直後の旧ソ連軍兵士の冒険を描いている。

64 たいていは小さなぬいぐるみ。計器盤に吊りさげられ、軌道に着くと最初に浮遊するインジケーターの役割を果たす。

65 29ページ。

66 27、34ページ。

67 42、190ページ。

68 7ページ、写真16。

69 7ページ、写真18。

Q ソユーズ宇宙船の居心地はどうですか？

A ソユーズ宇宙船は窮屈だ。身長１７３cm、体重70kgの私でもね。ひざを90度以上曲げ、胎児のような態勢で長時間過ごすため、時には耐えがたいが、たいしたことじゃない！ 人生最高のフライトなんだから。しかも、軌道にさえ乗れば、シートベルトをゆるめて座席から少し腰を浮かすこともできる。こんなちょっとしたことでも気分はうんと楽になる。

ソユーズの[70]帰還モジュールは、[71]アポロ宇宙船の司令船よりもわずかに小さい。ちなみに、[72]スペースシャトルや新型の火星探査宇宙船[73]オリオンよりもはるかに小さい。

シミュレーターでの訓練に長時間を費やしたので、かなり窮屈なのにソユーズは私たちにとって我が家のようになっていた。それどころか、くつろぎに似た感覚さえ覚え、狭さはまったく気にならなかった。

もっとも、打ち上げからほんの[74]数時間でＩＳＳへ到着したので、この短い旅を贅沢なものに感じられたのかもしれない。ＩＳＳにドッキングするまでに、この狭い空間で２日間も過ごさなければいけないケースもあるのだから。

Q ソユーズ宇宙船に搭載されたコンピュータの処理能力は？

A 私たちが乗ったのは[75]ＴＭＡ‐Ｍ型というソユーズ宇宙船で、２０１０年10月に最初の打

アルゴン16とЦBM 101、iPhone7の比較

	アルゴン16	ЦBM 101	iPhone7
プロセッサスピード	200kHz以上	6MHz	2.34GHz
RAM[76]	3×2KB	2MB	2GB
ROM[77]	3×16KB	2MB	256GB
重量	70kg	8.3kg	138g

宇宙へ飛ぶには潤沢な演算能力が必要で、ソユーズ宇宙船にはほかにもコンピュータを搭載しているが、最先端の演算能力があるとはいえない。

ち上げが行われた。座席構造、グラスコックピット、パラシュートのシステム、ソフトランディング用噴射器、３軸加速度センサーなど、前世代のソユーズＴＭＡ宇宙船の36もの時代がかった装備品の内、19が改良され、交換された。

おもな改良点のひとつが、重量70kgの旧式「アルゴン」コンピュータの交換だ。

アルゴンは30年以上ソユーズと歩んできた頼もしいコンピュータだが、性能指標は目覚ましいわけではなく、１９６９年に月面着陸を果たしたアポロ宇宙船が搭載していた「アポロ誘導コンピュータ」と大差ない。

新たに導入されたメインコンピュータ「ЦBM 101」は、旧式アルゴンに比べて何倍もすぐれているが、一般のスマートフォンと比べると演算能力は劣る。上の表でこのふたつをiPhone7と比べてみた。

70 49ページ。

71 48ページ。

72 31ページ。

73 ＮＡＳＡが開発中の有人宇宙船。２０１９年に有人フライトが予定されている。

74 64ページ。

75 Transport Modified Anthropometric型。装置類がデジタル化されている。

76 ラム。ランダムアクセスメモリのこと。

77 ロム。リードオンリーメモリのこと。

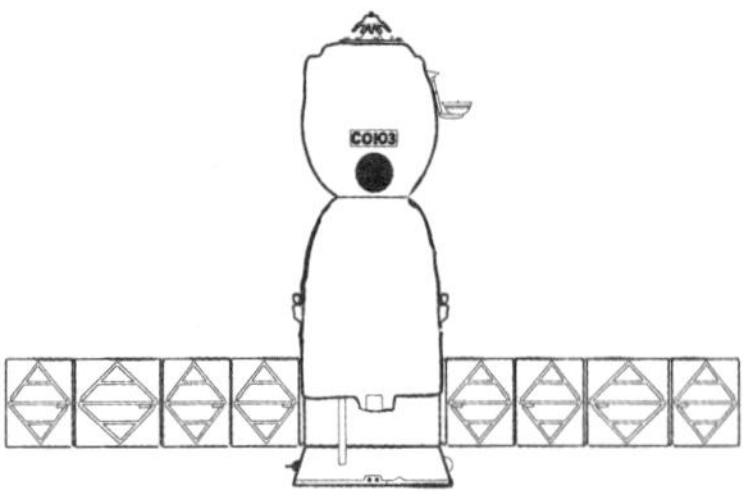

ソユーズ宇宙船
全長7.48m
パドル展開幅10.6m

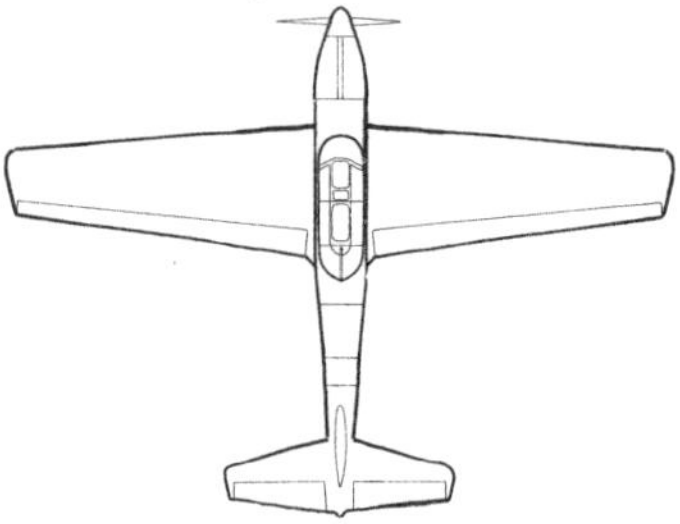

カナダ製小型飛行機チップマンク[78]
全長7.75m
翼幅10.47m

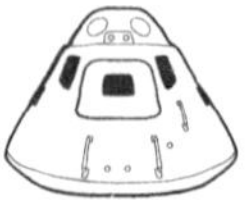

アポロ司令船[81]
全長3.9m
幅3.22m

フォード・バン
全長5.68m
車幅2.6m

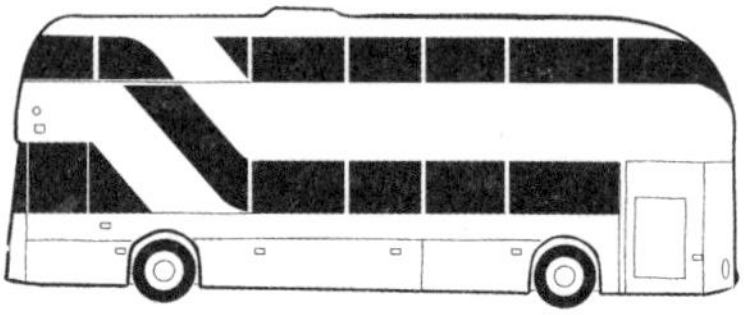

ロンドン2階建てバス[79]
全長11.23m
全高4.39m

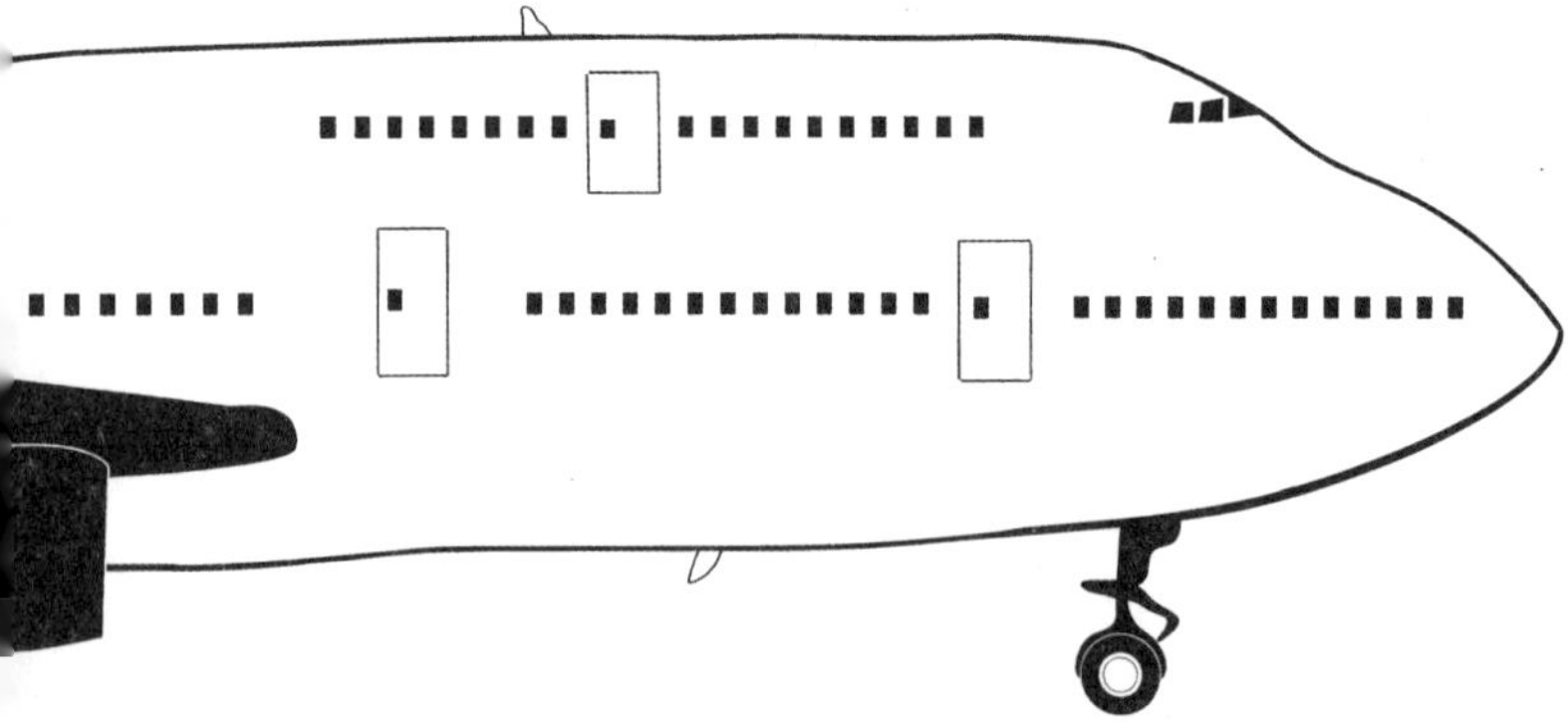

ボーイング[80]
747-100型
全長70.66m
幅59.6m

スペースシャトル・エンデバー[82]
全長37.18m
幅23.77m

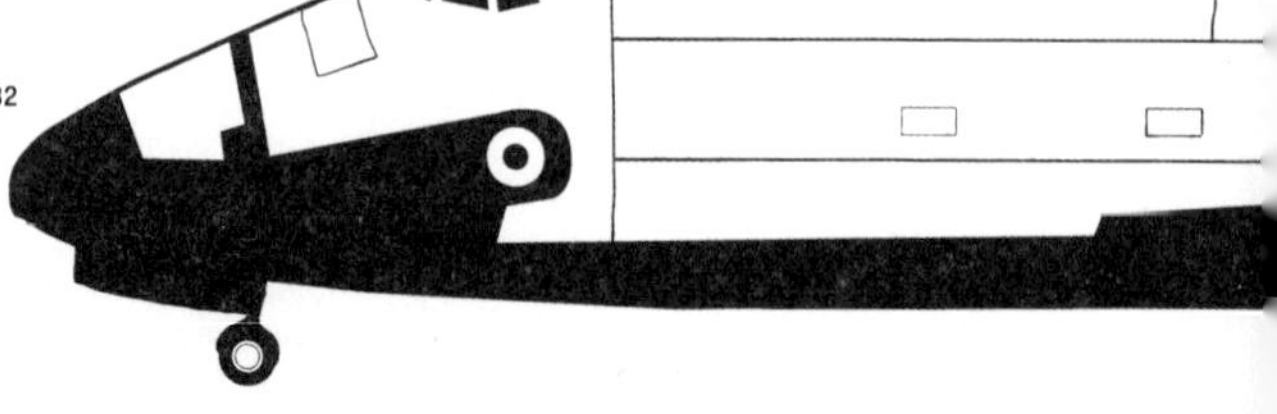

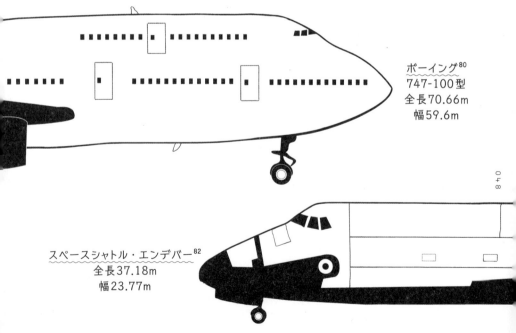

ソユーズ宇宙船の仕組み

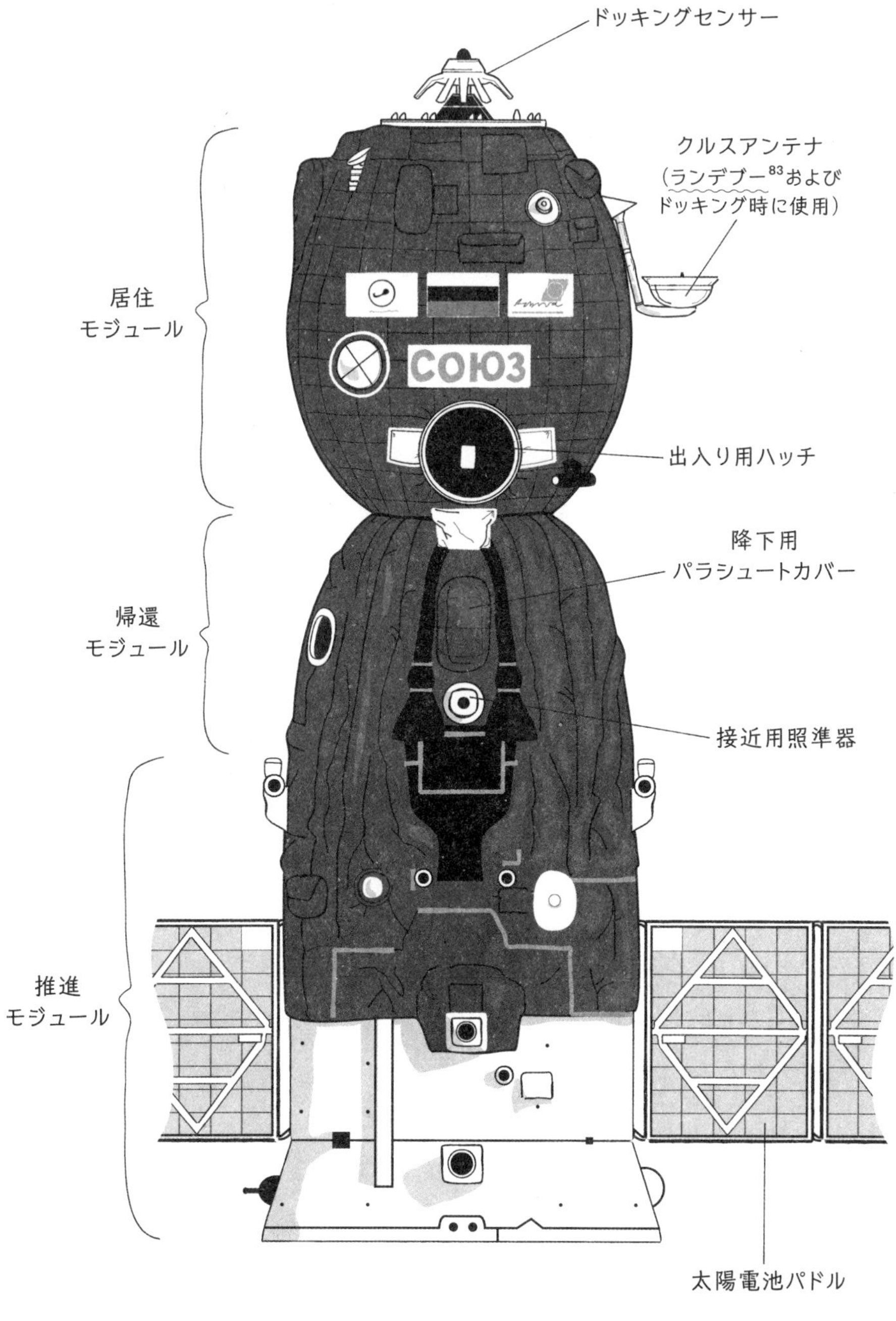

Q 打ち上げで、どれくらい重力加速度がかかりますか？

A 宇宙へ向かう間に宇宙飛行士が経験する重力加速度（G）変動、Gプロファイルはロケットごとに変わる。「ソユーズ宇宙船のGプロファイル（52ページ）」のグラフは、私の乗ったソユーズのものだ。ひと目見ただけで、やっかいそうだろう？

このグラフから加速度のピークは3回あるのがわかる。軌道に乗るにはおそろしいほどのエネルギーが必要になるのだ。ロケット推進剤[84]がこのエネルギーを供給するが、推進剤は重く、頑丈なタンク構造の中に収納されている。タンクは燃焼しおえると不要になるので、重量を減らすべく切り離す。これはステージング（段）と呼ばれ、ソユーズには3段ある。よってクルーが打ち上げに際して経験するGはさまざまだと言える。どの飛行段階なのか、どれだけ燃焼しおわったかに影響されるのだ。

「ソユーズの飛行経路（52ページ）」が示すように、第1ステージで加速度が一番高くなる。1段ブースタ4本すべてと2段エンジンが燃焼している状態で、約900万馬力のパワーを出しながら、F1のレーシングカーよりも速く加速している。

推進剤が燃焼するにつれて、ロケット重量は軽くなるが、一定量の推力が続くので、ピーク時には4g強になる。この時、座席にぐんぐん押し込まれるようなすさまじい感覚を覚えた。胃の筋肉をぴんとはり、数か月前に遠心シミュレーター装置で学んだように呼吸をしっ

78 カナダのトロントにあった航空機製造会社のデ・ハビランド・カナダが開発したレシプロ練習機。

79 2012年よりロンドン市内を走る新型の2階建てバス。

80 36ページ。

81 アメリカのアポロ計画（21ページ）のために開発された。月着陸船とあわせてアポロ宇宙船と呼ぶ。

82 31ページ。

83 宇宙空間で、宇宙船どうし、または宇宙船と宇宙ステーションが速度をあわせ、同じ軌道を飛行して接近すること。接近したあとは相対速度をさらに落とし、ゼロにし

かり保った。このスリルに声をあげて笑わないよう努力しながらね。

1段が切り離される第1ステージの時、大きな衝撃が起き、急激に加速が減った。宇宙船の内部にいる私たちは、前へ放り出されるように感じ、落ちるような気がした。

すぐに2段が調子をあげはじめ、第2ステージがはじまった。G負荷がゆっくりと立ちあがる。第1ステージより平静な状態だ。私はカメラに向かって、親指を立てて「絶好調！」のサインを送ることを思いついた。

打ち上げ時の船長の仕事のひとつは、カメラのスイッチを入れることだ。運用管制センターはこのカメラを通して、いつでもクルーたちの様子を確認することができる。[85]ユーリ・マレンチェンコ船長がカメラのスイッチを入れたのもこの時。私が体感していたのはわずか1・5gだったので、私も難なく手をあげて振ることができた。

そしてまた縦揺れが起き、私たちの宇宙船を搭載した3段目を残して、2段目が地球に向かって落ちていった。

第3ステージは打ち上げの中で一番気分が盛りあがる時だ。加速度は第1ステージほど過激ではないが、ロケットはほぼ水平で、すでに宇宙に到達していた。生のスピード感は圧倒的で、「これがあとどのくらい続くのか？」と思ったことを覚えている。

3段エンジンの燃焼が停止した時、また大きな縦揺れが起きた。ただし今回は不気味なほど静かだった。急に船内のものがふわっと浮かんだ。私たちは軌道に乗ったのだ。

てドッキングにいたる。

84 26、28ページ。

85 28ページ。

ソユーズ宇宙船のGプロファイル

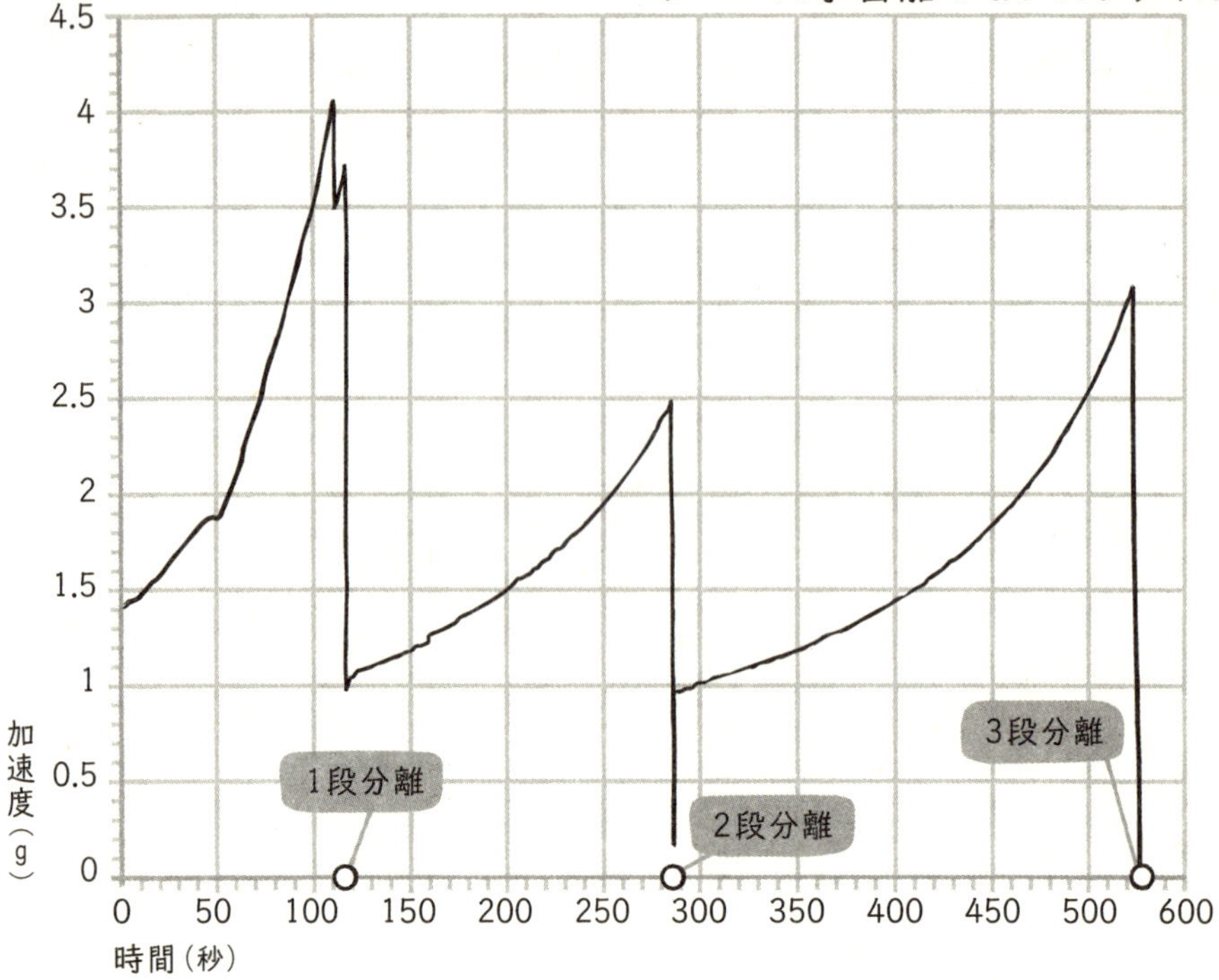

ソユーズの飛行経路

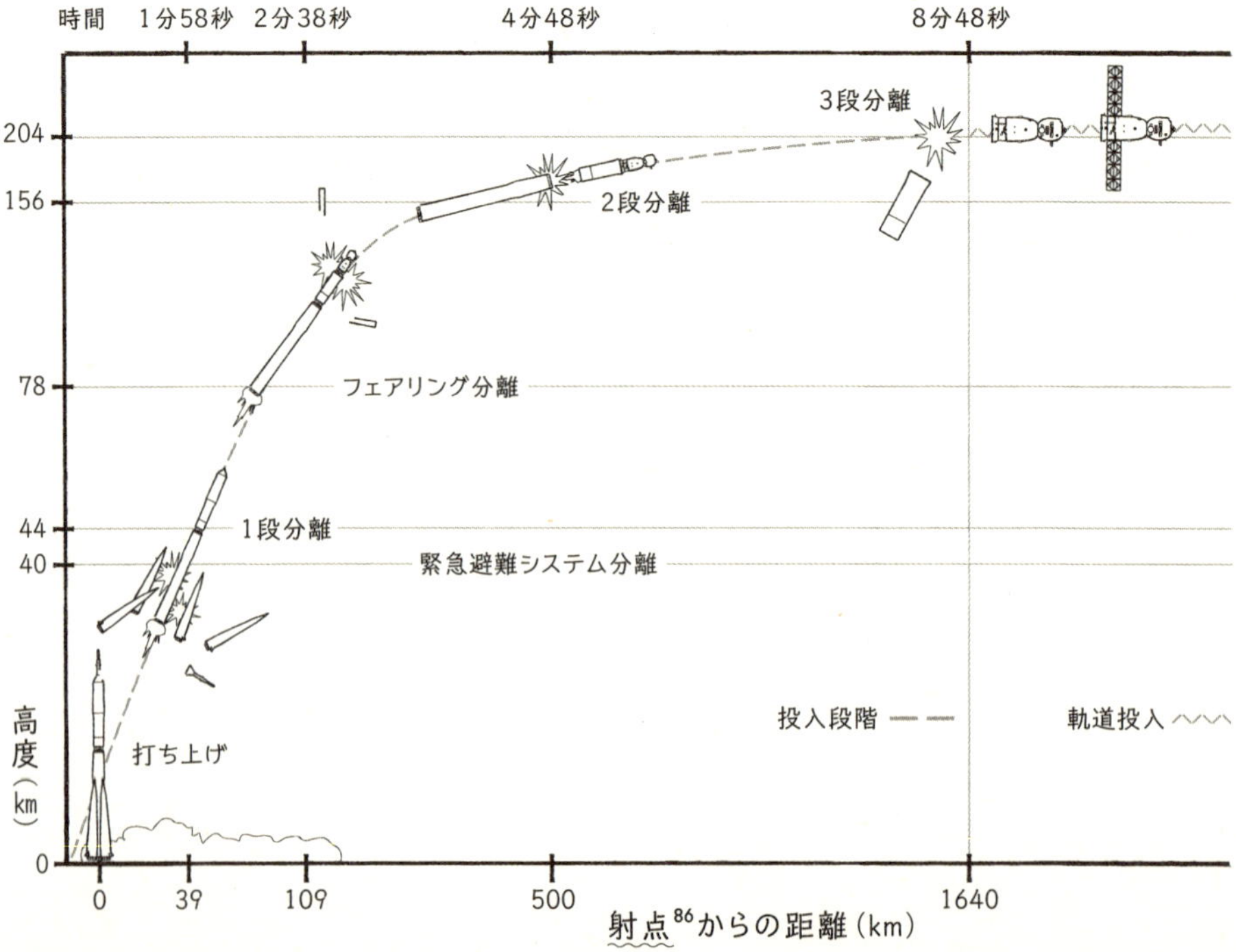

ソユーズ宇宙船に関するデータあれこれ

★総重量は約７１５０kgだが、[87]帰還モジュール自体は２９５０kg。
★帰還モジュールは直径わずか２・２mで、居住容積３・５㎥。
★３名の宇宙飛行士のほかに、50kgの貨物を積んで地球に帰還できる。
★身長１５０〜１９０cm、体重50〜95kg以内。かつて帰還モジュールには制限があった。
★２１０日滞在可能。ＩＳＳにドッキングさせたあとは、帰還に備えて冬眠状態にする。

Q どこで空がおわって宇宙になるのですか？

A 実質的には「空」、つまり[88]地球の大気と宇宙の正式な境界線は、高度１００kmの地点と定義され、[89]カーマン・ラインと名づけられている。

ただこの定義は単純なものではない。高度が増すにつれ、地球の大気は薄くなるので測定は難しい。ＩＳＳの場所は例外なく「宇宙」と言われるが、４００kmの地点では依然としてガス分子が漂っている。しかしこの「空気」は非常に希薄なので、ほかの分子にぶつかる前

86 31ページ。

87 49ページ。

88 国際航空連盟（ＦＡＩ）は、航空機の記録と宇宙機の記録を区別するために、高度１００kmから上を宇宙と定義している。ちなみにアメリカ空軍では80kmから上を宇宙としている。

89 この呼び名は、ハンガリー出身の航空工学者であるセオドア・フォン・カルマンに由来する。航空工学の基礎を築き、航空工学の父とも称された。空気力学の研究にも大きな業績を残し、日本では神戸の航空機メーカー川西航空機に招聘され、川西試験風洞を設計している。

に、１㎞移動しなければならない。人間の肺には空気の分子が約3×10^{22}あり、天文学的な数の分子があることを考えれば、ずいぶん孤独な分子だ！

この空気はごく薄くてもＩＳＳをわずかに引きずるだけの力、空気抵抗を生み、機体の高度は少しずつ低下する。平均して毎月２㎞ずつさがっていく。よってＩＳＳは定期的にエンジンを噴射し、速度と軌道をあげ、地球に落ちないようにする。高度約５６０㎞のあたりのハッブル宇宙望遠鏡[90]など、ほかの衛星もこの空気抵抗を受け、徐々に地球に落ちつつある。

ＩＳＳは電離層も旅している。電離層は熱圏と外気圏にまたがっていて、太陽からの輻射《ふくしゃ》[91]や宇宙放射線[92]によって電離した大気層だ。電子をはがされた原子、エネルギー活性した自由エレクトロンと陽イオンが地球を取り巻いている。

イオン化したガスには高周波を屈折させる能力があり、おかげで私たちは遠く離れた人とＩＰ電話で話すことができる。もちろんスカイプやフェイスタイムなどもあるが。

外気圏は高度約１万㎞まで広がり、そこで太陽風[93]と融合する。宇宙は高度50㎞地点、つまり成層圏の上限からはじまるとする科学者もいる。これより下の領域では、大気中の空気密度は99％だ。ともあれ国際宇宙航行連盟[94]は、地表から１００㎞地点をカーマン・ラインとし、その上を宇宙と定めた。そこでの地球の大気はごくわずかなので、通常の飛行機は空力的揚力を生じず飛行できない。

90 地球周回軌道上の人工衛星に設置された大型の天体望遠鏡。１９９０年、ＮＡＳＡによるグレートオブザバトリー計画のひとつとして打ち上げられた。現在も活躍中。

91 電磁波。

92 宇宙空間を飛び交う高エネルギーの放射線（粒子）。１９１２年にオーストリアの物理学者ヴィクトール・フランツ・ヘスが発見。

93 太陽から遠方まで毎時２００万マイルにもおよぶ速さで吹き出される微粒子流群。

94 １９５１年創設。47か国の学者や政府関係者が会員となっている。

飛翔体と高度の関係

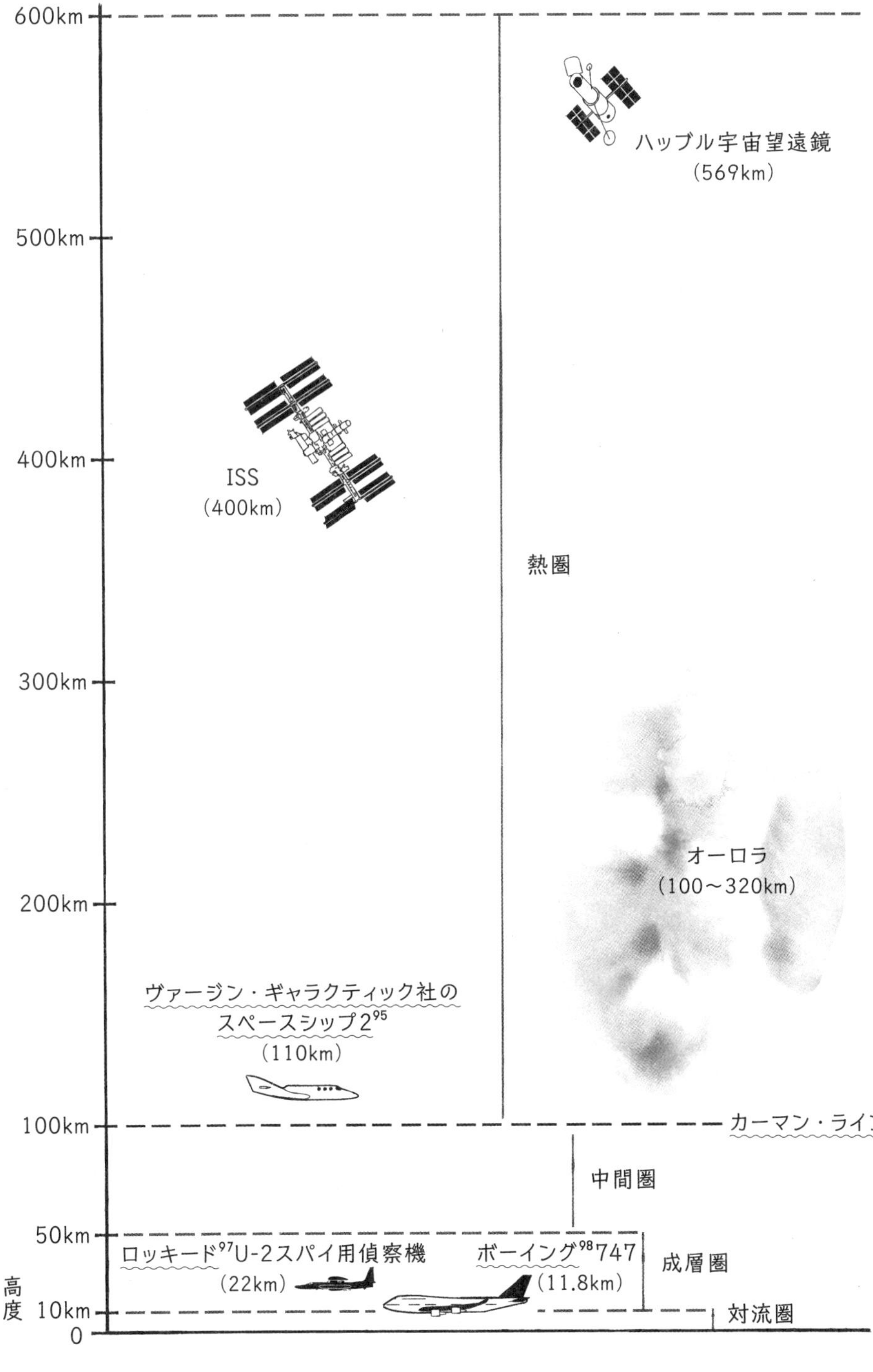
600km
500km
400km
300km
200km
100km
50km
10km
0
高度
ハッブル宇宙望遠鏡
(569km)
ISS
(400km)
熱圏
オーロラ
(100〜320km)
ヴァージン・ギャラクティック社のスペースシップ2[95]
(110km)
カーマン・ライン[96]
中間圏
成層圏
ロッキード[97]U-2スパイ用偵察機
(22km)
ボーイング[98]747
(11.8km)
対流圏

Q なぜロケットをこんなに速く飛ばすのですか？

A ひとつは宇宙へ行くため。そしてもうひとつ別の理由がある。

もしソユーズのロケットエンジンが打ち上げの途中、高度１００㎞の地点で故障してとまってしまったら、宇宙に達したとはいえ、軌道上にとどまるのに十分な速度がないため、長くとどまることはできない。ロケットは弾道飛行[99]し、地球の引力でひっぱられて地上に落ちてしまう。

一方、軌道飛行の場合も地球の引力でひっぱられることに変わりはないが、速いスピードで進んでいるので地球に落ちていく割合が地球の表面のカーブと完全に一致し、地上に落ちない。だからほかの力が作用しないかぎり永遠に軌道にとどまっていられる。

軌道にとどまるのに必要な速度は、第1宇宙速度と呼ばれ、秒速約7・9㎞＝時速2万8440㎞。およそ銃弾の10倍の速さだ。これが、ロケットが速く飛ぶ理由だ。

Q 宇宙に到着するまでに、どれくらい時間がかかりますか？

A 一概には言えない。どのロケットを使うかによる。とりわけ、推力重量比[100]で時間は異なる。もちろん、ほかの要素も関わってくる。たとえば、空気による抗力や動圧、機体の構造的制限などはその一部の例。ほかの乗り物と同じく、強力なエンジンを搭載した、頑丈で軽

95 民間宇宙船。ヴァージン・グループ会長のリチャード・ブランソンが設立した会社による開発。

96 53ページ。

97 アメリカの航空機製造会社。１９９５年に同業のマーティン・マリエッタ社と合併し、ロッキード・マーティンと名を改めている。

98 36ページ。

量で空力特性のすぐれた骨組みのロケットのほうが速く進む。

ソユーズロケットの場合、宇宙の定義である地表から100km地点に、3分強で到着する。この時、すでに音速の何倍もの速さだ。


アラン・シェパード[101]は、マーキュリー・レッドストーン3号で1961年5月5日に打ち上げられた。このロケットはアメリカ陸軍の弾道ミサイルから派生したもので、軌道速度には到達できないが、小型で軽量だった。つまり宇宙まで超高速で行くことを意味した。

シェパードは2分30秒で高度188kmに達し、6・3g[102]の加速度にさらされた。

Q 軌道に乗るまでにどれくらい時間がかかりますか？

A 高度100kmのカーマン・ライン[103]を通過すると、正式に宇宙に入ったことになるが、ソユーズロケットが投入する軌道は高度約230km。打ち上げから軌道[104]に乗るまでの8分48秒はスリリングだ。宇宙まであっという間に着くと思うかもしれないが、弾丸よりも数倍速く飛ぶ宇宙船の中では、おそろしく長い時間に感じた。

Q 打ち上げの間、宇宙飛行士はなにをしているのですか？ 宇宙船の操縦？ それともコンピュータの制御？

A クルーは全システムのモニタリングに集中し、すべてが正常に機能しているかを確認し

99 弾道のように弧を描く飛行形態。

100 エンジンの推力を、機体の総重量で割ったもの。

101 アメリカの宇宙飛行士。アメリカ初の有人宇宙飛行であるマーキュリー計画（81ページ）に選抜された7名の宇宙飛行士（マーキュリー・セブン）のひとり。

102 地上の重力加速度の6・3倍。

103 53ページ。

104 人工衛星などが通る軌道は、低軌道、中軌道、静止軌道の3つ。低軌道は通常、地球表面からの高度350〜1400kmの場合が多い。

ている。打ち上げプロセスはすべて自動で、緊急事態にのみクルーが操作する。

先に述べたステージング（段）[105]とは別に、打ち上げの間、私たちを待ち受けているイベントがいくつかある。

ひとつは、ソユーズ宇宙船を保護するフェアリング[106]の切り離しだ。ロケットが高度80㎞の地点に到達すると、ほぼ地球の大気圏を越えたことになり、高速で空気分子と衝突しても、ロケット壁面の表面摩擦による空力加熱もほとんど生じない。

この段階で、フェアリングは宇宙船を保護するという役割をおえて、お荷物になっているので切り離される。その途端、窓の外の景色をはじめて見ることができた。これは忘れられない瞬間だった！

もちろん、座席にきつく縛りつけられ、窓は目の高さにはないので、絶景とは言えない。それでも目線をあげると、空の色が青から黒にどんどん変化するのをはっきりと見ることができた。薄い大気の層をあとに、私たちは宇宙へ向かっていた。

この時点で、私は宇宙船内の圧力チェックを認識した。右側の座席からは、コントロールパネルのディスプレーの一部は確認するのが難しく、モニターできたのは生命維持装置と内圧だった。外部は急速に真空状態に近づいていたので、宇宙船が健全な状態かを確認するにはいいタイミングだった。

打ち上げプロセスもおわりに向かうと、3段の分離を控え、私たちはみな注意深く時計を見ていた。すると大きな縦揺れが起きた。エンジンがとまり、ソユーズ宇宙船がロケットの上段から分離されたのだ。ほかにも、宇宙船内ではいくつかのきざしがあり、軌道投入に成功したことがわかった。

こうしたことが起きない場合、クルーはただちに対応しなくてはならない。幸い3段目は無事に分離し、うまく軌道投入できた。すぐさま、チェックリストに目を通し、ＩＳＳへのランデブー[107]に向けたエンジン燃焼に備えた。

Q 打ち上げの間に問題が起きたら、どうなるのですか？

A ソユーズロケットは宇宙ロケットのうち、一番信頼性の高いロケットだ。安全性も高い。だが宇宙へ行くのは簡単なことではなく、過去にはトラブルも起きている。

ソユーズは緊急脱出システムを装備していて、発射から軌道に到達するまでの間に不具合が生じた場合、クルーはこれを使って地球に生還できる。

「安全に帰還」ではなく、「生還」と言ったのは、緊急避難の際、クルーは地上での重力1ｇの20倍にもなる加速度20ｇにさらされ、20ｇ[108]は少しも安全ではないからだ。

ロケットの先端には、エスケープ・タワーとも呼ばれる打ち上げ脱出システム[109]があり、小型ロケットエンジンが何基か搭載されていて、打ち上げの初期段階に緊急事態が発生した時に、フェアリング[110]およびクルーを含めた帰還モジュール[111]と居住モジュールを残りのロケット

105 50ページ。

106 26ページ。

107 49ページ。

108 ソユーズ宇宙船に登場する際、地上訓練で8gを経験するが、20gははるかに高い。

109・110 26ページ。

111 49ページ。

部分から分離し、パラシュートが開くのに安全な高さまで運ぶ役割を担っている。

　エスケープ・タワーが必要なのは打ち上げから1分54秒の間だけ。以降は、ロケットは高度40㎞あたりに達しているため、パラシュートシステムが安全に作動する。したがってフェアリング分離のあと、ほどなくしてエスケープ・タワーは切り離される。

　このあとに緊急事態が起きた場合、自動緊急避難システムがロケットエンジンを停止し、クルーのモジュールを切り離し、帰還モジュールのパラシュートと着陸システムが正常に機能するようにする。

　打ち上げの間、不具合が生じたことをクルーに示すのは、推進系異常という赤い警告灯。警告パネルに最初に点灯する非常灯だ。クルーで見たい者はだれもいない。

112 かつて打ち上げで起きたふたつのトラブル

　打ち上げ脱出システムは、1983年9月26日、ロシアのふたりの宇宙飛行士、ウラジーミル・チトフとゲンナジー・ストレカロフの命を救った。

　打ち上げ直前、燃料注入の最終段階で問題が発生し、ロケット下部から炎が噴き出した。制御ケーブルが焼き切れたので、「中断（アボート）」コマンドは無線回線で行われた。脱出システムの作動に多少の遅れが出たものの、ロケット爆発のわずか数秒前に作動し、クルーは空に向けて打ち上げられ、14〜17gの加速度が5秒間かかったが、約4㎞離れた場所に着地した。
数年後、チトフは「事故が起きた時、最初にコックピットのボイスレコーダーをとめなければならない」と語った。船内では激しいののしりあいが起きていたという。

1975年4月5日、ふたりのソビエト連邦の宇宙飛行士、ワシリー・ラザレフとオレグ・マカロフを乗せたソユーズ18A号がサリュート4号[113]に向けて打ち上げられた時には、別の緊急事態が発生している。

高度145kmの地点で分離する2段と3段が、両段を連結していた6つの「留め具」のうち3つがはずれなかったことで、分離しなかったのだ。おまけに2段を連結したまま3段が点火した。3段エンジンからの推力が、はずれなかった「留め具」を破壊し、分離できたが、宇宙船は軌道からはずれ、自動中止プログラムが起動した。高い高度での中断によって急角度での地球再突入をまねき、クルーは最大21・3gという極めて高い減速度を経験した。

マカロフは負傷するも完治し、その後2回の宇宙飛行ミッションに参加したが、ラザレフは内臓損傷をこうむり、二度と宇宙に飛び立てなかった。

Q 打ち上げプロセスが中断された場合、どこに着陸するのですか?

A 打ち上げプロセスが中断された場合、おそらくカザフスタンかロシア東部のどこかに着陸するだろう。軌道に入る直前だったら日本海という可能性もある。

112 2018年10月11日、3つめのトラブルが発生した。ISSの交替クルーを乗せたソユーズ宇宙船の、1段と2段の分離直後に不具合が起き、打ち上げに失敗したのだ。幸いにも、クルーは無事に帰還できた。

113 1974年に打ち上げられたソビエト連邦の宇宙ステーション。

おおまかに言うと、打ち上げから最初の２８３秒の間に中断した場合は、カザフスタン東部の平原に着陸。２８３〜４９２秒の間なら、ロシア南東部のモンゴルと国境を接する山岳地帯。次の14秒間に中断された場合は中国の最北地域。そして５０６秒から軌道に到達する５１８秒の間なら、クルーは日本海に足を浸すことになるだろう。

このように打ち上げが中断された場合を想定すると、ロケットの打ち上げに関して考慮すべき重要な要素に、どんな場所の上空を飛ぶかがあげられる。多段式ロケットは宇宙からデブリ[114]が落ちることを意味するが、打ち上げプロセス中断の際には宇宙船も落ちる。

バイコヌール[115]の真東からの打ち上げだと、地球の自転速度を最大化するという点で一番効率がいいが、打ち上げ中断の際に、捜索救難ミッションが困難になるだけでなく、１段目のブースタが中国に落ちてしまう。

したがって打ち上げ軌道の大部分をロシア領空内にとどめるべく、ロシアは少し北にずらして打ち上げるのだ。

明らかに落下の可能性は広範囲にわたる。それゆえ、ソユーズロケット打ち上げにあたっての捜索救難オペレーションに関わる後方支援は驚異的だと言える。こうした航空機や宇宙船に関連した捜索救難業務を行うのは、ロシア連邦航空保安局だ。５０００km超の範囲内にある12の飛行場には航空機18機が、日本海には海洋回収船１隻が配備されている。

114 20ページ。

115 27、34ページ。

ソユーズ宇宙船の緊急着陸に対する捜索救難体制

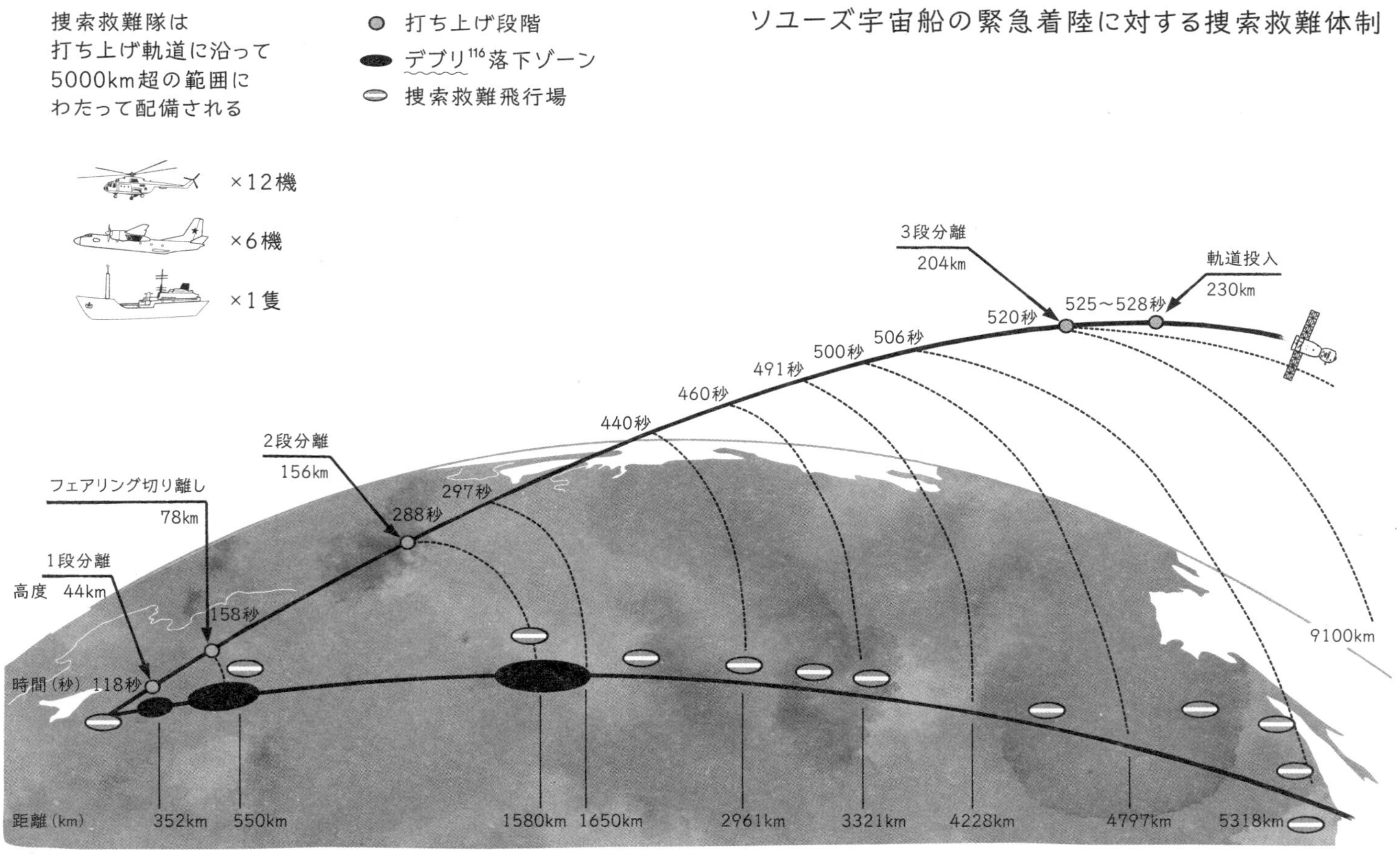

Q ISSにはどれくらいで到着しますか？

A かつては2日以上かかっていた。正確に言えば、地球を34周してドッキングした。つまりクルーは一度宇宙に達すると、[117]居住モジュールへのハッチを開け、そこで就寝や食事をし、トイレに行った。

ソユーズ宇宙船は飲料水も食糧もたっぷり搭載しているが、フライト中のエンターテインメントは少ない。宇宙からの壮大な眺めが時間を過ごす助けとなる。

ただ34周回後のＩＳＳとの[118]ランデブーは長く、苦痛かつ不愉快で、宇宙飛行士や運用管制センターにとって効率的な時間の使い方ができるとは言えない。

そこで２０１２年８月、[119]プログレス補給船を使って新たな4周回ランデブー（急速ランデブー）方式が試行された。これには極めて正確な軌道投入、つまり厳密な打ち上げタイミングと軌道への正確な経路が求められるため、それまで行われたことがなかった。

新型ソユーズＦＧロケット発射装置と、新世代のソユーズ宇宙船ＴＭＡ-Ｍシリーズは、こうした正確さを実現できる。打ち上げ後の2回のエンジン燃焼を、宇宙船の誘導や航行、制御を司るコンピュータに事前にプログラムしたことで、大きな変更が可能になった。

長時間ランデブーの場合、運用管制センターは発射後のソユーズロケットの軌道を軌道パラメーターでチェックし、誤差を修正しながらエンジン燃焼のコマンドを送る。

新しいやり方は、初期軌道投入において多少の誤差が生じたとしても、ランデブーの段階で修正できるというものだ。2回のエンジン燃焼を早く行うため、6時間でISSに到着可能となった。ISSへの入室は、接近とドッキングに通常30分かかり、さらに各種チェックをおえてからで、打ち上げから数えて8時間から9時間後になる。

私の時は運よく急速ランデブー方式だったが、2日を要する34周回ランデブー[120]も依然として運用されている。

急速ランデブーの場合、クルーの疲労を考慮せねばならない。打ち上げ当日はかなり疲労困憊する。打ち上げの約9時間前には起きているし、ISSとのドッキングまでに約15時間かかる。さらにその後、数時間かけて数々のタスクをこなす必要がある。ISSに入室した最初の「晩」は爆睡したことを今でもはっきりと覚えている。

Q ISSへの接近、ランデブーはどのように行われるのですか？

A 私たちのソユーズロケットは、230kmくらいの低い高度に打ち上げられ、わずかな楕円軌道[121]だった。高度が低いので、大気の抵抗が少し残っていて、追加の軌道制御がなければ、20周回くらいで地球の大気圏に再突入してしまう。まずは軌道を円軌道[122]にする。高度は約340kmにあがる。

4周回の急速ランデブーの場合、事前にプログラムされた2回のエンジン燃焼の間に行わ

117・118 49ページ。

119 ISSへの物資補給を目的としたロシアの無人宇宙補給機。

120 新型ロケットや宇宙船の新システムをテストする場合、急速ランデブー方式でトラブルが生じた時のバックアップとして、今でも運用されることがある。

121 楕円形の形状の軌道。離心率が0より大きく1より小さい軌道で、地表からの高度が軌道上の位置によって変化する。

122 地表からの高度が一定、つまり離心率が0で円周上を周回する軌道。

れる。これはホーマン遷移軌道[123]と呼ばれ、ある円軌道から半径が大きくなる別の円軌道に移動するのに一番燃料効率のいい方法だ。

軌道力学に入り込むことなく簡単に説明すると、地球を周回する軌道上で宇宙船のエンジンを燃焼させたとしても、実際に速度をあげることはできない。なにが起きるかといえば、宇宙船はより高い軌道にあがり、速度は落ちる。

これによって楕円軌道に乗り、エンジンを燃焼させた地点の反対側では、軌道のもっとも高い点、つまり遠地点に到達する。

だが、このままだといずれ出発点に戻ってしまうので、遠地点に到達した時にエンジンを再度燃焼させる。するとより高い高度の円軌道に移動する。

この高高度軌道はフェージング軌道と呼ばれる。運用管制センターはフェージング軌道を確認し、誤差が生じていれば対処する。修正事項はガイダンス・ナビゲーション・コントロールコンピュータに送る。

私たちの場合、フェージング軌道に必要な調整をするため、さらに2回のエンジン燃焼が行われた。この燃焼は長くても1分未満のもので、ごくわずかに加速度を感じただけで、エンジンが点火した時、鈍いゴロゴロした音がし、ゆるやかに座席に押し戻された。

次に3回目のエンジン燃焼が行われ、フェージング軌道からＩＳＳの高度、約４００㎞の円軌道まで上昇する。この3回目の燃焼は小規模な燃焼を連続し、宇宙船の向きを変え、逆

ソユーズ宇宙船の軌道制御

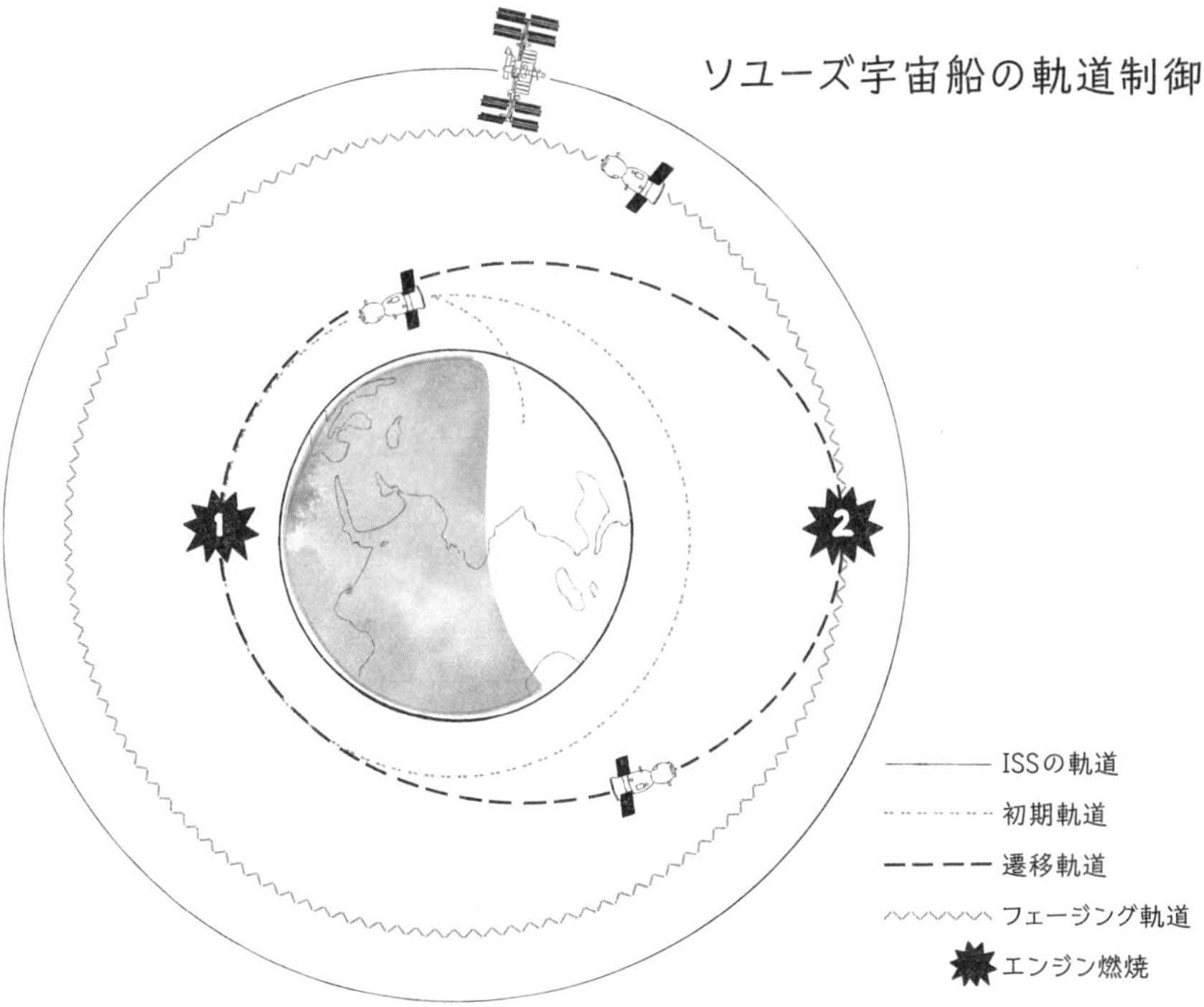

方向にエンジンを燃焼させる。これはブレーキング・パラボラと呼ばれ、小さなエンジン噴射を繰り返しながら、ソユーズ宇宙船をＩＳＳまで約１５０ｍの距離まで近づける。「旋回」しながらドッキングポートの真下にくるよう位置を調整するのだ。

このランデブー[124]の場面でもっとも驚くべき光景はＩＳＳの変貌だ。宇宙の小さな光る点が、ソユーズの何倍もの大きさの巨大物体になる。

映画『００７　ムーンレイカー』[125]で、ドラックス卿の秘密の宇宙ステーションが同じような感じであらわれたシーンを思い出し、私はにやりとした。

123　同一軌道面にあるふたつの円軌道の間で軌道変更するための遷移軌道。内側の軌道上に近点が、外側の軌道上に遠点がある楕円軌道。１９２５年にドイツのヴァルター・ホーマンが提唱。

124　49ページ。

125　１９７９年公開、ルイス・ギルバート監督作品。００７シリーズ第11作。アメリカからイギリスへ空輸中の有人宇宙船「ムーンレイカー」が何者かによってハイジャックされた事件をめぐり、主人公のジェームズ・ボンドが調査する。

ランデブーの最終局面は最終接近だ。順調に進めば宇宙船のドッキングプローブは、指定されたドッキングポートと一直線になり、ソユーズはISSのドッキングポートに接近する。ソユーズのドッキングプローブがISSのドッキングコーンに入ると、ソユーズのスラスター[126]を少し噴いて、しっかり結合する。フックが閉じるとソユーズはそれからの6か月を過ごす新しい家を確保したことになる。

この6時間のランデブーの間、クルーは非常に忙しいが、8回のエンジン燃焼、一連の軌道制御操作、ドッキングは完全自動制御で行われ、船長に「実際に宇宙船を操縦しろ」との指令はない。だが実際は、すべてが計画どおりだったわけではなかった。次の質問に関連するので、そこで詳しく話そう。

Q 宇宙で一番こわかった瞬間は？

A 完全自動ドッキングの段階で問題が起きた時だ。私たちはISSの下方から接近し、ロシアのモジュールのラスヴェット[127]へのドッキングを試みていた。

巨大な太陽電池パドルの下面でソユーズ宇宙船がゆっくりと動いている中、私はISSのあまりの大きさに感動し、ティム・コプラ[128]に伝えた。この段階では、私たちの会話は運用管制センターに丸聞こえだというのに。なんという初歩的なミス！

じわじわとISSに近づくにつれ、シグナス補給船[129]が間近に見えることに驚いた。私たち

126 推進装置。

127 ロシアの小型研究モジュール。ソユーズ宇宙船とプログレス補給船（64ページ）のドッキン

のドッキングポートのちょうど前方にドッキングしていて、私の右側座席の窓から大きく見えていた。

シグナス補給船は底部の両脇に傘のような形状の太陽電池パドルが各1枚ずつついていて、ソユーズが近づくにつれ、互いの距離は1mほどに思えた。

すべては順調に進んでいたが、ＩＳＳから17ｍの地点で、姿勢制御スラスター[130]の圧力センサーのひとつが故障して自動中断を余儀なくされ、ＩＳＳから離れることになった。

ソユーズのユーリ・マレンチェンコ[131]船長はこれが6回目のミッションという大ベテラン。すぐに手動操縦に切り替えた。

左右ふたつの手動操縦用コントローラーを操作し、宇宙船の体勢を整え、ＩＳＳとのドッキングを目指さねばならなかったが、まさに昼から夜に変わろうという時で、あと3分で地球の影に入ってしまう。つまり太陽は非常に地平線に近い位置にあり、ＩＳＳからの照り返しがソユーズのほうに向いていた。ユーリが、ラスヴェットのドッキングポイントをはっきり確認するのはほぼ不可能だった。

ユーリが1回目のドッキングを試みた。ソユーズをＩＳＳに接近させたが、ＩＳＳの船尾に向かってしまい、目標からはずれた。

ドッキングは宇宙飛行においてもっとも重大な局面のひとつだ。もし宇宙船とＩＳＳが衝突[132]すれば、修復不可能な被害が生じ、宇宙船は制御不能となるだけでなく、船体が破裂し、

グポートやＩＳＳの保管スペース、実験施設として使われる。１０８ページ。

128 28ページ。

129 ＩＳＳへの物資補給を目的としたアメリカの無人宇宙補給機。オービタルサイエンシズ社が開発した。

130 68ページ。

131 28ページ。

132 実際、事故は１９９７年6月25日に発生している。プログレス補給船（64ページ）がミールに衝突したのだ。ミールは１９８６年に打ち上げられ、２００１年3月23日まで使われたソ連およびロシアの宇宙ステーション。

船内に急速な減圧が起こってクルーの命が危険にさらされかねない。

ユーリの豊富な経験と、シミュレーターで手動操縦によるドッキングを何時間も訓練したことに感謝したい。彼は教科書どおりにドッキングした。危険を察知するとISSからいったん離れ、ソユーズの体勢を整えて戻した。

おそらく私たち3人にとって一番不安な瞬間だったが、無事にドッキングし、ISSへの安全な到着は確保された。

ほかには幸いにもミッション中におそろしい目にあったことはなかった。こんな瞬間は決していいものではない。ただ宇宙飛行には事故が起きる可能性がないわけではないので、ハイリスクを常に意識して訓練に臨み、危険を小さくするのだ。

当然、細心の注意を求められるのは、打ち上げ、再突入、EVA、補給船のドッキング、そして私たちの宇宙船のドッキングだ。

Q はじめて宇宙に着いた時、一番驚いたことは？

A 最初に地球周回軌道に乗っている間、私はソユーズ宇宙船の右側座席の窓から外を眺めた。驚いたことに、昼間なのに真っ黒な空間が広がっていた。

予想を超えた黒さ、漆黒の闇にはたまげた。拡散した太陽光や地上の光源を反射した雲の覆いを通して見る、地上からの夜空や星を見慣れているせいだろう。

地上では、闇夜でも地球の大気がかすかに大気光[133]という光を放射する。この光学現象により、夜空は真っ黒にはならない。

なお、宇宙では状況がまったく違う。昼間、太陽はほかのどんな明るい星や惑星よりも、明るく光っている。そして人間の目は感度を調節し、この明るさに順応する。

宇宙を眺めた時、漆黒の美しさを見ているだけで幸せだったが、EVAの時はおそろしさを感じた。ISSの端っこで、この暗黒の淵が右肩越しに私を待ち構えていた。そして「逃してなるものか!」とねらわれている気がした。

Q 宇宙に到着した時、なにか不調を感じましたか?

A 宇宙に到着して最初の24時間、たいていの宇宙飛行士は、めまいがしたり、方向感覚をなくす。時には嘔吐もある。だが私の場合、打ち上げプロセスの間も、ISS到着までの6時間の間も体調はよかった。ソユーズ宇宙船内というかぎられた空間だったが、ハーネスシートベルトをはずし、無重力状態というはじめての感覚を楽しんだ。

ユーリ・マレンチェンコ[134]のボディランゲージは完璧だった。表情だけで、あれだけ意思を伝えられる人はいないだろう。私が座席から腰を浮かせると、彼はちらりと見た。その目は

133 大気圏上空で太陽光線の影響による作用で原子や分子が発光する現象。通常夜間に観測される。

134 28ページ。

「ゆっくりやれよ、最初はな」と言っていた。これはいいアドバイスになった。

ＩＳＳに到着すると少し方向感覚をなくしたが、それ以外は問題なく、吐き気もなかった。だが翌日は少しキツかった。船酔いのような倦怠感や体調不良とは違う。元気なのに、突然めまいと吐き気がし、仕事に戻れるまでに5〜6分かかるという調子だ。

しかし脳は新しい環境に順応するのが得意だ。私の場合、ひとたび体が、前庭神経から送られる混乱したシグナルを無視することを学ぶとすっかりよくなった。それはまるで、スイッチを切り替えたようだった。

その翌日は目が覚めると完全に治っていた。それどころかミッションのおわりごろには、自分でめまいを起こしてみようとした。体をボールのように丸め、数分間ぐるぐるまわしてくれとティム・コプラ[135]に頼んだ。その間、頭をいろいろな方向に動かし、めまいを引き起こそうと試みた。地球だったらふらふらになり、吐き気をもよおしただろう。だが宇宙の生活に順応していたのでほとんど影響はなく、まったくめまいがしないことに驚いた。

Q ＩＳＳで最初に出迎えてくれたのはだれでしたか？

A セルゲイ・ヴォルコフ[136]とミハイル・コルニエンコ[137]、ＩＳＳ船長スコット・ケリー[138]の順で出迎えてくれた。

135 28ページ。

136 ロシアの宇宙飛行士。父のアレクサンドルも宇宙飛行士で、はじめて親子で宇宙飛行士となった。

137 ロシアの宇宙飛行士。２０１５年から１年間ＩＳＳに長期滞在。

138 アメリカ海軍の軍人。ＮＡＳＡの宇宙飛行士。ロシアのミハイル・コルニエンコと一緒に２０１

ＩＳＳへのドッキングが成功すると、ドッキングポートの与圧や気密点検などを行い、ソコル宇宙服[139]から普通の飛行服に着替え、ハッチが開くのに備える。

２時間半ほどかかったが、この間にユーリ・マレンチェンコ[140]はＩＳＳ側のロシアのクルーとかなりやりとりしていた。

そんな中、聞きなれたニュージャージーなまりの声が無線越しに聞こえてきた。ＩＳＳ船長のスコットが私たちに歓迎の言葉を述べ、そして「夕食はなにがいい？」と質問したのだ。彼は私たちの「ボーナス食」[141]が入ったコンテナを探り、すでにいくつかの食品を取り出していた。ハッチが開いたら、すぐさまフードウォーマーであたためようというわけだ。

人生初の打ち上げ、ランデブー[142]、そしてアドレナリンに満ちたドッキングを経験したばかりの私は、突然、ドライブスルーで注文するためだけにきたような気がした。ベーコンのサンドイッチを頼み、なんともおかしな状況に思わず笑みがこぼれた。

まもなくハッチが開き、この３人がにこやかな笑顔で私たちを迎え、こうして６か月におよぶＩＳＳでの生活と仕事がはじまった。

ＩＳＳでの生活と仕事について詳しく説明する前に、時計の針を少し前に戻し、次の章では宇宙飛行士の訓練について話そう。現代の宇宙ミッションをこなすのに、どんな「正しい資質（ライト・スタッフ）」[143]が必要なのだろうか？　びっくりすることうけあいだ。

5年から1年間ISSに長期滞在。

139　44ページ。

140　28ページ。

141　宇宙食とは別に宇宙飛行士が持ち込む食料。宇宙飛行士の希望に基づき、検査に合格した市販品を宇宙食用のパッケージに入れて搭載できる。4、163ページ。

142　49ページ。

143　アメリカの初期の有人宇宙活動を題材とした小説『The Right Stuff』（邦題『ザ・ライト・スタッフ―七人の宇宙飛行士』）の題名でもある。同作は1983年に映画化もされた（1984年日本公開、『ライトスタッフ』）。

宇宙飛行士に必要な知識、経験、能力
科学
応急医療処置
電気
体力
洞窟訓練
水中訓練
ITコンピュータ
配管
РУССКИЙ
語学
サバイバル訓練

第2章

宇宙飛行士の訓練を紹介しよう

Q いつ、なぜ、宇宙飛行士になろうと決めたのですか？ そう思ったきっかけは？

A 私が宇宙飛行士なる過程はちょっとした歴史だ。長くなりそうだが話そう。

宇宙飛行士選抜試験をパスするために求められるものや、ミッションを遂行するために必要な訓練や準備についても、ここで伝えよう。宇宙飛行士になる道はひとつではないが、チャンスを最大に生かすために精通しておくべき分野もある。幸運を！

1972年頃、飛行機をはじめ飛行全般に興味があった幼少期

父は年代物の飛行機マニアで、幼い頃はよく航空ショーに連れていかれた。私も夢中になり、エンジン音や曲芸のような飛行技術に胸が踊った。

同時に飛行機の存在自体に驚き、形の多様性や飛行原理など興味はつきなかった。星や宇宙にも惹かれ、天の川を見あげては星座を見つけ出すのが大好きだった。


しかし進路で目指したのは、天文学でも宇宙飛行士でもなかった。ただただ飛びたかった。飛ぶことのすべてが好きで、一刻も早くパイロットの訓練を受けたかった。

高校では数学や科学、グラフィック・デザインの授業が好きだったが、放課後や休日に学生連隊（ＣＣＦ）として活動したことが、青年期の自己形成に大きく影響したと思う。

空軍とは対照的な陸軍に魅力を感じながらも、いつでも機会があれば飛びたいと志願し、グライダーや小型動力固定翼機へ挑戦した。

１９９４年頃、陸軍を志し、自分の「翼」を手に入れた青年期

陸軍の制服に憧れながら、飛ぶことにも熱い情熱をもっていた19歳の私が陸軍航空隊（ＡＡＣ）[1]への入隊を目標としたのは当然のなりゆきだった。

大学ではなく陸軍士官学校[2]に入学し、１９９２年に少尉として卒業した。

入学してすぐにパイロット訓練がはじまり、デ・ハビランド・カナダ機[3]の操縦から学んだ。これは１９４０年代に開発されたタンデム複座式シートの単発航空機[4]で、パイロットの操縦訓練によく使われる。

1　イギリス陸軍の航空部隊。

前後に1席ずつという座席配置や尾輪のつき方は、第2次世界大戦の戦闘機を思わせるが、この機体に乗るたびによろこびを感じた。

やがてヘリコプターを操縦できるまでになり、1994年には自分専用の「翼」を与えられた。それからすぐに偵察任務のために世界中を飛びまわるエキサイティングな4年間がはじまった。この間にバルカン半島でボスニア紛争の作戦行動も行った。

偵察パイロットからインストラクターパイロット[5]になり、新入生に操縦法を教えるまでになると、アメリカ陸軍第1騎兵師団に3年間所属し、アパッチ[6]を操縦しないかとすばらしいチャンスを提示された。

映画『地獄の黙示録』[7]を見たことのある人ならば、第1騎兵師団のパイロットが、ワグナーの「ワルキューレの騎行」をスピーカーから大音量でガンガンならしながら、低空飛行で急襲するシーンを思い出すかもしれない。

このオファーはとても興味深く、説得されるまでもなく、私は荷物をまとめてアメリカに向かった。1999年のことだ。

当時、イギリス陸軍がアパッチを導入する前だったので、この新しいヘリコプターについてすべてを学ぶには願ってもない機会だった。

帰国すると私は少佐に昇進し、以後3年間、陸軍のパイロットにこの驚異的に有能なヘリの操縦法や戦い方を教えて過ごした。

2　サンドハースト王立陸軍士官学校。イギリス陸軍の士官養成機関で一般にはサンドハーストと呼ばれる。

3　レシプロエンジンの練習機。カナダのデ・ハビランド・カナダ社による開発。

4　エンジンがひとつの航空機。

5　指導操縦士。

6　マクドネル・ダグラス社、現在のボーイング社（36ページ）が戦闘用に設計し開発した攻撃ヘリコプター。

7　1979年公開（翌年日本公開）のフランシス・フォード・コッポラ監督作品。ベトナム戦争を描いている。

2005年頃、テストパイロットとして充実した日々

この時、チャンスの扉が開いたのだろう。今にして思えば、宇宙飛行士にたどり着く道に乗ったのだ。

パイロットとしてのキャリアをとおして、常に飛行理論を試すことに興味があった。新しいシステムを学ぶのはもとより、航空機が実際にどう機能するのかを発見し、パフォーマンスの境界線を検証するのが好きだったのだ。

これはテストパイロットの仕事だったので、私はテストパイロット階級への昇進を目指し、難関を突破するために猛勉強したり、一年にわたる集中コースに参加した。

この間に操縦した航空機は30種以上におよぶ。ヘリコプター、高速ジェット機、積載量の多い輸送機をはじめ、教官が指定するありとあらゆる航空機に乗った。

帝国テストパイロット学校（ＥＴＰＳ）[8]を卒業すると、回転翼機試験飛行隊（ＲＷＴＥＳ）で、アパッチのシニアテストパイロットになった。

当時まさにそのヘリがアフガニスタンで使われはじめていたこともあって、とてつもなくやりがいを感じた。自分の仕事が前線のパイロットの役に立っていることを感じたし、なによりも航空機の能力を限界まで引き出すのが大好きだった。時にはスピードや高度、そして機動性において、航空機をだれもできなかった領域にまで到達させた。

２００６年頃、テストパイロットの訓練をしながら学位を取得

テストパイロットの訓練は高度な飛行実技に加え、相当な量の学業をともなった。数学は苦手意識もあり、最初の１か月は大学一年生の標準レベルまで数学の学力をアップさせるべく、夜を徹して勉強した。学位取得も目指し、ポーツマス大学の理学士コースに入学して飛行力学と飛行評価を専攻した。

あとになって気づいたが、テストパイロットの訓練にあわせて学士レベルの教育を受けたことこそが、数年後の宇宙飛行士選抜試験への扉を実際に開けてくれることになった。

テストパイロットは商業的な航空宇宙産業界と密接に関わる。その仕事の一部は、知識と経験を積み、導入すべき新技術を学び、航空機の能力を向上させることだ。人間がこれまでに営んできた環境で、宇宙は苛酷な場所のひとつだろう。テストパイロットの私が、地球外で科学的な調査や探求を行うための最先端技術に強い関心をもち、宇宙業界をより身近にとらえはじめたのは当然の流れだった。

２００８年頃、いるべき時にいるべき場所にいた幸運

人生にはタイミングこそすべてということがある。この意味で私はとても幸運だった。

欧州宇宙機関[9]（ＥＳＡ）が２００８年に行った宇宙飛行士選抜試験への応募条件は、飛行

8　イングランド南部の自治体、ボスコム・ダウン基地に併設された養成機関。

9　31ページ。

時間1000時間以上のパイロットか、そのほかの分野における学士レベルの学歴保有者だった。私はテストパイロットとして飛行時間3000時間以上の経験を積み、飛行力学の学士号も取得していて、科学や技術、探査へ飽くなき興味を抱いていたから、このチャンスに飛びついた！　私にとって宇宙飛行士は、テストパイロットが望む頂点だった。

宇宙へ行くという幸運に恵まれた数少ない者のひとりとなり、科学や技術、探査の限界を広げられるなんて一生に一度の機会だ。私はいるべき時に、いるべき場所にいたのだ。

Q　パイロットのスキルをどのように活用して、宇宙飛行士になったのですか？

A　ヘリコプターのパイロットという仕事に誇りをもっていたが、やはりある程度のリスクをともなう。夜間や悪天候での飛行任務や、テスト機を限界まで試すことは、時に危険だった。地上60ｍの上空でも、地上400㎞の宇宙でも、緊急事態の対処法に大差はない。冷静さを保ち、問題を突きとめ、迅速に解決方法を見つける必要がある。

ヘリの操縦と宇宙での活動はあまりにも違うが、長年、未知なるものに取り組んできたおかげで心構えができていた。どんなテスト飛行の時でも、パイロットは事前に何時間もかけて危険を分析し、リスクを軽減するにはなにが必要かを確認し、あらゆる不測の事態に対する訓練を行う。それと同じアプローチが宇宙では必要とされた。

コミュニケーション能力も培ったスキルが生きた例だ。宇宙飛行士は日常業務をこなし、効率を維持してエラーを防ぐために、日々、運用管制センターとの円滑なコミュニケーションを頼りにしている。緊急事態に大惨事を避けるには非常に重要なスキルだ。

パイロットにとっても同じことが言える。明確で簡潔なコミュニケーションなしには、航空機を適切に操縦できない。多くの航空機に見られるタンデム複座式シートなら、なおのことだ。相棒の席が自分の前後にあるため、とっさの身ぶり手ぶりも見えないのだから。

操縦スキル自体も役立った。たとえば宇宙飛行士訓練中に、国際宇宙ステーション（ISS）にあるロボットアーム[10]の操縦法を学んだが、左右の手で異なる機軸の動きをコントロールするためには高度な調整能力と空間認識能力が必要で、ヘリの操縦に似ていた。

パイロットから宇宙飛行士になるために一番役立ったスキルは、宇宙船の自動操縦システムがうまく作動しなくなった時に備え、マニュアルで操縦する方法だ。宇宙飛行士のほとんどが宇宙飛行の訓練および準備の一環として航空機の飛行練習を行う。

Q 陸軍のパイロットと科学者とでは、どちらが宇宙飛行士になれる可能性が高いですか？

A これはおもしろい質問だ。その答えは時代につれて変化したと言える。まずは黎明期の宇宙飛行士の選抜について振り返ると、ロシアの初期の宇宙飛行士やマー[11]

10 無重力の宇宙空間で実験装置を動かしたり、地球からの補給船をキャッチするのに使用。おもにそれぞれ6つの関節をもった親アームとその先端に取りつけられた子アーム、ロボットアーム操作卓から構成される。人間の腕と近い動作が可能。カナダが開発と製作を担当したことから、カナダアームとも呼ばれる。108ページ。訓練の様子は2ページ、写真3。

11 1958年に実施されたアメリカ初の有人宇宙飛行計画。人間を安全に宇宙に送り、地球に帰還させることを目標とした。マーキュリー・セブンと呼ばれる7人の宇宙飛行士を乗せ、計6回行われた。

キュリー計画、[12]ジェミニ計画、[13]アポロ計画というアメリカの有人宇宙飛行プロジェクトの宇宙飛行士は、ほとんどが戦闘機パイロットとしての専門性を買われて選出された。唯一の例外は[14]ワレンチナ・テレシコワで、宇宙飛行士になる前は織物工場で働いていた。

宇宙でのミッションや目的が時代とともに変化するにしたがい、宇宙飛行士選抜の基準も変化する。調整能力や空間認識能力、緊急時の決断力は今も必須だが、現代の宇宙飛行士は宇宙での多くの時間や労力を、科学調査やＩＳＳシステムの維持、仲間のクルーとのコミュニケーションに割くことになる。つまり、より多様なスキルが求められる。

今日、宇宙飛行士になれる可能性は、科学者もパイロットも同じくらいだ。２００９年にアメリカ航空宇宙局（ＮＡＳＡ）、[15]カナダ宇宙庁（ＣＳＡ）、[16]日本宇宙航空研究開発機構（ＪＡＸＡ）、ＥＳＡが選出した候補者20名の半数はパイロット経験者ではない。実際、教師やエンジニア、医師など、あらゆる職業から宇宙飛行士になることが可能だ。ＮＡＳＡが最近、採用した宇宙飛行士は氷の掘削技師や漁師という経歴をもつ。

一番大事なのは、なにを学んだにしても、その分野のエキスパートであることだ。次のＱ＆Ａを読んでもらえばわかるだろうが、学歴や飛行実績によって面接までは進めるかもしれない。ただ宇宙飛行士の仕事を勝ち取るには、意欲、熱意、個性、人柄が必要なのだ。

宇宙飛行士を目指す人への重要なアドバイスは、ＥＳＡホームページの「よくある質問

12　１９６１年にＮＡＳＡによって行われた2度目の有人宇宙飛行計画。月面着陸技術の開発を目標とした。

(FREQUENTLY ASKED QUESTIONS［英語のみ］)」にQ＆Aで掲載されている。

Q　宇宙飛行士選抜試験で、あなたが選ばれた理由はなんだったと思いますか？

A　これはいい質問なので、自問自答してみた。宇宙飛行士はさまざまなスキルを求められる。調整能力や空間認識能力、記憶力、集中力といった持ち前の資質も含まれるが、宇宙でミッションを行う時間が長くなるにつれて、コミュニケーション能力、協調性、決断力、リーダーシップ、フォロワーシップ、そしてストレスがかかる状況で問題を解決するために働く能力なども重要だ。幸い私は、陸軍時代にこうしたスキルの多くを身につけていた。

各国の宇宙飛行士の選抜基準と選抜試験

各国の宇宙機関は宇宙飛行士に求められる幅広い資質を見わけるために、それぞれ若干異なる選抜プロセスを開発してきた。

ただ私が２００８年に宇宙飛行士に志願した時には、めずらしくＥＳＡ、ＮＡＳＡ、ＣＳＡ、ＪＡＸＡが同時に募集を行ったため、各機関の選抜基準は明確に違っていた。

たとえばＣＳＡは、プールの底に沈めたレンガを炎と闘いながら拾ってこさせたり、ストレスの高いテストを実施していた。なかでも一番厳しいテストとしては、大西洋の冷たい水

13　21ページ。

14　ソビエト連邦の女性宇宙飛行士。１９６２年に宇宙飛行士に採用され、翌年ボストーク６号に搭乗し、女性として世界初の宇宙飛行を行った。スカイダイビング愛好者としても知られる。

15　本部はカナダのケベック州サン・チュベールにあるジョン・Ｈ・チャップマン宇宙センター内。

16　日本の航空宇宙開発政策を担う。２００３年に宇宙科学研究所（ＩＳＡＳ）、航空宇宙技術研究所（ＮＡＬ）、宇宙開発事業団（ＮＡＳＤＡ）の３機関が統合して誕生。本社は東京の調布市にあるが、北海道から沖縄まで17の宇宙センターや実験場、観測所などがある。

めるのではなく、チーム一丸となって流入口をふさがせるというものがあった。

対照的にＥＳＡでは身体的負荷は軽かったが、数か月も宇宙で過ごす資質があるかを確かめる高度な認識力テストと心理的分析が行われた。

各国ともに厳しい身体機能検査（医学検査）や複数回の面接に加え、選考過程では数学、科学、工学、英語といった分野での基礎知識も問う。試験はストレスがかかるように、各テスト間の休憩は短く、合格するには高度なスピードと正確さが求められる。

ただ宇宙飛行士選抜試験では、ひとつの分野で突出した結果を出さなくても、各試験をパスする能力があればいい。人柄と個性が飛びぬけていればいいのだ。幅広い多様な経験があること、たとえば国際的な環境で働いた経験は外国語の才能と同様に力強い資産だ。

宇宙飛行士に選ばれたあと、私は担当面接官だった宇宙飛行士に合格者の基準を質問してみた。答えは驚くほど単純だった！「この人と宇宙に行きたいか考えてみたんだ」。

ここで私が受けた宇宙飛行士選抜試験で出たメンタルテストを紹介しよう。

「目の前に立方体がひとつあるとする。底には点が打ってある。この立方体はあなたから見て前後左右に転がる。この立方体を頭の中で手前、左、左、手前、右、後ろ、右の順番で転がすと、最終的に点の位置はどこにくるだろうか？」

すぐに答えはわかったかな？

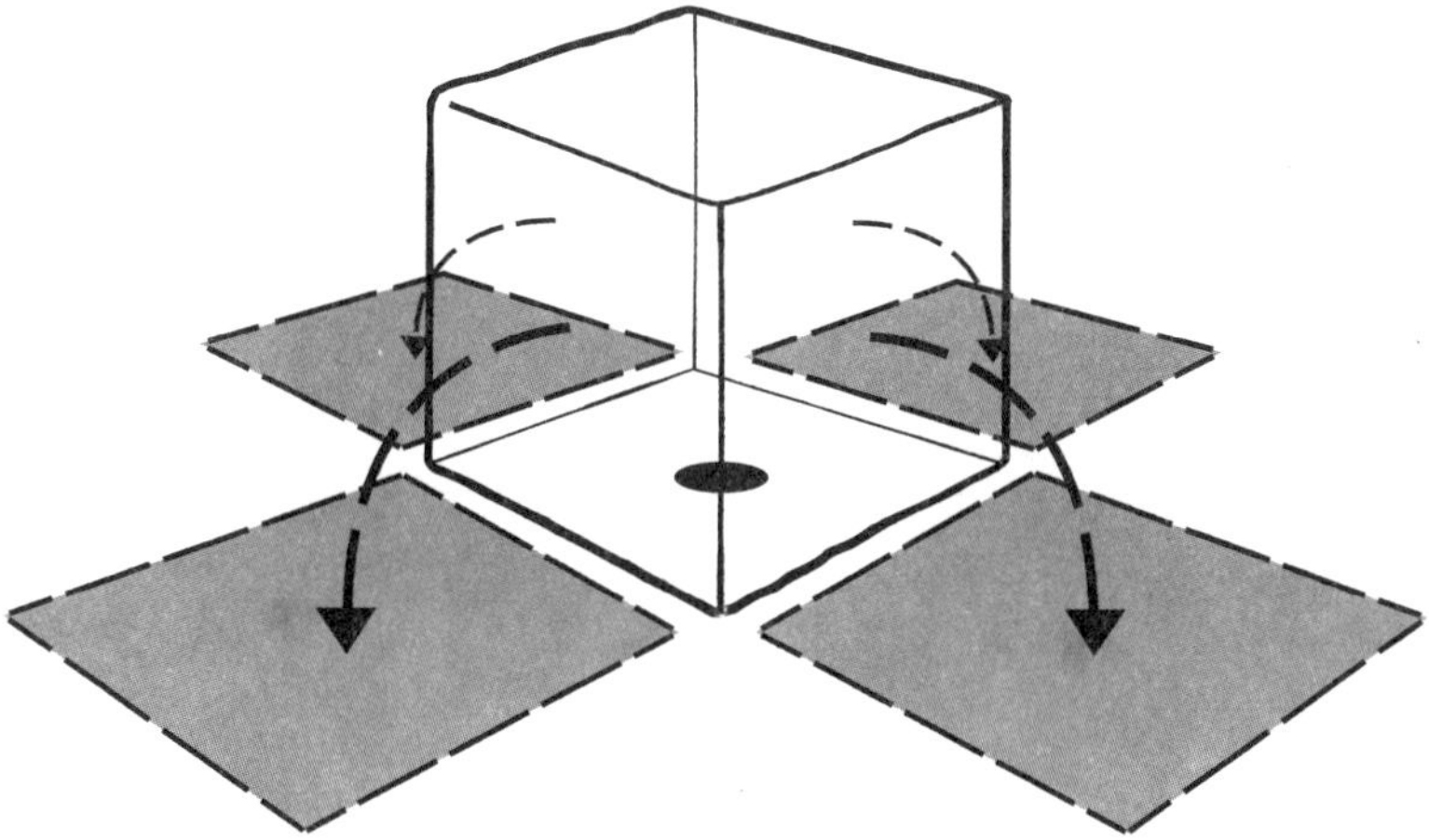

問題が簡単すぎたら、立方体を転がす回数を増やしながら素早く出題してもらえるよう、だれかに頼んでみよう。

ちなみに正解は「点はもとの位置に戻り、立方体の底にくる」だ。

Q 宇宙飛行士になるための健康条件はありますか？

A 宇宙飛行士は、健康で元気な状態で宇宙に飛び立つ必要があるが、選抜試験で並はずれて健康な人が求められているわけではない。長期的に良好な健康状態を維持できる候補者、つまり宇宙にいる間に医学的な問題を発症するリスクの低い人を選んでいる。

選考が進むと1週間にわたる選別が行われ、多くの医学検査が実施される。無重力環境の影響を強く受ける、心臓血管の健康、視力、骨量[17]を重点的に見る。

17 骨全体に含まれるミネラル量。

候補者の約半分がこの検査でふるい落とされるが、時間とコストの点、針やカテーテルで体を傷つけるリスクをともなう検査を行う点から、選考初期には行われない。落とされた候補者のほとんどは、視力と心臓血管の厳しい条件を満たせなかった人たちだった。検査に向けて準備できることはほぼないが、健康的なライフスタイルを心がけることが検査を突破する近道だろう。

宇宙飛行士にとって健康であることは大切だ。船外活動（ＥＶＡ）に備え、与圧服を着て何時間も訓練するのは肉体的にとてもつらい。健康であるほど、訓練も宇宙飛行も楽しめる。体が無重力状態に慣れるのも、地球に戻って再び重力に慣れるのも、より簡単になる。

宇宙飛行士は少なくとも週4時間の体系的な肉体訓練を課されるが、ほとんどの人が自発的に多くの訓練をし、さらにスポーツまで行っている。

各宇宙機関には、宇宙飛行士の体力管理や調整、リハビリを専門とする頼もしいインストラクターがいて、私たちが宇宙飛行という肉体的挑戦に万全の状態で臨めるように、宇宙飛行士ごとにメニューを作成するなどサポートしてくれている。さらにはもっと重要なことだが、地球に帰還後、数か月で完全に体が回復するように力をつくしてくれる。

宇宙が人間の体におよぼす長期的な医学的影響については、第6章で話そう。

18　ＪＡＸＡの平成20年度宇宙飛行士候補者募集要項では、視力は両眼とも矯正視力１・０以上、色覚は正常であることが応募条件だった。

視力に問題があっても、宇宙飛行士になれる？

視覚障害にもいろいろあるので、はっきりとは答えられない。候補者が合格しなければならないテストは、おもに視力、色覚、三次元視覚だ。

眼鏡やコンタクトレンズ[18]の使用は失格の理由にはならず、矯正レンズで視力を補える軽度な視覚障害は容認されている。だが外科的措置[19]で視力を矯正するのは、ほかの手術が認められているにもかかわらず、失格になる可能性がある。ケースバイケースなのだ。

最年少の宇宙飛行士は何歳？

初飛行の時、最年少だったのはゲルマン・チトフ[20]。１９６１年８月にボストーク２号の打ち上げ時に25歳と３２９日だった。

最年長の宇宙飛行士は何歳？

アメリカのジョン・グレン[21]。１９９８年10月、77歳の時に2度目にして最後のミッションを行うため、スペースシャトル[22]に搭乗した。

19 レーザー手術は術後１年経過していればよい基準に変更された。

20 ソビエト連邦の宇宙飛行士。ユーリ・ガガーリン（22ページ）の次に宇宙飛行を行った。

21 アメリカの宇宙飛行士。政治家。１９５８年よりＮＡＳＡのマーキュリー計画（81ページ）に従事。１９６２年のマーキュリー６号でアメリカ初の地球周回軌道を飛行。

22 36年前の最初のフライトでは41歳であったが、その時に取得されたさまざまな生体データと比較する加齢実験のサンプルとなった。なお、ＪＡＸＡの宇宙飛行士、向井千秋が同乗し、実験をサポートした。

Q 宇宙飛行に備えて、どんな心理トレーニングをしましたか？

A はじめて宇宙飛行士候補として選ばれた時、ある試験官が私に尋ねた。「かなり長い期間をブリキ缶の中で過ごすことになりますが、どう対処しますか」と。

これは宇宙機関が重要視する質問だ。宇宙での長期にわたるミッションは、精神的ストレスが大きく、どう対処するかについては宇宙飛行士選考にさかのぼってはじまる。

選考は年単位で行われ、その間に徹底した心理的分析が行われるが、そのおもな理由は、宇宙飛行における束縛、隔離、疎外感に対処する上で必要な、性格上の資質を確実に満たした人物を選考するためだ。

精神的に不可欠な資質をそなえた候補者が選ばれ、困難な状況下で自分と他者についてより深く学べる環境下に放り込まれる。これは宇宙飛行士の基礎的な訓練の時からはじまり、まずは人間行動とその成果を学ぶ理論的な訓練が行われる。

理論は大切だが心理的ストレスと人間行動を学ぶなら実地にまさるものはない。こうした理由からＥＳＡは２０１０年、新採用の６名に対し、[23]サバイバル訓練を行った。

人間は普段の生活で隠れている人格が浮かびあがってくるのに気づくまで、ストレスをさほど感じない。睡眠不足や数日にわたる空腹、ハードワークなどが、ストレスのきっかけになる。それは[24]ブレコン・ビーコンズ国立公園にいようが、サルデーニャ島の山岳地帯にいようが変わりはない。

ＥＳＡはもうひとつすぐれた心理的訓練を行っている。洞窟探検だ。国籍の違う6名ほどの宇宙飛行士がひとつのグループになって、入り組んだ広大な洞窟で数日過ごす。

洞窟探検は技術的にも大変難しく、ロープや登山道具を使って垂直にのぼったりくだったりしながら、数時間かけてやっとの思いでベースキャンプにたどり着く。そしてさらに洞窟の奥に進み、微生物のサンプル採取や科学的な調査を実施したり、洞窟での写真の撮り方を学んだりしながら、高度なチームワークやコミュニケーション能力を要する課題をいくつもこなしていく。この訓練は私にとっても宇宙飛行におけるストレスを疑似体験するすばらしい機会となり、自分自身や他者について多くのことを学べた。

ＮＡＳＡやほかの宇宙機関も似たような訓練を行い、宇宙飛行で経験する心理的な困難に対処できるよう準備する。ＮＡＳＡの極限環境ミッション運用（ＮＥＥＭＯ）[25]訓練もそのひとつだ。

宇宙に飛び立つ前に受ける訓練のさまざまな科目について、このあと話していこう。

Q 宇宙飛行士になるための訓練期間はどれくらいですか？

A 一般的な規定によるとプロの宇宙飛行士は、はじめての宇宙飛行までに最低3年から4年の訓練を受ける。ただし、いつミッションにアサイン[26]されるかによって異なる。

新たに選ばれた宇宙飛行士候補者は全員、まずは基礎訓練を受ける。広範囲にわたる科目

23 ２０１０年6月、イタリアのサルデーニャ島にあるイタリアの軍隊訓練施設で実施された。

24 イングランドのウェールズ地方南部にある国立公園。アウトドアのメッカ。

25 アメリカのフロリダ沖の海底約20mに沈められているアクエリアス（97ページ）という海底研究施設で、心理的にＩＳＳと類似した閉鎖環境を実現し、リーダーシップ、フォロワーシップ、チームワーク、自己管理、異文化理解など、長期滞在に必要なチーム行動能力を向上させることを目的に実施される。97、１０２ページ。

26 任命されること。

において、すべての候補者を同等の知識レベルまで養成するのが目的だ。

ＩＳＳパートナー国の各宇宙機関によって基礎訓練へのアプローチは異なるが、訓練の構成要素には統一基準がある。ＥＳＡの基礎訓練コースは14か月で、科学、コンピュータの使用、軌道力学、宇宙工学などの一般科目を網羅し、さらにロシア語やＥＶＡ訓練、ロボットアーム[27]の操作といった特定の技量についても学ぶ。

基礎訓練をおえた宇宙飛行士のほとんどは、最初のミッションにアサインされるまでしばらく待つことになる。この間は有人飛行プログラムのサポートに従事し、引き続き知識の拡大深化に努め、操縦能力を磨き、専門的能力の技量向上に勤しむ。

この期間はアサイン前段階と呼ばれ、数年のこともあれば数週間のこともあり、ＥＳＡの宇宙飛行士には、初飛行まで14年もかかったクリステル・フォーグレサング[28]もいれば、基礎訓練さえおわらないうちにアサインされたルカ・パルミターノ[29]もいる。

訓練の最終段階はアサイン訓練フロー（任命後の一連の訓練）と呼ばれ、打ち上げまで普通2年半ほど続く。経験のある宇宙飛行士の中には、ＮＡＳＡのスティーブン・ボーウェンのように直前になってミッションにアサインされる[30]者もいる。ミッションに加わるにはかなり短い準備期間だったが、すぐれた訓練と経験、柔軟な対応で、どんな状況でも乗り越えられることを証明した。

私がＩＳＳへの第46／47次長期滞在ミッションにアサインされたのは２０１３年5月20日。

27 ２、81、１０８ページ。

28 スウェーデンの物理学者、宇宙飛行士。

29 イタリアの宇宙飛行士。

30 私の同僚だったティム・コプラ（28ページ）は、スペースシャトル・ディスカバリー（31ページ）のミッションＳＴＳ-１３３にアサインされ、２０１１年2月24日にＩＳＳに飛び立つ予定だったが、打ち上げまであと1か月というタイミング

ＥＳＡの新人宇宙飛行士として採用されてからちょうど４年が経っていた。アサイン訓練フローは２０１５年12月15日の打ち上げまで、通常どおり２年半続き、実際にミッションに就くまで６年半にわたり、ＩＳＳ業務に訓練や仕事をとおして携わった。

Ｑ 宇宙飛行士になるために必須の言語はありますか？

Ａ　ＩＳＳではロシア語と英語が公用語だが、ざっくばらんに言えば、宇宙飛行士たちの間では第３の言語、ラングリッシュ[31]も使われる。

セルゲイ・クリカレフ[32]は次のように語っている。「僕らはラングリッシュで話しているって冗談っぽく言うんだ。つまりロシア語と英語のちゃんぽん。たとえば英語で適切な表現が出てこないとロシア語でカバーする。クルーはどちらの言語もできるからね」。

ロシア語を習得するのは難しい。少なくとも私にとっては。英語を母国語とする同僚の多くはこの意見に賛同するだろう。ＩＳＳ船長を務めたスコット・ケリー[33]は、「ロシア語を学ぶのが難しいのは最初の10年だけ」と言っていたが、あながち冗談ではなかった。

だが、ロシア語を正確に理解することは不可欠だ。ソユーズ宇宙船内はすべてロシア語の表記で、どこにも英語訳などない。飛行書類、機器、コントロールパネルと、すべてロシア語で、さらにモスクワの運用管制センターとの交信はロシア語のみで行われる。ソユーズ内ではクルーどうしのおしゃべり以外、英語を使うことはない。

で、自転車事故に巻き込まれて骨折した。急遽、スティーブン・ボーウェンが代役として任命され、ティムに予定されていた２回のＥＶＡまで見事にやりとげてみせた。

31　２０００年に最初の長期滞在クルーがＩＳＳへの滞在をはじめた時に生まれた造語、Runglish。この時の船長はＮＡＳＡのウィリアム・シェパード（１１２ページ）。

32　ロシアの宇宙飛行士。２０００年、アメリカの宇宙飛行士のウィリアム・シェパード船長のもと、船長の控えであるフライトエンジニア１を務めた。フライトエンジニア２はロシアの宇宙飛行士、ユーリ・ギジエン。

33　72ページ。

ロシア語を理解し、ロシア語で自分の考えを伝える必要がある。文法的な完璧さや豊富な語彙が求められるわけではないが、宇宙に飛行するためには全米外国語教育協会（ACTFL）の会話能力判定法（OPI）で、ロシア語の中級から上級レベルに合格しなければならない。

ロシア語は、人づきあいでも必要だ。何か月もロシアで訓練を受け、ロシアの宇宙飛行士たちとイベントに参加する機会もあるのだ。

ロシア語の研修は、基礎訓練とほぼ同時にはじまる。ESAはボーフム[34]にある語学学校と連携していて、基礎訓練の最初の6か月のうち、3か月はロシア語の研修にあてられ、そのうち1か月はサンクトペテルブルクで一般家庭にホームステイしながら学ぶ。

最初の数か月にロシア語を集中的に学び、ガガーリン宇宙飛行士訓練センター[35]での訓練に備えるわけだ。ISSのロシア区画とソユーズのすべてについて学ぶが、短期間の押し込み型の語学研修では、しっかりとした基礎を身につけることはできない。

私がロシア語を楽に話せて、長時間の技術訓練やシミュレーションでそれほど通訳者に頼らなくてすむようになるまで、2～3年にわたる定期レッスンが必要だった。

Q 遠心加速器の訓練で気分は悪くなりませんでしたか？

A ソユーズ宇宙船に乗る宇宙飛行士は必ず遠心加速器[36]で訓練を行う。閉鎖空間に閉じ込められたまま、ぐるぐる回転させられて、体が8倍くらい重く感じる。おそろしいと思うかもしれない。映画『007 ムーンレイカー』[37]で、ボンドが気絶しそうになりながら、遠心加速器をとめようとするシーンのせいもあるだろう。だが私はとても楽しくて、もし機会があればまたやってみたいと思った。

ソユーズの座席を想定し、私たちは胎児のように丸まってすわり、打ち上げと再突入の際に感じる加速度に近い8gを経験した。

遠心加速器では、回転しているという感覚はなく、一直線に加速しているように感じる。ひたすら回転し続けるというのに、遠心加速器に乗ってもめまいや吐き気を起こすことはない。この装置のカプセルは、旋回する腕の先端に蝶つがいでつながれているため、旋回速度があがるにつれてカプセルの面が回転し、常に加速力を胸の前面から背面へ同じ方向に感じることができるからだ。

教官は訓練に備え、遠心加速器に乗るとどう感じるか、さらに重要なこととしてどうやって正しく呼吸するかを教えてくれた。正しい呼吸法はとても重要だ。遠心加速器での訓練では、地上の重力の8倍（8g）の圧力を30秒間受け、続いて低下する。宇宙船になにか起こった際の弾道再突入[38]をシミュレーションしているのだ。

私は重力加速度（G）負荷が徐々に高まるにつれ、胸の上におもしを積みあげられていく

34 ドイツのノルトライン＝ヴェストファーレン州に属する都市。

35 29ページ。

36 ロシアのスターシティにあるガガーリン宇宙飛行士訓練センター（29ページ）で行われる。

37 67ページ。

38 弾道再突入の危険性については283ページ。

ような感覚を味わった。呼吸が難しくなり、胸がつぶれるのを防ぐために、筋肉を緊張させねばという気になった。実際、筋肉を緊張させて胸郭を「ロック」し、腹を使って空気を大きく取り込むのはベストな呼吸法だ。８gまで加圧する前の４gの環境で練習した。

30秒間８gに耐えるのはかなり大変だ。ウェイトトレーニングしているかのようだ。ベンチプレスを自分と同じ体重の重さで30秒やると想像してほしい。最初はできそうでも、次第にきつくなってくる。

私も８gの最初の10秒は、あまりに楽で驚いたが、ラスト10秒のつらさも同じくらいの驚きだった。宇宙飛行士が体調を完璧に整えることがいかに大切か、改めて思い知った。

Q 無重力状態に備え、地球でどんな訓練をしたのですか？

A　宇宙に行かなくても、無重力状態を想定した訓練はできる。ひとつは水中での浮力を使って、疑似的な無重力状態を作り出せばいい。これについては第４章で説明しよう。

もうひとつは、地上に向けて落下する飛行機に乗っていればいい。基本的に自由落下状態になり、疑似的に宇宙の状況を作ることができる。ただし、ある時点で飛行機を水平姿勢に戻さないと墜落してしまうので注意が必要だ。

この方法は無重力状態、ゼロGを目指して飛行機が実際に放物線を描いて飛ぶため、放物[39]

線飛行と呼ばれる。無重力状態を生み出すためにパイロットはまず、機首を45度の角度にあげて急上昇する。そしてエンジン出力を落とし、操縦桿《そうじゅうかん》を前に倒して正確にゼロGを目指し、今度は機首がほぼ45度下向きになるまで降下する。45度に達した時点で機体を水平にし、短時間の猶予ののち、この手順を繰り返す。

放物線ごとに約25秒間の無重力状態を作り出すので、その間に宇宙をシュミレーションし、物体を操作したり、体をコントロールしたり、トレッドミル（T２）[40]でランニングするなど基本的なタスクを試すことができる。この放物線飛行は、宇宙飛行士の訓練だけでなく、無重力状態をそれほど長く必要としない科学実験でも広く利用されている。

世界には[41]この訓練を提供するところがいくつかある。３〜４時間の飛行の間に30〜60回の放物線を作り出すので、臆病な人には向かないだろう。参加者の３分の２は気分が悪くなるそうで、残念な通称、[42]ゲロ飛行機と呼ばれることもある。

だが乗り物酔いは不安によるところが大きく、適切な訓練と、おそらく軽い酔いどめ薬で、たいていの人は思いきりこの飛行を楽しめるだろう。

私がはじめて放物線飛行を経験したのは、宇宙飛行士の基礎訓練の時だったが、楽しかった。浮きあがって、キャビンを浮遊する感覚はとても新鮮で、私も５人の同僚も顔に満面の笑みを浮かべていた。

39　パラボリックフライトという。

40　14ページ、写真37。178、298ページ。

41　日本にもあり、名古屋のダイヤモンドエアサービスが運営している。

42　Vomit Cometといい、NASAが軽減重力研究計画に使う飛行機をこう呼んだことにはじまる。

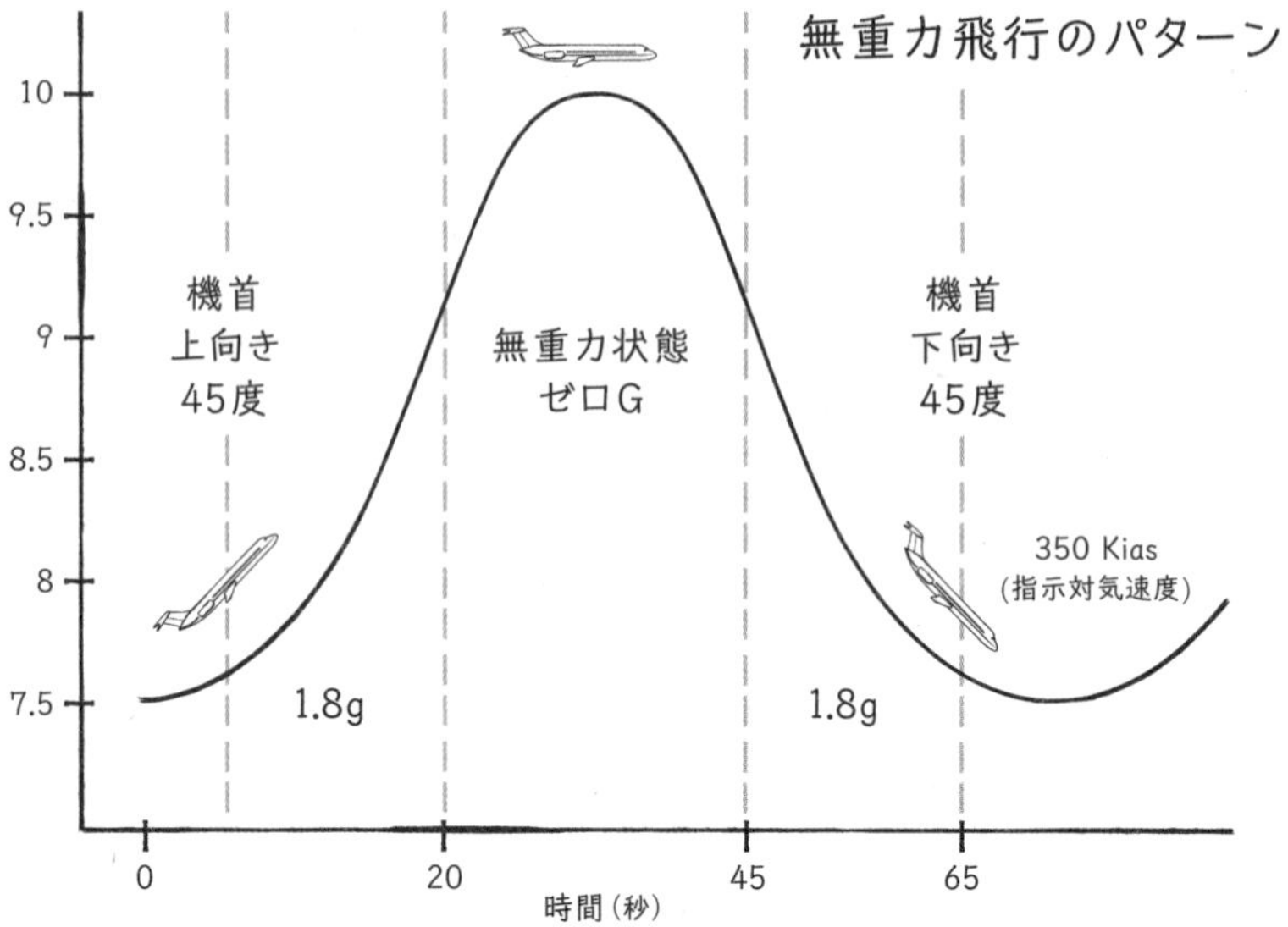

Q 地上ではどんな仕事をしているのですか？

A 宇宙飛行士の基礎訓練を修了後、命じられた最初のタスクは、ドイツのミュンヘンにあるＩＳＳの飛行管制センターに行き、[43]宇宙船通信担当官（ＥＵＲＯＣＯＭ）の資格を取ることだった。

ＥＵＲＯＣＯＭの役割は、ＩＳＳに滞在する宇宙飛行士と交信してミッションを助けること。

地上の全情報を集約し、明確で簡潔な指令をクルーに伝える責任を負う。これはＩＳＳでの生活が実際にどのようなものか心構える上で、一番価値のある仕事のひとつだ。

訓練は数週間かかったが、ＩＳＳの日々の業務を支える、結束の強い管制チームの一員になれたことが誇らしかった。

このアサイン前段階[44]の間に、ヨーロッパの宇宙飛行士としてはじめてNASAのNEEMO訓練[45]のミッションに選ばれるという幸運に恵まれた。

そこでは科学者やエンジニア、宇宙飛行士からなる特命グループと一緒に働く。NEEMOはNASAの有人飛行チームの特殊部隊と言っていいだろう。未来の宇宙探検ミッションのための技術やシステムを開発する精鋭グループだ。

私は第16期NEEMOミッションにアサイン[46]された。未来の小惑星へのミッションに必要となるツールや技術、手順の開発が目標だった。

NEEMOがなぜ極限環境かと言えば、水深20mの海底で行われるミッションだからだ。目標を達成するために、私を含めた6人のクルーは水中で12日間暮らし、海底基地のアクエリアス[47]から毎日、潜水探索を行う計画を立てた。

この研究施設は宇宙ミッションを疑似体験するのに理想的だ。まず非常に閉鎖的でかなり窮屈な環境であるため、生活するのがやっとだ。ここに比べればISSは贅沢な環境だ。

そしてリスクと常に背中あわせの状況におかれる。20mの水面下で息を吸うと、その水圧分（2気圧）の圧力が余分にかかって窒素が血流に多く溶け込み、体内組織に運ばれる。少しの時間でも、地上にいるより多くの窒素で体内組織は飽和する。この状態の体はよく振った炭酸飲料のボトルに似ていて、溶解したガスが大量に閉じ込められている間、そう、キャップを開けるまでは問題ないが、キャップを開けた途端、危険だ。

深く潜水して水面に急速に上昇するのは、まさにこのキャップを開けるのに似ている。周

43 ISSのフライトコントロール室でISSのクルーと直接交信する。

44 90ページ。

45 89、102ページ。

46 89ページ。

47 アメリカのフロリダ州タバナー沖の海底に設置されている海底研究室の居住スペース。

囲圧力が急速に低下すると、血流に溶けた過剰なガスが爆発的に泡となって放出される。炭酸飲料ならおもしろいが、人間の場合、愉快なことはない。泡が体内組織と血流に放出されると、かゆみや痛みにはじまり、麻痺や死にいたるまで、さまざまな症状が起こる。

このため水中ミッションの間、問題が起こっても急いで水面にあがるという選択肢はなかった。溶け込んだガスを安全に放出するために、私たちは18時間かけて徐々に「減圧」する必要があった。

もしもアクエリアスで火事が起こったり、潜水中に事故が起こったら、お手上げだ。このリスクは、宇宙飛行士であるかぎり受け入れなければならない。ISSはひとつの決断がクルーの安全に決定的な影響をおよぼす環境であるため、NEEMOのような訓練演習は、宇宙ミッションを想定した最適なシミュレーションだ。

しかし水中で訓練を行うもっと重要な理由は、水中での浮力を利用して無重力状態を疑似体験できる点だ。この種の開発にはよくプールを使うが、海ならもっと大きな機器を使った実験ができる。たとえば深海潜水艇なら宇宙探査車輌のシミュレーションができる。

Q ミッション訓練の間、なにを勉強しますか？

A なにを勉強しなくてよいか答える方が簡単かもしれない。

宇宙飛行士はとんでもなくたくさんの訓練を受けるので、新人にとって難しいことのひとつは、記憶領域がいっぱいになってきた時に、どれが本当に重要で、記憶にとどめておくべきか判断することだ。

だが訓練プログラムそのものと献身的で忍耐強い教官たちが助けてくれる。打ち上げが近づくにつれて、本当に重要な科目は何度も繰り返される。

宇宙飛行士が注力すべきは、ＥＶＡ訓練、ロボットアーム[48]を使って補給船をキャッチする訓練、緊急訓練、ソユーズの訓練[49]などだ。そのほかのことを学ぶために何時間も費やすのが重要でないということではないが、この４つ以外でミスを犯しても、壊滅的な事態が起こる可能性は低い。

ＩＳＳについても学ぶ。生命維持装置、電気系統、温度制御システム、誘導・飛行制御システムなどだが、これらはほんの一部だ。さらに宇宙飛行士は、常にＩＳＳで科学研究をするので、ＩＳＳ搭載のさまざまな実験装置、つまり観測機器について学ぶ。また医療訓練、語学研修、サバイバル訓練といった分野も修了する必要がある。

ＩＳＳのクルーになるということは、便利屋になるようなものだが、それに加えていくつかの分野においてエキスパートであることが望ましい。

Q すべての宇宙飛行士が同じレベルの訓練を受けるのでしょうか？

A 一般的には、宇宙飛行士は同じ基礎レベルの訓練を受け、ＩＳＳの運用に有効なクルー

48 2、81、108ページ。

49 緊急時の運用操作。

になるべく養成される。ISSが最大限フレキシブルに運用されるようにだ。すべての宇宙飛行士が、ISSのさまざまな科学実験室で実効的に働き、基礎的なメンテナンス作業やEVAを行い、ISSのロボットアーム[50]を使える必要がある。

ただISSは人間が組み立てたもっとも複雑な構造物だけに、維持するにあたって宇宙飛行士はそれぞれ役割をもち、とてつもなく大きな任務のために異なる訓練を受ける。ISSの各区画ごとにユーザー、オペレーター、スペシャリストの、3つのレベルのひとつに任命され、私はロシア区画のユーザー、アメリカの実験室デスティニー[51]のオペレーター、ESAの実験室コロンバス[52]と日本の実験室きぼう[53]のスペシャリストだった。

つまり、コロンバスやきぼうでなんらかの深刻なメンテナンス活動が必要な場合、私はスペシャリストとして対処を求められた。

デスティニーやそのほかのアメリカのモジュール[54]では、オペレーターとして日常のメンテナンスを担い、より複雑なタスクに関してはスペシャリスト役のクルーのサポートにあたった。ロシア区画ではユーザーとして、全システムに関する訓練を受け、安全かつ効果的に運用する役割で、通常の状況下ではメンテナンスは行わなかった。

訓練レベルを決める要素はほかにもある。どの宇宙船で宇宙へ行くかもそのひとつだ。現[55]時点ではISSを行き来するのはロシアのソユーズ宇宙船だけだが、スペースシャトル[56]はI

SSを37回訪れているし、スペースX社[57]のドラゴン補給船やボーイング社[58]のCST-100といった商業宇宙船で飛行するための訓練を受けている宇宙飛行士もいる。こうした商業宇宙船も近い将来、ISSに向けて打ち上げられるだろう。

宇宙船ごとに必要な訓練は異なる。またパイロット、船長、フライトエンジニア、それぞれの役割によって、異なるレベルの訓練を受ける宇宙船もある。

ソユーズには座席が3席あるが、船長が中央の座席にすわる。この席は万が一、手動操縦が必要な場合、ふたつの手動制御装置を使って実際に宇宙船を飛ばすことのできる唯一のポジションだ。ちなみにこれまでのところ、船長は常にロシア人だ。

普通の状況ではクルーは相互にやり取りしながらソユーズに指令を送るが、手動で操縦する必要はない。左側の席はフライトエンジニア1[59]と呼ばれ、船長の控えだ。この席に着くクルーは、船長が機能を失うようなことが起こった場合に備え、ソユーズを操縦できるように船長と同じレベルの訓練を受ける。右側の席はフライトエンジニア2と呼ばれ、個人の生命維持システムを担当するための必要最小限の訓練から、左座席に着く飛行士のバックアップができるような訓練までを受ける。

私は右座席で飛んだが、幸運にも包括的な訓練を受けることができた。

さらに私たちの船長ユーリ・マレンチェンコ[60]はすでに5回も飛んでいて経験豊富だったこ

50　2、81、108ページ。
51・52・53・54　108ページ。
55　33、34ページ。
56　31ページ。
57　24ページ。
58　36ページ。
59　レフトシーターともいう。
60　28ページ。

とから、訓練初期の段階では時々ティム・コプラ[61]と私に自分たちだけでシミュレーションをさせてくれた。ティムは船長席に飛び乗り、私は左側の席に飛び移ったものだ。

宇宙船においては、宇宙飛行士がどれだけほかのクルーの役割を理解できるか、どれだけ3人のクルーがひとつになって働けるかによって大きな違いが出る。

Q 訓練で最悪だったことはありますか？

A まず言っておきたいのは、バランスの取れたものの見方をすべきだということ。ミッションに向けた訓練の出来が悪い日があっても、それはとてもよい日とも言えるのだ。

だが確かに、あまり前向きになれない訓練もあった。ロシア語だ。すでに話したとおりいつも手こずり、すぐにモノにできなかった。だからどこかに訓練で長く滞在する場合、ロシア語のレッスンを必ず受けることにした。

なんとかがんばって必須基準には達したが、実を言うと長時間のロシア語の授業と徹夜の文法勉強は、訓練の楽しい思い出には入っていない。

もうひとつ、かなり嫌だったのはNEEMO[62]ミッションだ。NEEMOは私の人生でもトップ10に入る印象的な経験だが、なぜ訓練の中で最悪だったかというと、ほかの参加者同様、海底基地には排泄物を化学処理するトイレが完備されていると思い込んでいたからだ。確かにトイレはあるが、18時間の減圧の間、ミッションの最後にしか使えなかった。それまでは出入り禁止だったのだ。

また基地から汚物を排出するシステムは存在せず、12日間で6人がそのトイレを使うので、臭いは暴力的に強烈だった。そのため尿意をもよおした時は、魚にならって海を利用した。郷に入っては郷に従えというわけだ。

個人的には海ですますことに抵抗はない。アクエリアス[63]から外に出ればよいだけだ。もちろん礼儀としてダイビングをしている人がいないか確認する。

便意をもよおした時はガゼボを利用した。大きなバスタブを逆さまに沈めたようなのもので、空気穴がついている。大きさは6人がやっとぎゅうぎゅう詰めに入れるくらいで、アクエリアスからちょっと離れたところにある。本来、アクエリアスが火災や洪水などに見舞われた場合、減圧せずに海上にあがると危険なため、一時的に避難する緊急時用のものだ。しかし普段はまにあわせのトイレとして使用されていた。アクエリアスからの距離感がちょうどよかったのだ。

詳しくは語らないが、ガゼボに行くとなにかしらが起き、時には楽しくなかった。困ったことに、人間の排泄物は魚にとってごちそうだった。人間がガゼボの中に立つだけで、熱帯の海の生物が決起して徒党をくみ、攻撃の準備をはじめた。

モンガラカワハギ[64]は最悪だ。貝を砕くほどの下あごと歯をもち、短気で悪名高い。チーム

61 28ページ。

62 89、97ページ。

63 97ページ。

64 フグ目モンガラカワハギ科の魚。全長約30㎝。体形は側偏する。全身は黒く、白く大きい円形の斑紋が特徴。背面には黄色い網目状の斑紋がある。

メンバーが、指やおしりから血を流しながら戻ってくることはしょっちゅうで、互いにケガの手当てしながら慰めあい、水中の攻撃集団を寄せつけない方法を話しあった。

これは大きな問題となり、結局、ガゼボに「噴水」を取りつけることにした。穴を開けたチューブを空気補給機につなげただけというその場しのぎで、スイッチを入れると用を足している間、泡の壁を作ってくれる。2日ほどうまくいったが、魚たちは賢くなって「噴水」は「食事」を知らせる合図と化した。

Q 訓練で一番楽しかったのは？

A 私は訓練の多くを楽しんだし、すばらしいこともたくさんあった。たとえば[65]放物線飛行、[66]ＮＥＥＭＯ、[67]洞窟探検、[68]サバイバル訓練をはじめ、まだまだある。とくに好きだったのはＥＶＡの訓練だ。

宇宙服はそれ自体が小型の宇宙船だと言える。厳しい真空空間でも8時間以上も生きることができるよう設計されている。まさに驚異的な工学の賜物だ。

それはひとつに背中の[69]可搬生命維持システム（ＰＬＳＳ）のおかげだろう。これには[70]救難用簡易推進装置（ＳＡＦＥＲ）と呼ばれる、小型のジェットパック（噴射式飛行装置）も装備されている。宇宙飛行士がＥＶＡの際にＩＳＳから離れてしまった場合でも、窒素ガスの噴射で推進力を発生させ、ＩＳＳに戻ることができる。24基の高圧推進装置があり、ピッチ、ロール、ヨー（縦揺れ）、前進と後進、横方向、上下の6つの軸によってコントロールされ、宇宙飛行士はハンドルコントローラーひとつで推進装置を操作する。これをまるで初期のジェームズ・ボンドの映画のようだと思った人は、なかなかいい線だ。

ＳＡＦＥＲのおかげで宇宙飛行士はＩＳＳという聖域に戻る最後のチャンスを与えられる。しかし移動量にもよるが、6時間のＥＶＡに十分足りるようなロケット推進剤を搭載した初期のジェットパック、有人機動ユニット（ＭＭＵ）とは異なり、ＳＡＦＥＲの燃料は自己救助1回分の量しかない。すでに難しい状況にさらなるプレッシャーがかかる。

ところで宇宙飛行士はどのようにジェットパックの操縦を学ぶのだろう？　答えは、アメリカのヒューストンに位置する、ＮＡＳＡのジョンソン宇宙センター内の仮想現実研究所にある。ここは完全没入型訓練施設で、宇宙飛行士が宇宙に放り出された状況を、コンピュータ空間の中に驚くほどリアルに再現し、ＩＳＳに無事に戻るための正しい技術を繰り返し訓練する。

コツはまず回転する動きをとめ、次にＩＳＳを見つけること。もしツイていれば、ＩＳＳが見えるかもしれないし、目印としてほかのポイント、たとえば地球を見つけられるかもしれない。そうでなければ、ＩＳＳを探すために貴重な燃料を浪費することになる。

ＩＳＳを見つけても遠くに漂っているはずなので、時間が問題になってくる。ＩＳＳから

65　99ページ。
66　89、97、102ページ。
67　89、287ページ。
68　88ページ。
69　188ページ。
70　左のイラストがＳＡＦＥＲ。

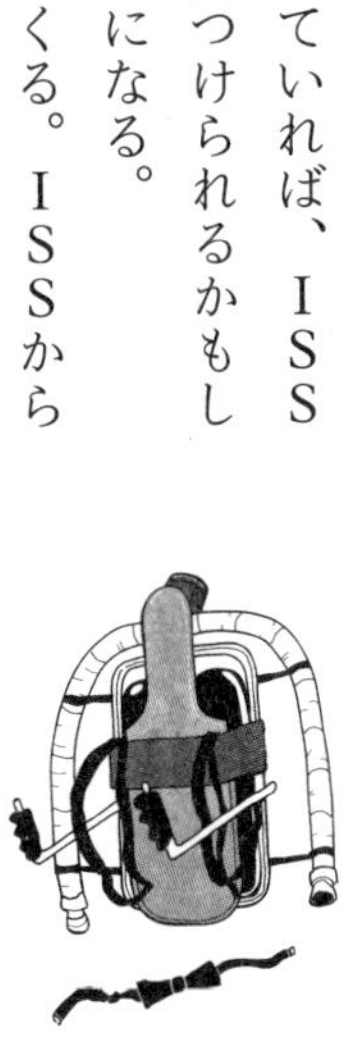

の距離が遠ければ遠いほど、軌道力学など別の要因も働き、戻るのはより困難になる。
一番大事なことは、推進を開始する前にどこでＩＳＳからはずれたか、そのポイントを正確に定めること。これを誤ると帰りの途中、燃料が切れる事態になってしまう。
最終試験の前に、ＩＳＳから放り出された状況を夜間の場合も含み、20～30回訓練する。この特殊なテストに合格するにあたっては、自衛本能が気合いを生み出す。

一番役に立ったアドバイスは？

私の恩師は「人生はゴミ箱のようなものだ。投げ入れたものしか取り出せない」とよく言っていた。10代の若者へのアドバイスとしては、いささか身もふたもないように思えるが、この言葉は年を取った今になっても私の助けになっている。努力、忍耐、決意なしには、なにかを得るのは不可能だと思う。

宇宙飛行士は小さいことにもこだわるよう学ぶ？

そのとおり。私はそれをテストパイロット時代に学んだ。大きなことがうまくいかない時、小さなことがほかの選択肢をつれてきてくれる。

the
Centrifuge
遠心加速器
NASA

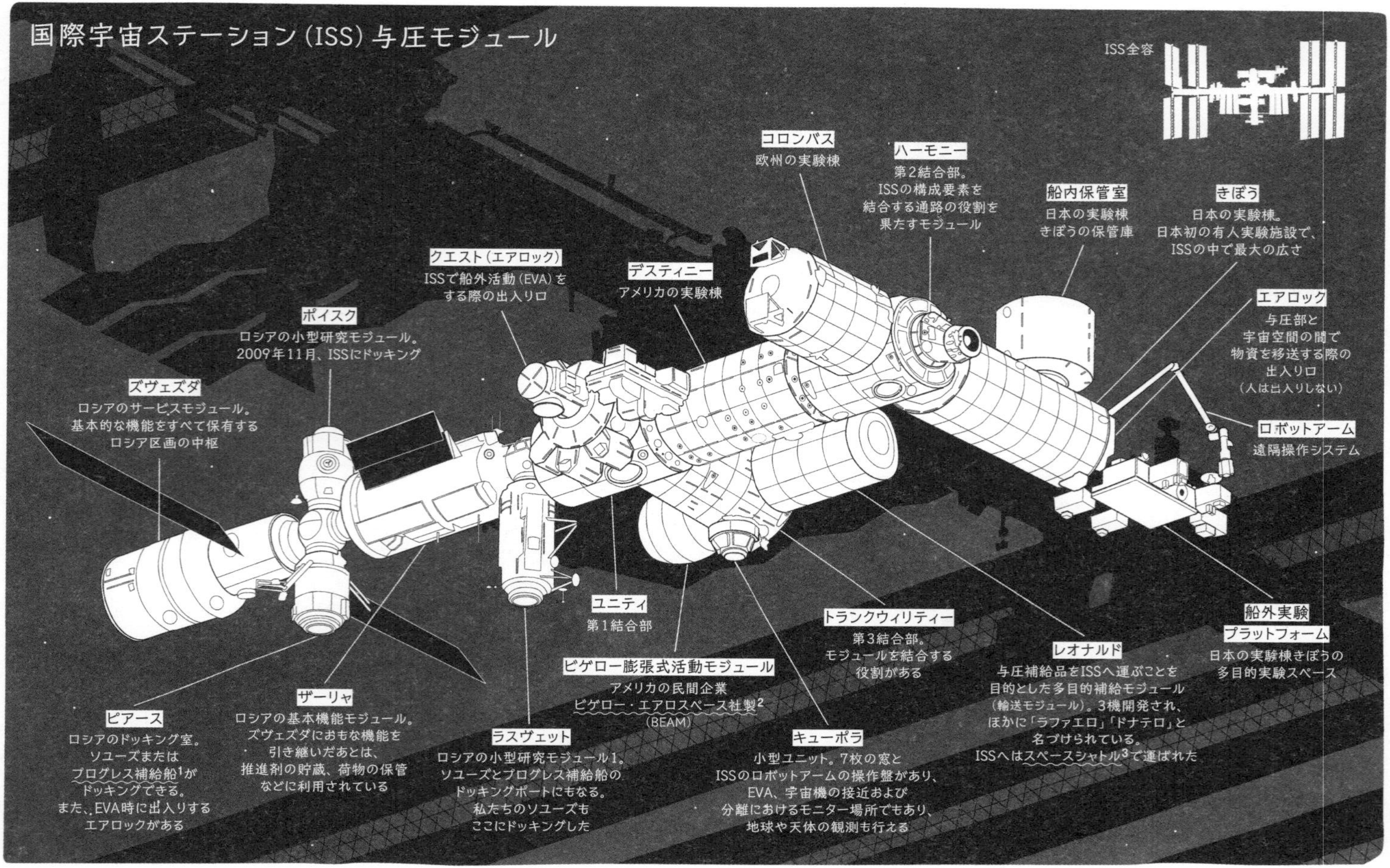
国際宇宙ステーション(ISS)与圧モジュール
ISS全容
コロンバス
欧州の実験棟
ハーモニー
第2結合部。ISSの構成要素を結合する通路の役割を果たすモジュール
船内保管室
日本の実験棟きぼうの保管庫
きぼう
日本の実験棟。日本初の有人実験施設で、ISSの中で最大の広さ
クエスト(エアロック)
ISSで船外活動(EVA)をする際の出入り口
デスティニー
アメリカの実験棟
ポイスク
ロシアの小型研究モジュール。2009年11月、ISSにドッキング
エアロック
与圧部と宇宙空間の間で物資を移送する際の出入り口(人は出入りしない)
ズヴェズダ
ロシアのサービスモジュール。基本的な機能をすべて保有するロシア区画の中枢
ロボットアーム
遠隔操作システム
ユニティ
第1結合部
トランクウィリティー
第3結合部。モジュールを結合する役割がある
船外実験プラットフォーム
日本の実験棟きぼうの多目的実験スペース
ビゲロー膨張式活動モジュール
アメリカの民間企業ビゲロー・エアロスペース社製[2](BEAM)
レオナルド
与圧補給品をISSへ運ぶことを目的とした多目的補給モジュール(輸送モジュール)。3機開発され、ほかに「ラファエロ」「ドナテロ」と名づけられている。ISSへはスペースシャトル[3]で運ばれた
ザーリャ
ロシアの基本機能モジュール。ズヴェズダにおもな機能を引き継いだあとは、推進剤の貯蔵、荷物の保管などに利用されている
ピアース
ロシアのドッキング室。ソユーズまたはプログレス補給船[1]がドッキングできる。また、EVA時に出入りするエアロックがある
ラスヴェット
ロシアの小型研究モジュール1。ソユーズとプログレス補給船のドッキングポートにもなる。私たちのソユーズもここにドッキングした
キューポラ
小型ユニット。7枚の窓とISSのロボットアームの操作盤があり、EVA、宇宙機の接近および分離におけるモニター場所でもあり、地球や天体の観測も行える

第3章
国際宇宙ステーションの暮らし

Q 国際宇宙ステーションの日常生活とはどんなものでしょうか？

A　ＩＳＳに到着した瞬間から、興奮と挑戦と刺激に満ちあふれた毎日だった。国際宇宙ステーション（ＩＳＳ）の隅々ではちょっとした科学の奇跡が見られる。実験装置が設置されていないところでも、無数の複雑なシステムが常時せわしなく稼働している。ここでは地球上ではあたり前のもの、つまり新鮮な空気や水も作り出さなければならない。

膨大な数の複雑な設備とコンピュータ、全長12㎞以上もの電線がはりめぐらされているのを見れば、ＩＳＳは働きにくい場所という印象を受けるだろう。しかしそう思うのは「無重力状態での生活」という挑戦に身を投じる前だけだ。

1　64ページ。
2　308ページ。
3　31ページ。

何か月も過ごす職場であり、住まいだ。もちろん朝、プカプカ浮かんで「出勤」し、[4]キューポラの窓から眺める地球の美しさに、息をのむ。ＩＳＳは懸命に働き、実験し、食事し、眠り、運動し、仲間と時間を過ごす場だ。

宇宙の真空から私たちの身を守っているのは、[5]わずか数㎜のアルミニウムだ。そんな危うさの中、ＩＳＳでの生活はすぐに日常化し、あたり前になる。「ＩＳＳでは一瞬たりとも退屈な時はない」のだが、ＩＳＳのクルーとして務めを効果的かつ効率的に果たすには、「日常化」は欠かせないプロセスだ。弾丸の10倍ものスピードで旅をしながら、地球のまわりを1日に16周することに、いつまでも驚いたり、不思議がっているわけにはいかない。打ち上げプロセスや船外活動（ＥＶＡ）の間、万が一の事態に備えて常に気をぬかない宇宙飛行士も、ＩＳＳの中ではリラックスし、比較的「安全」だと感じている。

宇宙での日常生活について答える前に、まずは地球という安息の地を越えたところで人命を維持させる宇宙工学の驚異、ＩＳＳについて見ていこう。

Q ISSってなんですか？

A　ここでは、3とおりの答えを用意した。短く答えると、「人類史上最大かつ精巧な宇宙船」「最先端の科学実験施設」「宇宙飛行士の我が家」など。

少し長く答えるなら、ＩＳＳは人類史上最大にして最先端の構造物で、重量４００トン以上、サッカーのピッチほどの広さを有する。地上から約４００km上空を時速2万７６００kmで周回し、地球のまわりを90分で1周する。

もし私が不動産屋なら、「ＩＳＳは個室が6部屋ある家と同じくらい」と案内するだろう。トイレふたつに運動ジム完備。残念ながらシャワーはないが、３６０度を見渡せる大きな出窓のキューポラ[6]がある。なにより気密性の高い家を探しているのなら、打ってつけの物件だ。容積は８２０㎥以上で、ジャンボジェット機のキャビンとほぼ同じ。６名のクルーが滞在するのにも科学実験施設としても十分。建設費用は約11兆円超えるため、単一の物件としてはおそらく歴史上もっとも高いだろう。


一番長く答えると、ＩＳＳは世界15か国が参加する国際協力プロジェクトで、アメリカ航空宇宙局（ＮＡＳＡ）、ロシアの国営宇宙公社（ロスコスモス）、欧州宇宙機関（ＥＳＡ）、カナダ宇宙庁（ＣＳＡ）、日本の宇宙航空研究開発機構（ＪＡＸＡ）が協力して建設された。

これだけの規模と重量のものを地球上で組み立てるのは不可能だし、そもそもＩＳＳをまるごと宇宙まで運べるほど大きなロケットはない。そこで12年以上の時間をかけて、モジュールなどのパーツをわけて打ち上げ、まるで巨大なレゴブロックを組み立てるように宇宙で段階的に建設された。

ＩＳＳはロシア区画と、ヨーロッパ諸国とカナダ、日本を含むアメリカ区画に二分されて

4　１０８ページ。

5　日本のモジュールの場合、船壁（与圧壁）は４・８㎜のアルミ合金で、前方は１・３㎜のアルミ板のバンパーとケプラー・カプトン緩衝材で覆われている。

6　１０８ページ。

いる。建設は1998年11月、ロシアのモジュールであるザーリャ[7]の打ち上げを機にはじまった。2000年11月に第1次長期滞在クルー[8]がソユーズ宇宙船で到着して以来、数名が交代で滞在している。2003年に起きたコロンビア号の悲惨な事故の影響を受け、建設は予定より2年半遅れた。

ISSは常に進化しているため、いつ建設が完了したか言いあらわすのは難しい。この本を執筆している時点で一番新しく導入されたモジュールは、ビゲロー膨張式活動モジュール[9]（BEAM）で、2016年4月にスペースX社のドラゴン補給船[10]が運搬した。この時、私はISSのロボットアーム[11]を使って補給船を捕まえる大役を務めた。

2017年の時点で、ISSのパーツやモジュールの打ち上げは計32回行われている。内訳はスペースシャトル[12]27回、プロトンロケット[13]2回、ソユーズロケット2回、ファルコン9[14]ロケット1回だ。クルーをはじめ、生活支援物資や補給物資などを送るための打ち上げは140回以上にのぼる。

さらにISSの組み立てと維持のために、1200時間以上のEVAが行われている。

Q ISSの基本構成とは？

ISSの建設と運用がどれだけ大規模で複雑かは、誇張しすぎることはない。

7 ザーリャ（108ページ）の打ち上げの2週間後にアメリカのモジュールであるユニティ（108ページ）の打ち上げが行われた。

8 NASAのウィリアム・シェパード（91ページ）、ロシアの宇宙飛行士であるユーリ・ギジェンコとセルゲイ・クリカレフが滞在した。以降、2か月あるいは4か月ごとにメンバーが変わり、その都度「第2次」「第3次」と数字が増えていく。

9 108、308ページ。

10 24ページ。

11 2、81、108ページ。

A　ＩＳＳはいくつかの与圧モジュールからできていて、科学実験室、ドッキングポート、エアロック[15]、保管室および居住エリアとして機能している。

ＩＳＳの背骨の役割を果たしているのはトラスだ。トラスは12個の金属製の格子状の構造物で、長さは１０９ｍになる。電力、冷却、通信、姿勢制御機能など、ＩＳＳの活動を維持する多くの機器やスペア部品が備蓄された収納台も搭載している。

トラスの後部側には、内部にアンモニアが流れ、ＩＳＳで発生した余分な熱を放熱するワッフル状のラジエータが装備されている。

トラスの両端には、太陽光を電力に変換する巨大な太陽電池パドルが装備され、太陽を追って３６０度回転する仕組みだ。これらのソーラーパネルの表面積は、バスケットコート８つ分の約２５００㎡で、供給電力は最大１２０kw、一般家庭に必要な電力量の40倍にのぼる。

トラスに組み込まれたバッテリー[16]は日中に充電され、夜間に電力を供給する。

カナダが開発したロボットアーム[17]は、モジュールなどをつかんで、トラス上を移動できるので、ＩＳＳの組み立てに活躍した。また、ＥＶＡを行う際に、飛行士をＩＳＳのあらゆる作業現場に移動させるのにも用いられる。

ロボットアームの両端は接合機能を有するため、ＩＳＳ上のいたるところにある受け口を伝って、「歩く」ことができる。もうひとつの重要なタスクは、ＩＳＳと自動的にドッキングする機能がない無人補給船をとらえ、結合させることだろう。

12　31ページ。

13　ソビエト連邦が開発した貨物船用の打ち上げロケット。

14　アメリカのスペースX社（24ページ）が開発し、打ち上げている商業用ロケット（２段式）。２０１０年にはじめて打ち上げられ、同社のドラゴン補給船の打ち上げも行う。将来は有人宇宙船の打ち上げを視野に入れている。

15　ＩＳＳにはエアロックが、アメリカ区画のクエスト、ロシア区画のピアーズ、日本のきぼうについているエアロックと複数ある（１０８ページ）。この内、人が出入りできるのは、クエストとピアーズであるが、システムの違いから、クエ

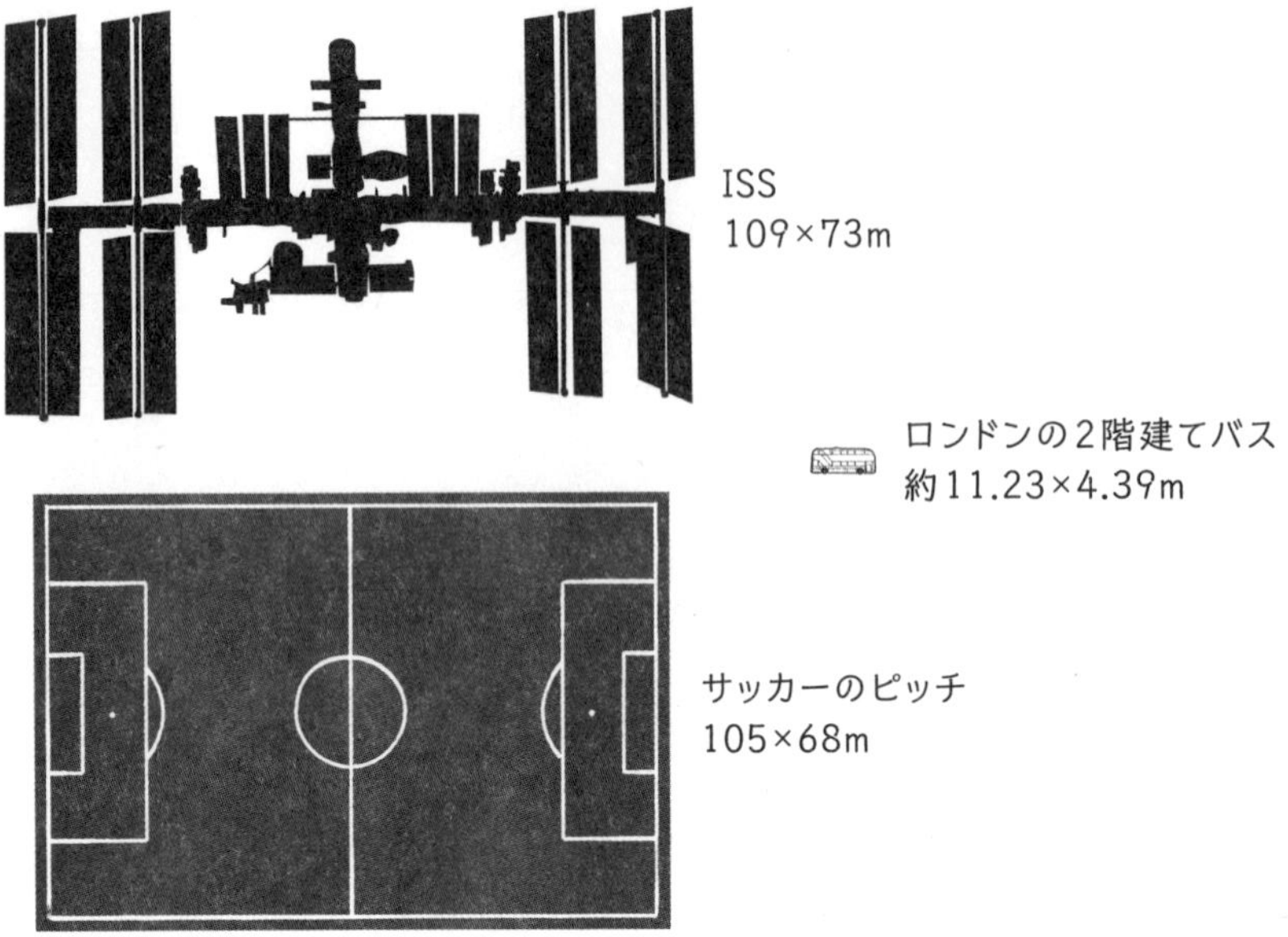

ＩＳＳには、アメリカのデスティニー、欧州のコロンバス、日本のきぼうという３つの与圧実験モジュールに加え、宇宙環境下での研究に特化した船外実験プラットフォームがある。そしてほかにも、トラス上部に設置された、宇宙線中の反物質を測定してダークマター[18]を探索する素粒子検出器ＡＭＳ-02[19]なども搭載している。

ロシアは数年の内に、通称ナウカと呼ばれる多目的実験モジュールを、欧州ロボットアームと一緒に打ち上げる予定だ。

ＩＳＳは１００以上の主要パーツで構成されている。与圧モジュールの全容は１０８ページのイラストを見てほしい。

ストを使う時はアメリカのEVA用宇宙服（EVAユニット、200ページ）を、ピアーズを使う時はオーラン宇宙服（202ページ）を着用せねばならない。

16 日本の電池製造会社ユアサの製品が使われている。

17 2、81、１０８ページ。

18 暗黒物質。

19 アルファ磁気スペクトロメータ。

ロボットアームの移動の様子：ISSの外側を尺取り虫のように移動できる

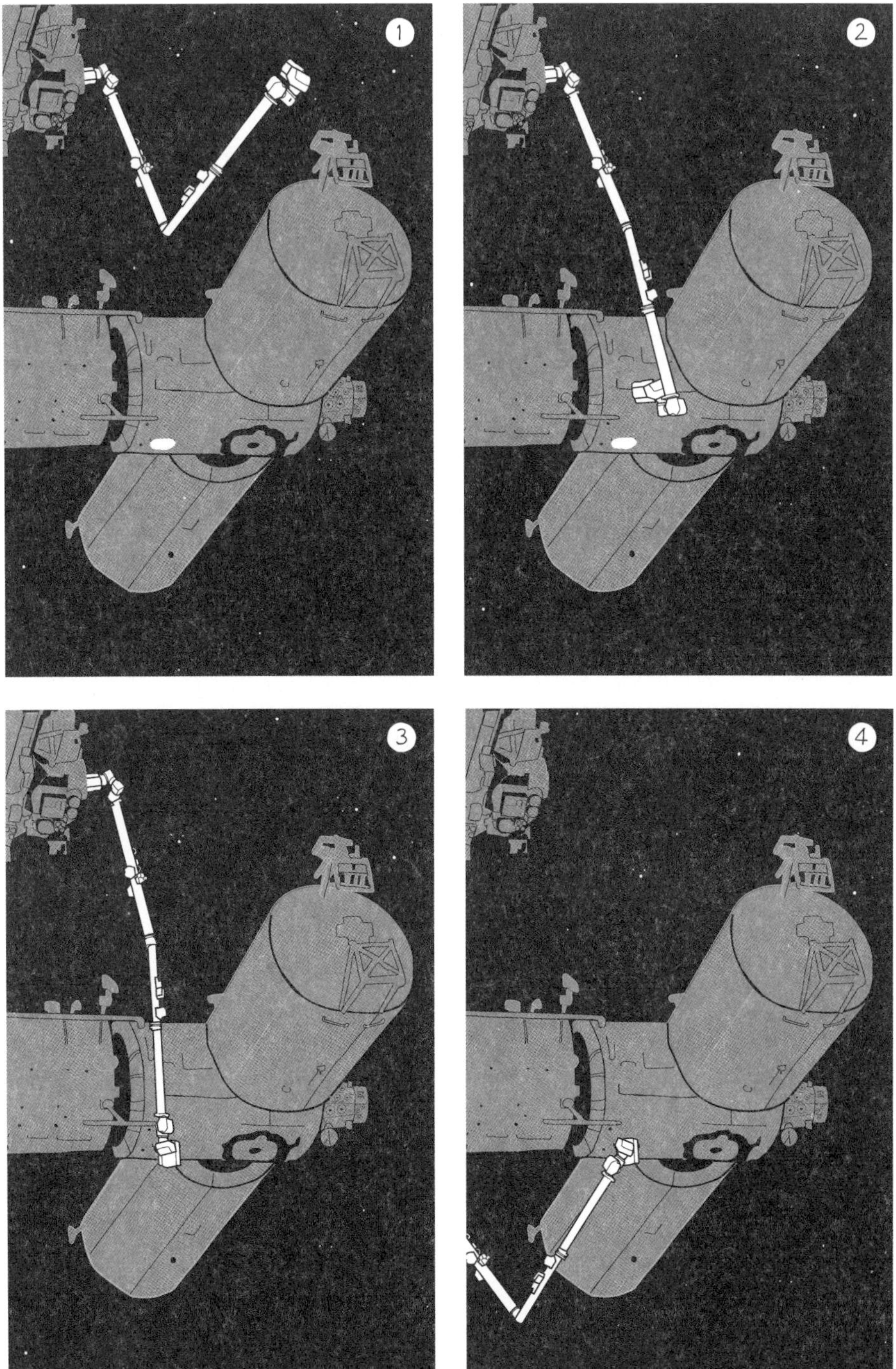

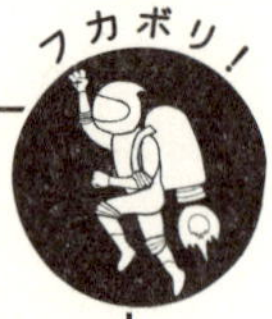

宇宙は謎の物質でできている？

宇宙のおよそ20％はダークマター[20]で構成されていると考えられているが、光やエネルギーを放出しないので光学的に観測できていない。

しかし星の軌道や銀河の回転において検出された物質以上に重力効果に大きな影響をおよぼしているため、確実に存在すると言える。

ダークマターは宇宙全体における欠損質量の謎を解くカギだ。粒子どうしが衝突すると過剰な荷電粒子が生成されると考えられていて、ＩＳＳ搭載のＡＭＳ‐02[21]で行う実験はそうした粒子を検出することで、この謎の現象を研究している。

もうひとつ宇宙を構成する謎の物質がある。反物質だ。通常の物質の粒子とは正反対の電荷を有する。たとえば電子の反粒子は陽電子だ。

ＩＳＳと欧州原子核研究機構の大型ハドロン衝突型加速器の実験で、反物質と物質の粒子が衝突すると、互いに破壊しあってエネルギーを生成することが実証されている。

そのため将来的に反物質は、宇宙船の燃料となる電力を供給するエネルギー源となると言う科学者もいる。だが反物質反応から得られるエネルギーよりも、反物質を作るために要するエネルギーとコストの方がはるかに高く、実現には程遠い。

Q ISSはなにを目的にしていますか？

A　答え方はいくらでもあるが、簡潔に言うと「全人類の利益のために、科学的知識と理解をさらに深める」「地球外の有人探査を促進する」というふたつの理由がある。

科学研究を行う上でＩＳＳが魅力的なのは、宇宙と地球の環境が異なるからだ。環境条件やパラメータを変えて実験し、結果を吟味することで、新たな発見がある。

地球上の生きものが進化してきた中で唯一の不変パラメータは重力だ。ＩＳＳでは、無重力状態が、生きものだけでなく、物理的かつ化学的変化に与える長期的な影響を研究できる。ＩＳＳでの研究成果を紹介した学術誌は１２００を超え、知識の向上をうながし、技術の発展や医療の改善を推し進め、私たちの暮らしを豊かにしてきた。

人類が宇宙に基地を設けるのは科学研究のためだけではない。人間がもって生まれた特性、つまり探求心のあらわれでもある。私たちは好奇心の強い生きもので、生涯学び続ける能力が備わっている。

ホモ・エレクトスが２００万年前にアフリカから最初の冒険に乗り出して以来、人類は本能にしたがって発見という航海を突き進めていて、その恩恵は将来まちがいなくもたらされる。人類がこのまま地球だけに住み続けるなら、[22]いずれ絶滅するのは避けられない事実だからだ。

20・21　１１４ページ。

22　太陽が赤色巨星となるのは１００億年と見積もられ、現在、45億年が経過していると予測されている。

ＩＳＳにまつわる数字あれこれ

★24時間…ＩＳＳは１日で地球と月を往復するのとほぼ同じ距離を移動している。

★約10分…夜、地球からＩＳＳを肉眼で見ることができる時間。地平線から出て天空を横ぎり、沈んでいく。太陽光の反射を受けるため、金星に匹敵する明るさとなり、白く明るい点のように見える。ただし、地球の影に入ってしまうため、通常はこんなに長く見えない。飛行機とよくまちがえられるが、ＩＳＳには飛行機のように点滅する光源はついていない。[23]ＩＳＳトラッカーで位置をチェックすれば、どの方角を見ればよいかわかる。

★９番…ＩＳＳは旧ソ連時代のサリュート、アルマース、[24]ミール、そしてアメリカのスカイラブなどに続く９番目の有人宇宙ステーション。２０００年11月の運用開始以降、ミールが保有していた、地球低軌道での連続人間居住期間の最長記録「９年と３５７日」を更新している。

★７トン…ＩＳＳで３人のクルーが約半年活動するために必要な物資の量。

★２２８人…２０１７年９月、第53次長期滞在チームが到着した時点で、[25]ＩＳＳに訪問した人数。ちなみに私は２２１人目だった。一緒にソユーズに搭乗した[26]ユーリ・マレンチェンコ船長は、現時点でＩＳＳを５回訪れたことのある唯一の人物だ。

Q ISSに到着して最初にしたことはなんですか？

A 私と[27]ユーリ・マレンチェンコ、[28]ティム・コプラは予定より遅れて到着した。波乱に満ちたドッキングによって、30分ほど繰りさげになったのだ。ようやくハッチが開かれた時には、トイレに行きたくて1秒たりとも無駄にできなかった。

ISSに新しいクルーが到着すると、歓迎セレモニーが催される。テレビ会議で、[29]バイコヌール宇宙基地に集まった家族や友人たちと交信イベントを行う。通常ならばこの歓迎セレモニーがはじまる前に、トイレに行ったりできる時間があるのだが、私たちの時は動画転送が可能な地域を通過して通信能力が急速に落ちていたので、ソユーズ宇宙船からそのまま[30]ズヴェズダへ案内された。

地上とはじめての生ビデオ通信をおえ、服を着替えて荷物をほどき、ようやく宇宙のハードウェアの中で、とくに生命維持に重要なトイレにたどり着けたのだった！

Q 宇宙ではトイレはどうするのですか？

A 子どもたちから寄せられる質問の中で群をぬいて多いのがこれだ。宇宙でトイレに行くのは地上と大差ないが、いくつか覚えておくべき重要なポイントがある。

まずは、トイレは電話ボックスほどのエリアに仕切られていて、プライバシーを確保でき

23 http://www.isstracker.com（英語のみ）またはJAXAの「きぼうを見よう（http://kibo.tksc.jaxa.jp）」でも見ることができる。

24 69ページ。

25 同じ人物は含まれない。

26・27・28 28ページ。

29 27、34ページ。

30 108ページ。

る。用を足している時に体が浮かないように足をかけるところもついている。浮く可能性のあるものが少ないほどいいからだ。

小便はホースの先端についたじょうごのような容器の中に放つ。重要なのは用を足す前にまずタンク側面のスイッチを入れてファンをまわすこと。掃除機のような空気の流れで尿を吸い込む仕組みになっている。ホースの中で空気が吸い込まれはじめたら、あとはただきちんと狙いを定めて放尿するだけ。

私も2人の息子によく言い聞かせているが、くれぐれもまき散らさないように！

便器はというと、固形排泄物タンクの上に小さな便座がちょこんと置かれている。タンクの開口部には無数の穴が開いたゴム製のバッグがぴったりとかぶせてある。小便の際に押すのと同じスイッチを押すと、ファンがまわってタンク内の空気が吸いあげられ、便がバッグの中にとどまって回収される仕組みだ。

無事に用をすませたらバッグは自動で密閉されるので、それをタンクに押し込み、次の人のために新しいバッグを取りつければいい。およそ10日から15日に1回の頻度でタンクを交換する。

あるISS船長は、「滅菌手袋をつけて中身を押し込めば、20日はイケる」と得意げに話していた。宇宙開発においては、どんなにエコでも十分じゃないらしい！

トイレに吸い込まれた空気は乾燥、ろ過、脱臭を経て、居住エリアへと戻ってくる。IS

Sにはトイレが2台あり、1台はロシア区画のズヴェズダ[31]に、もう1台はアメリカ区画のトランクウィリティー[32]に設置されている。

使い方はかなり簡単にもかかわらず、トイレには事故がつきものだ。

ある宇宙飛行士は用を足し、固形排泄物タンクにゴムバッグを捨てようとしたら、バッグの中がからっぽだったという。かなり大きなものをしたはずなのにと思いながらあちこち探したが、宇宙での多くの紛失物と同様、跡形もなく消えてしまった。

2週間後、トイレの定期メンテナンスをしていたクルーが驚きの発見をした。排気フィルターの間のわずかな隙間に固く小さく乾燥した状態で詰まっていたのだ！

Q　ISSではゴミをどう処理するのですか？

A　ISSから出た廃棄物は補給船に積み込まれる。この補給船はミッション終了後に分離され、大気圏内に突入して燃えつきる。廃棄物の大部分は軽量の梱包材だ。
宇宙に送られる機材および機器や工具などは、激しいロケット打ち上げ環境に耐えられるように、壊れやすいものには気泡緩衝材[33]が大量に使われている。使用ずみの衣服やからの食品パッケージ、そしてトイレの固形排泄物タンクも廃棄される。流れ星に願いをかける時、このことを思い出して欲しい！

ただ尿には貴重な水分が多いため廃棄せず、飲み水にリサイクルされ、濃縮された廃棄成分だけを抽出し、最後にほかの廃棄物と一緒に燃えつきることになっている。

31・32　108ページ。
33　いわゆる「プチプチ」。

Q ISSでは水と酸素はどうしているのですか？

A　ＩＳＳの水の70〜80％は再生水で、尿だけでなく、自分たちの汗や呼気中の水分も再生されて飲料水となる。

この再生率の高さは尿処理装置と水処理装置のおかげで驚異的だ。不純物がろ過され、汚染物質がすべて除去されて、地上の飲料水よりも清潔な水が生成されている！　現在のシステムでも申し分ないが、地球からの補給が簡単ではない宇宙探査においては、再利用率を１００％に近づけることが課題だろう。

ＩＳＳでは補給船によって地上から追加の給水も受けている。ひとりあたり1日3〜4ℓと、飲んだり、顔や手を洗ったり、ドライフードを戻すのに十分な量の水がまかなえている。

水を電気分解するプロセスでは酸素が生成されている。水は電気分解すると水素ガスと酸素ガスに分離するので、酸素を取り出すわけだ。この時の水素ガスは廃棄されず、とても賢いサバティエ装置を用い、ニッケルを触媒として、人間が吐き出す二酸化炭素と反応させ、ふたたび水にしている。同時に発生するメタンだけが、船外に廃棄される。

またＩＳＳの内部と外部には酸素と窒素を充填した高圧タンクが装備されていて、モジュール内に空気を補給したり、ＥＶＡのあとに宇宙服に再充填する際に使われている。宇宙服の中は酸素１００％にする必要があるのだ。

Q 無重力状態でプカプカ浮くのにどれくらいで慣れましたか？

A 最初にＩＳＳに到着した時は、なんて不器用なのかと自分にあきれたが、なんとかまともに動けるようになるまで、それほど長くはかからなかった。

無重力状態の中で体、とくに足をコントロールするにはコツがある。ＩＳＳに入室した時は体がうまく動かせず、足があちこちにぶつかった。だが1週間後には、たいていの宇宙飛行士は無重力状態での基本原理をマスターする。バク転がうまくできるようになるにはもう少し長くかかるだろう。浮遊するのはスポーツとてもよく似ている。時間をかけて練習すれば上達する。

ロシア区画は宇宙での最初の時間を過ごすのに適している。モジュールの直径が小さめで、手すりから離れすぎてしまうことがないため、体を安定させたり、動きをコントロールしやすい。

アメリカ区画にはじめて入ると広く、壁がかなり遠くに離れて見える。ロシアのモジュールはプロトンロケット[34]によって打ち上げられたが、アメリカのモジュールはスペースシャトル[35]の貨物室に乗せて打ち上げられたため、サイズが大きいのだ。

一番広い日本の実験棟、きぼう[36]に入った時のこと。図らずも奥へ進んでしまい、ふと自分が大きなモジュールの中央にある手すりに届かないところで浮いていることに気づいた。何

34 112ページ。
35 31ページ。
36 108ページ。

度か腕や足をぎこちなくバタバタさせたあとでやっと「泳げる」ようになり、手すりに到達できた。おかげで助けを求めるという恥をかかずにすんだ。

ただ、こうした新米の悪戦苦闘ぶりは常時カメラにとらえられている。運用管制センターでは笑いが起きていたことだろう。

Q 浮遊する最大の魅力は？

A 地球にいる時のように重力に逆らって動く必要がないので、非常にリラックスできて、すばらしく自由な感覚を楽しめることだ。

筋肉はおのずと、無重力状態の中で一番リラックスできる状態を見つけ出す。なにもしなければ、前かがみの、立っているでもなく座っているでもない体勢だ。

新たな視点で物事を見られるのも楽しみのひとつだろう。宇宙には上下がないのだ！　ISS内の空きスペースはすべて生活空間として、また仕事場として使用可能だ。床の上だけでなく天井や壁にもパッと移動し、作業できる。

大きなものや「重い」ものを、伸縮コードやマジックテープで壁面や上部パネルにとめるだけで保管でき、落ちてくる心配もない。

浮くことは生活や仕事のためのスペースを格段に増やす。自分の部屋の空間すべてを使えるとしたら、一体どれだけのスペースが増えるか想像してみてほしい。

だが最大の魅力は、壁を手で押したり、足でキックするだけで、もう一方の端まで自在に移動できることだ。ノッてる時には、キックしてから宙返りを1、2回キメることだってできる！

Q ISSではなぜグリニッジ標準時を使うのですか？

A 日々のスケジュールをこなすにあたり、時間帯は不可欠だ。ISSで時間帯を決める際、ISSプログラムの主要参加国であるアメリカ、ロシア、ヨーロッパ、日本、カナダの妥協案となったのがグリニッジ標準時（GMT）[37]だった。

GMTを採用することで、ほとんどの主要国の一般的な稼働時間とISSに滞在するクルーの勤務時間とが、ある程度かぶる。もちろんESAにとってはGMTがベストだ。逆にもっとも不利なのはGMTから9時間先行するJAXA[38]だろう。

かつてケネディ宇宙センター[39]からスペースシャトル[40]を打ち上げていた頃には、シャトルミッションを支援するため、ISSの時間帯をフロリダ時間[41]に切り替えることもあったが、2011年のシャトル運行停止にともない、時間帯が変わることはほとんどなくなった。私のミッション期間中もずっとGMTのままだった。

37 23ページ。

38 運用管制センターはつくば市にある。

39・40 31ページ。

41 アメリカ東部標準時間。GMTよりマイナス5時間。

Q 1日に16回の日の出と日没があるISSの1日は？

A　業務は平日の午前7時から午後7時までの12時間だ。1日に地球を16周もするが、毎日16回の日の出と日の入りを実際に拝む恩恵にはあずかれない。

日夜のサイクルの急速な変化には難なく慣れた。ＩＳＳでは科学実験やメンテナンス活動、その他のタスクなど業務内容が常に変わるため、一日として同じ日などないのだが、生活のリズムを確立するのはかなりやさしかった。

たいてい午前6時に起きていたので朝礼前に1時間ほど、洗面や朝食をすます個人的な時間があった。この時間に当日の予定に変更がないかも確認する。できるだけ前日の夜に準備はすませていたが、ともかく多忙な職場なので、時には私たちが寝ている間に、地上の運用管制センターがスケジュールの最終変更を行う場合もあったからだ。

朝の時間は、その日に写真を撮るのに適した場所を確認するのにもちょうどよかった。地球観測プログラムから科学的な写真を依頼されることもしばしばあった。火山活動や氷河の後退、小惑星衝突跡、沿岸地域や河川デルタなどの観察資料として使われたのだろう。

個人的な興味から撮った写真もある。たとえばヒマラヤ山脈の山並み、冬の間にはあまりない晴れた日のヨーロッパ大陸、真上から見たピラミッドなどは、かなり貴重だ。1日に地球を何度もまわるので写真を撮る場所に事欠くことはなかった。早起きしてめずらしい被写体を1枚か2枚だけでも撮りたいと思っていた。

始業時間は午前7時で、朝の計画確認会（DPC）からはじまる。ヒューストン、ハンツビル[42]、ミュンヘン、つくば、そして最後はモスクワの順番で、世界各地の運用管制センターと簡単な調整を行い、その日の作業を確認する。

DPCは約15分でおわり、それから各自の活動へと移る。私たちの仕事はおもに科学実験だ。作業スケジュールや仕事の進め方の詳細は、ISS内に設置された複数のコンピュータに表示される。ごく最近導入されたWi‐Fiに接続されている個人用iPadにも表示される。

スクリーンのスケジュール表には現在時刻を示す赤い線が表示され、ゆっくり進んでいく。作業が進んでいるか遅れているかは一目瞭然だ。「ヤバい、赤線に追われているぞ！」なんて声が聞こえることもある。時間のかかる複雑な実験を1日にひとつかふたつ行う日もあれば、ちょっとした作業を10～20も行う日もあった。

実験実施だけでなく、メンテナンス作業や教育、普及啓発活動、広報業務もある。さらに補給船が到着するたびに、荷おろしや荷積みに多くの時間を費やす。ISSのロボットアーム[43]を使って補給船などをとらえるのは極めて重要なので、事前のリフレッシャー訓練[44]にも組み込まれている。

EVAが計画されている時は数日前から、すべての機器がしっかり整備され、良好な状態

42 アメリカのアラバマ州。実験運用を取りまとめるアメリカの宇宙センターがある。

43 2、81、108ページ。

44 最終の地上訓練から時間が経過し、腕が鈍っているため、軌道上で実施する技量回復訓練。

に保たれているか、もっともリスクが高いこの活動に向けて十分に準備できているか、クルーは最優先でしっかりと確認する。

昼食の時間は通常1時間あり、午前の仕事が長引いた場合はこの時間をあてる。

午後も同じような感じで進んでいくが、私はいつも、だいたい5時からの約2時間は有酸素運動と筋トレにあてていた。勤務時間は午後7時までで、再び各国の運用管制センターと順番に交信して終了する。

その後はたいていさっと夕食を食べ、翌日の準備にかかる。あとは残りの1、2時間でメールに目を通したり、友人や家族に電話をかけたり、写真を撮るなどして、午後11時ごろに就寝というのがおおよその流れだ。

Q 宇宙では時間をどう感じていましたか？

A 人体には概日リズムと呼ばれる体内時計が備わっている。疲れて過敏になっている時に、体温、集中力、認知能力、消化器系など多くの身体機能に影響をおよぼす。

体内時計の乱れをまねく原因としてもっとも一般的なのが、時差の大きい地域間を短時間で移動することだ。そう、時差ボケとしてよく知られる症状が生じる。

宇宙飛行士は打ち上げの前、モスクワに4週間滞在してソユーズ宇宙船の最終試験を突破したのち、バイコヌール宇宙基地[45]の検疫施設で2週間過ごす。バイコヌールとＩＳＳの時差は6時間だが、モスクワとＩＳＳの時差は3時間だ。そのためこの間は、負担の少ないモスクワ時間で過ごす。

ＩＳＳに到着すると打ち上げの長い一日の疲労と闘いながら、すぐに時間をＧＭＴ[46]にシフトした。打ち上げ当日はほぼ24時間起きていたので、宇宙に着いて2、3日の間は時差ボケの症状がはっきりとあらわれた。

体内時計は光によって時間感覚を調節するため、とても光に敏感だ。ＩＳＳは1日に16回も地球を周回しているため、頻繁に変わる昼夜のサイクルに慣れることが、ＩＳＳでの体内時計に適応する重要な課題になる。

最初のうちはかなり妙な感覚だ。午前11時のコーヒータイムには真っ暗闇の中国上空を飛んでいたのに、夜の歯磨きの時間には真昼のヨーロッパの上空にいるのだから。

私が身をもって学習したのは、「就寝前には絶対に明るい窓の外を見てはいけない」ということだった。太陽から大量の紫外線をあびると、メラトニン[47]の分泌がとまってしまい、結果として体内時計を混乱させ、数時間は眠れなくなる。

ただＩＳＳはとても繁忙で規則どおり働く場所なので、体内時計は再設定しやすい。規則正しく生活するだけで、体は新しい時間帯に早く順応した。私の時間感覚は宇宙に着いて約

45 27、34ページ。

46 23ページ。

47 眠りを誘う睡眠ホルモンの一種。

ISSにおける一日の体の調子

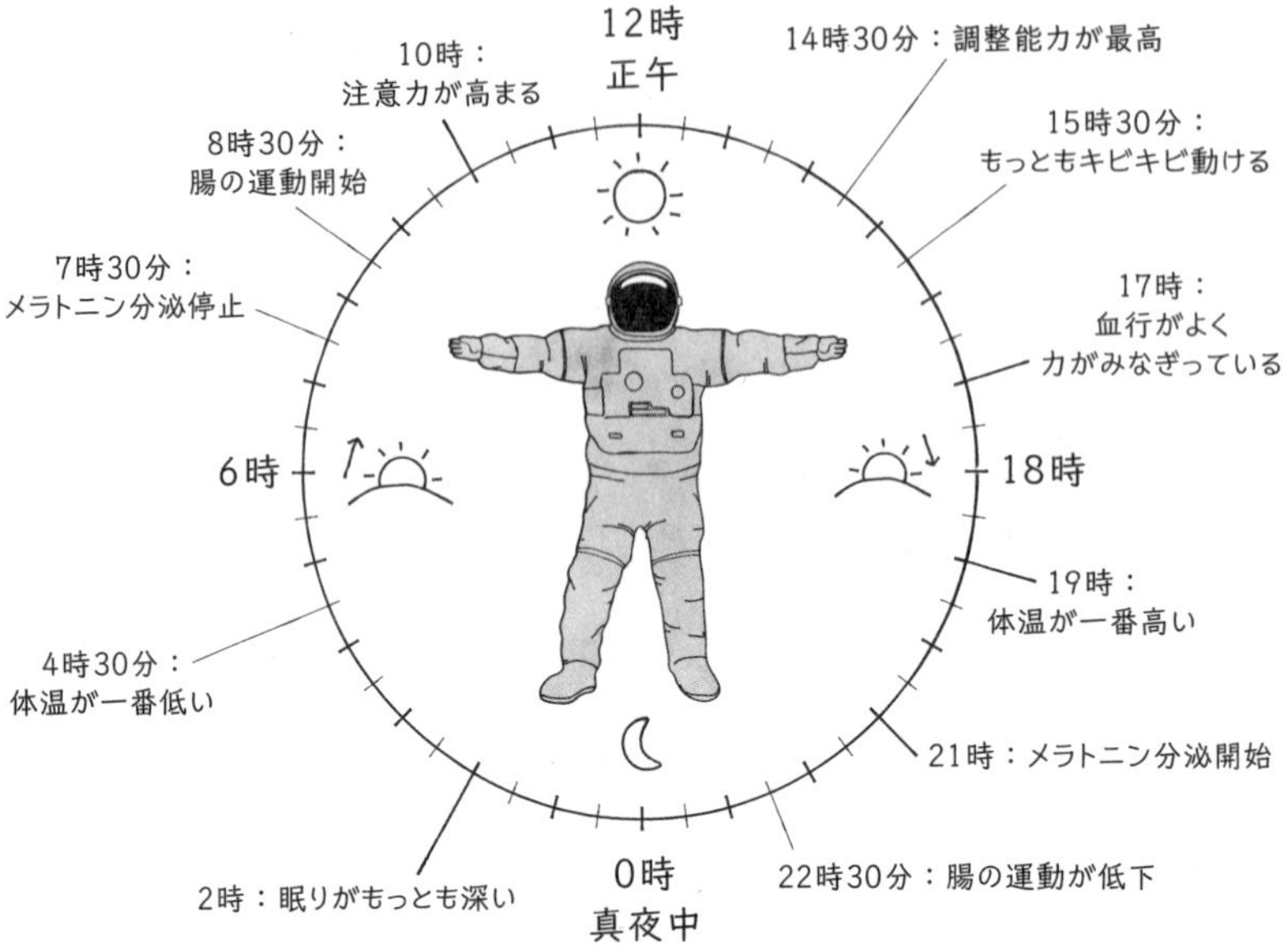

2週間後にはすっかり良好となり、夜も熟睡し、16回の昼夜のサイクルに影響を受けることもなかった。

ところで私たちのミッションがおわりに近づいた頃、LED照明が導入されることになった。従来の照明でも明るさを調節できたが白色光の単色だった。LED照明[48]は仕事中、就寝前と波長をシフトできるため、最適なパフォーマンスを提供してくれた。今後もクルーたちに歓迎されることだろう。

Q 宇宙で寝るってどんな感じですか？ どうやって眠るのですか？

A　ＩＳＳに滞在している宇宙飛行士には、電話ボックスくらいの個室が与えられる。アメリカ区画のハーモニー[49]に4部屋、ロシア区画に2部屋ある。

私の個室はハーモニーのデッキ部分で、残りは右舷《うげん》側、左舷《さげん》側、頭上にある。当然ながら宇宙には上下の区別がないため、どの位置にあっても身分の上下の問題はない。

どうやって寝るのがベストかは、宇宙飛行士によって意見が異なる。私は寝袋を壁のフックにぶらさげ、その中に入って浮きながら眠るのが好きだった。寝袋は体にぴったりのサイズだったので、無駄に動きまわらずにすんだ。

寝袋の両脇にあるスリットに腕を通し、ノースリーブの服のように「着る」という選択肢もある。ただ両腕がぶらぶらと一晩中浮くことになり、なにかにぶつかって目を覚ます可能性もある。個室の壁にしっかりと寝袋を固定するほうがいいという人もいれば、完全に空中に浮きながら寝るのがいいという人もいた。ただしこの場合、夜中に壁にぶつかって跳ね返されることもある。

宇宙飛行士にとって最初にして最大の難関は、眠りにつくことだ。地上では横になったり、頭を枕にのせることで眠りに誘われるものだが、宇宙では一日中浮遊していて、こうした入

48　仕事中は青色光、就寝前には赤色光へと切り替えが可能。

49　１０８ページ。

ハーモニー内のデッキにある私の個室

眠法に頼れない。電気を消し、眠りに落ちるまで、ひたすら浮かびながら待つしかない。枕代わりのものを頭にくくりつけ、眠ろうとする人もいた。

私は難なく寝つけるまでに数週間かかったが、そのあとはとくに悩まされることはなかった。

だが一晩に6、7時間の睡眠を取っていても、地球にいる時と同様の休息が得られたわけではない。

腕が体の前に浮かびあがってしまい、無理のない状態を保つのに苦労した。そんな時は腕を胸の前でクロスさせて寝袋の中でぴったりと固定させた。

個室内には空気の循環と二酸化炭素の滞留を防ぐために常に換気

扇がまわっていて、そのブーンというモーター音で眠れない時は耳栓を着用した。

無重力状態はすばらしく開放的な感覚をもたらしてくれるのだが、その代わりに重力がくれる「慰労賞」、つまり長い一日のおわりにベッドに倒れ込み、やわらかい枕の上に頭をコトンとのせるというご褒美にあずかれないのは、なんとも皮肉だ。そのご褒美こそ、私が宇宙にいる時に本当に欲しかったものだ。

Q 宇宙飛行士は全員同じ時間に眠るのですか？

A　これは興味深い質問だ。おそらく多くの人は、ISSではだれかが常に起きていると思っているのだろう。
確かに軍隊では歩哨《ほしょう》[50]といって、夜間に数時間交代で見張りをするために、だれかが起きている。しかしISSでは、全員がほぼ同じ時間、だいたい午後10時から朝6時の間に眠る。

そしてISS船長には重要なミッションがある。警報ブザーが個室に設置されていて、非常時にほかのクルーたちを起こさねばならないのだ。

もちろんISS軌道の大部分で世界各地の運用管制センターと通信接続されているので、クルーたちが寝ている間も地上では多くの人がISSを監視してくれている。緊急事態のサポートは万全だ。

50　軍隊で警戒や監視の任にあたること。

Q 宇宙では、いつもと違ったり特別な夢を見ましたか？

A 私はもともとあまり夢を見ない。
専門家によると、人は一晩に少なくとも4～6回は夢を見るらしいので、正確に言えば夢をほとんど覚えていないだけだ。家族や友人が夢を驚くほど鮮明に語るのを耳にするたび、私も覚えていられたらと思うものだ。

ただ宇宙では何度か、自分が地球で、通常の重力下で歩きまわっている夢を見た。ひとつだけ鮮明に覚えているのは、ミッションがおわりに近づいた頃に見た夢だ。
図書館の本棚が天井に届くほど高くのびていて、私は一番上の棚まで手が届かないことにいらだちながら「なぜハシゴがないんだ」と思っていた。だがふと「別に問題ないじゃないか」と気がついた。宇宙ではただ浮かびあがれば探せるのだから。そう思った瞬間、私は無重力状態になり、本を探しはじめた。そして地球でも体が浮かぶのがごく自然なことのように感じられた。しかし、本は見つからなかった。

Q どんな実験が好きでしたか？

A 非常に答えづらい質問だ。6か月間のミッション中、実験は250以上行い、多くが印象に残っている。強いて言えば、宇宙飛行士が実験サンプルとなる生命科学の実験が好きだ。

51 採血。9ページ、写真23。

52 眼、心臓、動脈、静脈、筋肉に行う。

53 眼球の光干渉断層撮影（OCT）。

生命科学の実験ではよく宇宙での医療処置を行うが、個人的に新鮮で興味深かった。[51]自己瀉血《しゃけつ》、[52]超音波検査、眼底検査、[53]光コヒーレンストモグラフィ、[54]眼圧検査、[55]皮表角層水分量測定など、なんでもうまくこなせるようになった。

もちろん生命科学に関する実験に何度も参加すると嫌な点もある。尿や唾液、大便、呼気、血液など、自分の体の一部を頻繁に「献上」することだ。こうした実験は宇宙で行われるだけでなく、打ち上げ前からはじまることが多い。そして地球に帰還したあとも、宇宙飛行による影響を徹底的に調べるために2年以上続くこともある。

ある実験では、ミッションの前後に[56]筋生検という痛みを伴う検査が課せられた。

テストパイロットとしてのキャリアを生かせる実験もあった。ＩＳＳから地球上の火星探査車を操作し、評価する実験だ。具体的には[57]エアバス社が[58]スティーブニッジに建設した[59]マーズヤードの暗い洞窟の中を探査車で調査するというものだった。

この探査車の、操作性などの人間・機械系インターフェースと新たな通信回線を評価しながら、さまざまな岩石や地形を識別していく。未来の宇宙飛行士が火星に到達する道を切り開き、月軌道から月面の[60]ローバーを操作するための実験だ。

お気に入りの実験をひとつに絞るなら、ＥＳＡの[61]気道モニタリング研究だろう。数日がかりの複雑な実験で、ＩＳＳの[62]クエストを減圧して行う。ＩＳＳを科学実験のために減圧する

54 眼内液の圧力測定。

55 皮膚の水和レベルを測定する。

56 筋肉の一部を切り取って筋組織の状態を調べる検査。

57 ヨーロッパの航空宇宙機器開発製造会社。本社はフランスにある。

58 イギリスのロンドン郊外の町。

59 火星の地表を模した施設。

60 探査車。

61 気道モニタリング。呼気に含まれる一酸化窒素を観測する調査。

62 １０８ページ。

のは初の試みだった。

宇宙ではちりやほこりは地面に落ちずに舞い続けていて、宇宙飛行士はかなり多くのちりやほこりにさらされている。将来の宇宙探査ではより深刻化するだろう。たとえば火星で砂嵐に見舞われたり、月面で細かなレゴリス[63]を吸い込んだら非常に危険だ。月では風が吹かず風化が起きないため、微細な岩石は角ばっている。したがって吸い込んだら肺に計り知れないダメージをもたらす。つまり宇宙でも地球上と同様に、細かいちりによって目や肺の炎症、喘息が発症する可能性があるのだ。

人間の吐く息には少量の一酸化窒素（ＮＯ）が含まれている。これは体内で生成され、血流を調節する働きや殺菌作用がある。呼気中のＮＯ濃度を測定することで、気道に炎症が起きているかどうか診断することもできる。そこで気道モニタリング実験では、減圧したエアロック内であらゆる条件のもとで吐きだされた息のＮＯ濃度を調べた。

呼吸生理学におけるこうした革新的な研究は、未来の宇宙開拓者だけでなく、地球上にいる何百万人もの喘息患者にも恩恵をもたらすだろう。

Q　宇宙で行う研究から、どんな成果が生まれていますか？

A　１９６１年４月12日、ユーリ・ガガーリン[64]は人類初の宇宙飛行を成し遂げた。しかしこの成功の裏でフライトサージャン[65]たちは、人体が無重力状態に耐えられるのか懸念し、心臓、肺、脳の機能不全などの健康被害を予想していた。

だが人間は、無重力状態に耐えられることを実証しただけでなく、宇宙という新しい環境に順応し、今では長期間にわたり快適に過ごせることを明らかにしている。

同時に人体に関する情報のほか、あらゆる科学分野における膨大な知識が蓄積されてきた。ISSが宇宙産業の改革を進める基盤として成長するにつれ、多くの企業による政府出資以外の研究も行われはじめている。

ISSでの研究が生活に役立つという一般的なメッセージではなく、地上の私たちにとって世界を変えるほどの科学的成果が出ていることを知って欲しい。

もっとも関心の高いタンパク質構造の研究

人間の体を構成するタンパク質の種類は、数万種類にもおよぶ。これらの三次元構造は全体重の約17%を占め、体の構造を作り、生命を維持する上で重要な役割を果たす。しかし、タンパク質の構造の誤りが、人体に害を与えることがあり、アルツハイマー病やパーキンソン病、ハンチントン病[66]、牛海綿状脳症（狂牛病）といった病気を引き起こしている。

こうした疾患に使われる治療薬の多くは、疾患の原因となるタンパク質に作用して機能を抑制するよう設計された小分子を放出する。しかし効果的に作用するには、その薬の分子と誤った構造のタンパク質とが、まるで立体ジグソーパズルのピースがはまるように、ぴった

63　隕石衝突の際に飛び散った非常に細かい砂のような土。月面のほとんど全面に分布する。

64　22ページ。

65　29ページ。

66　慢性進行性神経変性疾患。舞踏運動などの付随意運動、神経症状、行動異常、認知障害などを引き起こす。

りと適合しなければならない。こうした治療薬を作るにはタンパク質の構造の詳細な知識が必要だ。さもないと効能の低い薬が大量に処方され、有害な副作用を引き起こしかねない。

タンパク質の構造は、タンパク質結晶を生成した上でＸ線結晶構造解析という手法を用いて調べる。成功のカギは、高品質なタンパク質結晶を生成できるかどうかだ。無重力空間では重力や対流の影響を受けることがなく、ゆっくり結晶が作られ、結晶の繊細な構造がゆがめられたり破壊されたりすることがないため、高品質の結晶を生成しやすいことが研究によって明らかになった。

宇宙で生成された結晶は、地球上で得られるものよりも大きく、極めて高品質であることが証明されていて、すでにデュシェンヌ型筋ジストロフィーの治療における有用性も認められている。新たに研究対象となっている疾患は、Ｃ型肝炎、ハンチントン病、ガンおよび嚢《のう》[67]胞《ほう》性《せい》線《せん》維《い》症《しょう》などで、現在、宇宙で実験が行われている。

こうした実験はほんの一例にすぎず、タンパク質構造の宇宙研究にはまだまだ未知なる可能性が広がっている。自然界には百億種類ものタンパク質がそれぞれ異なった構造で存在し、私たちの健康や地球環境に関連する重要な情報を内蔵している。それゆえＩＳＳでのタンパク質構造の研究は一番目が離せない分野だ。

多くの可能性を秘めるワクチン開発の研究

宇宙環境は微生物細胞に働きかける。具体的には微生物の増殖速度、抗生物質への耐性、宿主への微生物の感染、そして微生物の遺伝子にさえ、変化をもたらす。

現在、無重力による変化に関して感染症研究でとりわけ関心を集めているのが、微生物が病気を引き起こす力である病原性だ。病原性は無重力状態の中でより高くなることが明らかになっている。科学者たちは無重力状態を利用して一番病原性の弱いウイルス株を特定し、地上でのワクチン開発に用いる候補を選んだ。

たとえばサルモネラ菌は、食中毒の原因としてもっとも一般的な病原菌であり、サルモネラ菌による下痢症は、依然として世界中の乳幼児死亡原因の上位3位以内に入っている。ア[68]〜[69]ストロジェネティクス社と共同の宇宙実験の結果、サルモネラ菌のワクチン候補が発見され、現在、審査および製品開発の計画段階にある。

[69]メチシリン耐性黄色ブドウ球菌（MRSA）の病原性の研究も行われた。最近の実験例では、[70]肺炎レンサ球菌のワクチンの改善を目指し、サンプルがISSへ打ち上げられている。肺炎レンサ球菌は肺炎、髄膜炎、菌血症などの疾病の原因となる細菌で、毎年1000万人以上もの人命を奪っている。

[67] 外分泌腺の遺伝性疾患。新生児期から乳幼児期に発生し、消化器系や呼吸器系の病気を引き起こす。

[68] アメリカに本社のあるバイオテクノロジー企業。

[69] メチシリンなどのペニシリン剤をはじめ、多くの薬剤に対して多剤耐性を示す黄色ブドウ球菌によって感染症が起き、敗血症や腸炎、肺炎などを発症させる。

[70] 肺炎の病原菌。

無重力下でのワクチン開発は、まだまだ可能性を秘めている。科学者たちは継続的な一連の実験をISSで実施することを計画していて、実現すれば人命を救うワクチン群の開発が加速するだろう。

高齢化社会を見すえた老化プロセスの研究

無重力状態に適応する過程で人体に起こる急速な変化は、老化プロセスを研究する上で独自のモデルとなる。わざわざ年を取る必要はないのだ！

具体的には骨量の減少、心臓血管の変性、皮膚やバランス感覚[71]および免疫系変化が研究対象となり、すでにアムジェン社[72]が骨粗しょう症の治療薬、プロリア™を開発した。このほかにもこの領域の研究を対象とした実験が多く行われている。

高齢化は世界中で急速に進んでいて、65歳以上の高齢者の割合は全体の8・5％にものぼる。アメリカだけでも30年後には高齢者の数が倍増する見通しだ。

しかし寿命が延びても必ずしも健康に生きられるというわけではない。宇宙医学研究の目的は、高齢化によって生じる健康問題への対処や、老化に起因した疾患による金銭的負担の軽減、高齢者の生活の質の改善に寄与することだ。

産業の効率化と環境保全に役立つ金属合金の研究

鋳造《ちゅうぞう》には長い歴史があり、現存する最古の鋳物《いもの》は紀元前3200年の銅製のカエルだ。鋳造する際に異なる種類の溶融金属を混合するというアイデアは、革新的ではないかもしれないが、結果として新たな金属が生まれるため、最先端技術の先駆けと言える。

地球上で新しく作られた金属合金は、冷えて結晶化するにつれて重力の影響により微細構造の対流や沈降が見られる。太陽電池や熱発電材料、金属合金などの高品質材料を製造する時には、凝固プロセスを左右する物理法則の理解が必要不可欠だ。

宇宙空間では対流や沈降が生じないため、凝固プロセスをコントロールすることで、プロセスをよりよく理解し、地上での鋳造を改善し、さらに強固で軽量な材料を生み出すことが可能になる。

ISSで稼働中のESAが開発した電磁浮遊炉（EML）は、この分野における主要な実験を担っている。ESAは学界、産業界、科学界から43の研究グループの参加を得て、インプレスプロジェクトを立ち上げ、チタンアルミ合金製タービンブレードの開発を進めてきた。

このチタンアルミナイドは融点が高く、硬くて軽いという特質があり、現代の発電所や航空エンジンには理想的な材料だ。タービン部品にチタンアルミナイドを使う場合、重量が半分になり、高効率化、低燃費化、排出ガスの削減につながる。

71 平衡機能。

72 アメリカに本社のある世界最大のバイオテクノロジー企業。日本のアステラス製薬とは合弁会社、アムジェン・アステラス社を展開。

衛生や医療技術に貢献する低温プラズマの研究

プラズマとは、物質の固体や液体、気体に続く第４の状態だ。プラズマは電気を帯びた気体で、雷に似たようなものだが、地球上でも稀に発生する。

一方、宇宙空間では目に見える物質の99％がプラズマ状態だ。電離気体に塵埃《じんあい》粒子やその他の微粒子が混在していると、帯電量が大きい複合プラズマとなる。

無重力状態では、塵埃粒子が自由自在に広がるので、形の整った三次元のプラズマ結晶構造を生成することが可能だ。ＩＳＳは複合プラズマを研究する上でまさに理想的な環境であると言え、物理学に新たな視点を提供している。

プラズマは多くの材料に均一かつ迅速に浸透し、材料の表面を殺菌する性質があり、薬剤耐性のあるメチシリン耐性黄色ブドウ球菌のような細菌も数秒で無毒化する。治りにくい傷の患部を殺菌し、治癒を早める働きもある。ガン治療の研究では、抗ガン剤治療とプラズマ治療を並行して行うと、抗ガン剤治療のみ行う場合と比べて治癒効果が高まり、腫よう抑制効果が５００％向上するという結果も出ている。

ＩＳＳで継続的に行われた欧州とロシアの共同実験とその後の研究の結果、低温プラズマとして地球上で実際に使われるようになった。２０１３年以降、テラプラズマ社[73]は低温プラズマの技術を応用し、医療および衛生状態、水処理など、さまざまな問題に取り組んでいる。

マイクロカプセル化技術の研究

赤血球大の生体分解吸収性[74]バルーンに、さまざまな薬液を入れて膨らませるところを想像してみてほしい。これらの薬液は血液に注入されたり、肺の細菌感染症治療のために吸入されたり、悪性腫ようへ直接投与されて病気を治療する。これはマイクロカプセル化技術と呼ばれ、宇宙実験によってすばらしい成果をあげている。

たとえば、ヒト前立腺腫よう（ガン）に少量のマイクロカプセルを直接注入すると、腫ようの成長を3週間で51％まで抑制できると実証された。また肺腫ようにマイクロカプセルを2回注入するだけで、大きさが43％まで縮小したとの実験結果もある。その26日後には腫ようの成長は82％に抑制され、28％が完全に消失している。

こうした数値結果により、マイクロカプセルを少量投与する治療法は、化学療法などの従来のガン治療法と比べ、めざましい効果が得られると証明された。

ISSはマイクロカプセルの開発において重要な役割を果たしている。無重力状態では水と油などの性質の異なる液体が全体に均一に分散するため、薬剤と外膜が自発的に形成される。その結果、極めて高品質のマイクロカプセルを製造できるのだ。

73 本社はドイツにある。
74 生体内で分解され、吸収される高分子化合物。

宇宙でのマイクロカプセル製造が見事な成果を収めたことにより、宇宙で作られたものと同等のクオリティを再現する地上用システムであるパルスフローマイクロカプセル化システムが開発され、ＮＡＳＡが特許を取得した。

ガン患者だけがこの治療法の恩恵を受けるのではない。さまざまな疾患治療に有用だ。たとえば糖尿病患者にインスリン入りのマイクロカプセルを埋め込むと、インスリンが２週間ほど出続けるため、毎日の注射が必要なくなるのだ。

宇宙ではドレッシング作りが簡単！

油と酢の密度は違うため、地上では重力の影響を受けてうまく混ざらない。しかし宇宙では無重力状態であるため、それぞれの細かい粒子が１滴の中で均等に分散し、器を振らずとも簡単においしいドレッシングができる！

実はこれこそ、無重力状態におけるマイクロカプセル化[75]技術の基本原理だ。

Q 宇宙の生活でお気に入りの時間はありましたか？

A　一日のおわりだろうか。その頃になるとワクワクし、写真を撮ったり、窓の外を眺めたり、友人や家族に電話をかけたりしていた。

仕事は非常にやりがいがあったが、常にビッシリとしたスケジュールをこなさねばならず、予定より早く進んだ時も、新たなタスクが山積みになって待ち受けていた。

もちろん忙しいのはいいことだ。ハードスケジュールのおかげで厳しくも活気ある職場環境が生まれるし、がんばって働くために宇宙にいるのだから。

「ISSの生活は退屈じゃなかったか？」なんて質問されると大変驚く。退屈どころか、わずかな自分の時間が楽しみでならなかった。

変わっていると思われるかもしれないが、毎晩の歯磨きの時間も極上のひと時だった。なにせ洗面する場所は巨大な窓、キューポラ[76]のすぐそばなので、プカプカ浮かびながら外の景色を満喫していた。音速の25倍で移動し、地球の大陸がまるごと真下を通過していくのを眺めながら、この上なく平凡な歯磨きをするのは、なんとも愉快なことだった。

Q 休日はありますか？　週末はどのように過ごすのですか？

A　平日はほとんど余分な時間がないので、毎日驚くほど早く過ぎていく。一方で週末はゆ

75　143ページ。
76　108ページ。

ったりとしたペースで時間が流れ、自由時間も数時間は確保できる。

土曜の午前中は掃除の時間だ。循環する空気が最後にたどり着く排気フィルターにはちりがたくさんたまっていて、掃除機で吸うのに数時間かかる。宇宙飛行士が掃除機をかけている姿を想像すると滑稽だろうが、掃除をしてくれる人がいないのだから自分たちでやるよりほかない。

掃除に使うのはごく一般的なコード式真空掃除機だが、見たことがないほど延長コードは長い。私は長いコードを繰り出しながらＩＳＳ中を飛びまわり、掃除していた。

掃除の時間は、船内を清潔に保つだけでなく、平日の間に行方不明になったものを見つける機会でもあった。ＩＳＳの換気ファンは、ゆっくりだが確実に排気フィルターになんでも吸い寄せるからだ。

ＩＳＳでは掃除機をかけるだけではなく、壁やパネル、手すりなど、人が触れるところすべてのふき掃除を行う。細菌の増殖を最小限に抑え、感染症の危険を減らすために消毒するのだ。

掃除の仕方には多少個人差もあるが、私たちはアメリカ区画を大きく３つのエリアにわけ、２週間交代で掃除していた。そうすれば、だれかがずっとトイレの掃除をし続けているなんてことにならないからね。

掃除がおわると、土曜の午後は教育や普及啓発活動の時間にあてた。たとえば子ども向けにメッセージを録音したり、科学実験教室を行ったり、活動内容はさまざまだ。ラズベリーパイ財団[77]が宇宙用に開発したアストロ・パイ・コンピュータを使って、子どもたちが作ったソフトウェアを走らせてみたり、アマチュア無線で子どもたちと話をしたり、宇宙教室というイベントを行ったこともある。このイベントには実に50万人もの子どもが視聴してくれた。

日曜日は基本的には休日で、家族と短時間のビデオ通話をすることもできた。遠く離れていながら地球上の大切な家族と連絡が取れるのは、宇宙飛行士がやる気を保つ上でとてつもなく大切だ。週末にもすべき仕事はあり、運動もせねばならなかったが、写真を撮ったり、家族や友人と電話[78]する時間は確保できた。

Q 宇宙で暮らしていてなにが一番気持ち悪かったですか？

A いい質問だね。実は宇宙での最初の2〜3か月間、足裏の皮膚が最高に気持ち悪いほどはがれた。足裏の死んだ角質がボロボロとはがれていったのだ。

だから宇宙に着いて数週間が経ったら、靴下を脱ぐ時には注意が必要だ。はがれ落ちた角質がISS内に飛び散る！　無重力状態では床に落ちることがないので、排気フィルターに吸い込まれるまで浮遊し続けてしまう。

77　イギリスの非営利団体。

78　IP電話が使える。

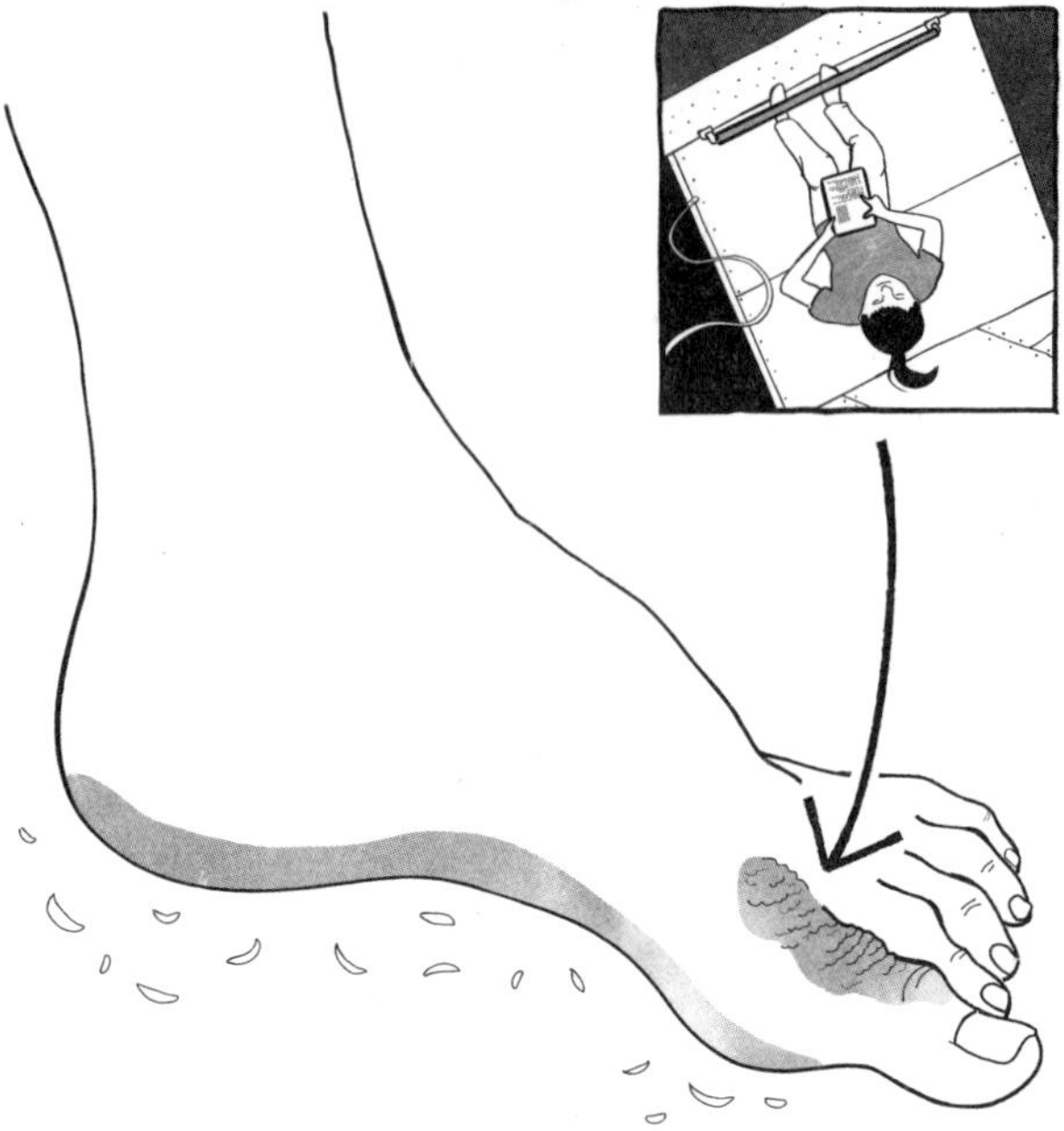

一方で、ＩＳＳでは足の裏を使うことがほとんどなく、運動の時以外には力がかからないため、足裏は赤ちゃんのようにやわらかくツルツルになる。宇宙に6か月もいれば、最高のフットケアを受けたかのようになる。

同じくらい気持ち悪かったのが、足の甲がトカゲの足のようになること。仕事中は常に足先を金属製の手すりやひも、ばねなどに引っかけ、体を引き寄せて体勢を維持している。そのため摩擦で足の甲がザラザラとうろこのようになるのだ。

この状態を防ぐためにＥＳＡでは特製の靴下を使った実験も行っている。この靴下をはくと、つま先がやわらかいゴムでコーティングされ、ある程度の刺激が緩和されるのだ。

Q 宇宙ではなにか本を読みましたか？

A 私自身は宇宙ではあまり本を読まなかった。自由な時間は週末や夜の時間にかぎられていたし、その時間は写真撮影や家族や友人との電話にあてていたからだ。

ただ電子書籍を読めるし、オーディオブックを聞くこともできる。地上のサポートチームに頼めば、ＩＳＳとのデータ回線経由で電子書籍やポッドキャスト[79]、ニュース記事、音楽ファイル、テレビ番組まで送ってもらえる。

運動中はよく最新のニュースを読んだり、ポッドキャストを聞いたりしていた。特にブライアン・コックス[80]教授とロビン・インス[81]の科学番組『The Infinite Monkey Cage（無限に広がる猿の檻）』[82]や、クリス・エヴァンス[83]の報道番組『Breakfast Show（朝のワイドショー）』[84]は好きでよく聴いていた。

ユーリ・ガガーリン[85]の手記『宇宙への道』だけは持ってきていた。この本はヘレン・シャーマン[86]の私物で、１９９１年のミール[87]でのミッションを共にしたクルーのサインだけでなく、ガガーリン直筆のサインも入っている。宇宙で読むのにこれ以上の本があるだろうか。この本を拝借して宇宙で読んだことは忘れられない経験だ。

79 インターネットラジオやインターネットテレビの一種。

80 イギリスの物理学者。

81 イギリスのコメディアン、男優、作家。

82 ＢＢＣラジオ番組。

83 イギリスの司会者。

84 ＢＢＣラジオ番組。

85 22ページ。

86 イギリスの化学者、宇宙飛行士。１９９１年、イギリス人として初の宇宙飛行でミールを訪れた。

87 69、１１８ページ。

Q ＩＳＳで一番驚いたことは？

A　とてつもなく訓練し、膨大な時間をかけてＩＳＳについて学んだので、実際に着いてから驚くことはごくわずかだった。もちろん予想外のことや不具合が生じないわけではない。ただそうしたことはたいてい訓練を積むにつれて気づくものだ。

訓練がはじまったばかりの頃、[88]ロシア区画とアメリカ区画で電圧が異なると知って驚いた。それは電圧が違うためにお互いの消化器が使えないことを意味したのだ。

ロシア製消化器の中身は水と泡の混合物のため、アメリカ側では電気ショックを起こす危険性がある。アメリカの消化器の中身は二酸化炭素だが、ロシア区画の生命維持装置は大量の二酸化炭素を吸収できる仕組みになっていない。こうした理由からそれぞれ使用できなかった。このような違いはほかでも見られた。

ＩＳＳの成功を語る上で欠かせないのが、15か国のパートナーシップにより、歴史上もっとも複雑な構造物を築き、運用しているという事実だ。建設に複数の国や企業が関わったため、区画やモジュールによって基準外のものが生まれてしまった。それはスイッチや留め具、専門用語といった些細なものから、緊急用の装備、通信システム、生命維持装置など重要なものにいたるまで多岐にわたる。

私はテストパイロット時代、システムを評価し、操作者のストレスになる部分や設計ミスを発見して報告することが得意だったが、ＩＳＳプログラムを実行中に、その種の報告をすることがなくてよかった。

たとえば通信システムは緊急事態が発生して警報音がなった場合、ロシア区画からアメリカ区画への音声通信が途絶えてしまう。警報をとめて通信を復旧させないかぎり、ロシア側のクルーがなにを言っているのかわからないという事態が起こりかねないのだ。

Q 宇宙で紅茶は飲めますか？

A 英国人宇宙飛行士にとっては重要な情報だ！ 喜んでほしい、宇宙でも紅茶は飲める。ＮＡＳＡは1日に3種類のホットドリンクを好みに応じて選ばせてくれる。私は紅茶を2杯、コーヒーを1杯にした。しかもラッキーなことに、お気に入りのヨークシャーティー[89]がＮＡＳＡの認証を受けたのだ。厳しい微生物検査をパスしたティーバッグは、砂糖と粉末クリームと一緒に真空パック状態でプラスチック袋に詰められている。クリームが粉末と聞いて「ええ！」と思うかもしれないが、ほかの選択肢がないから仕方ない！

無重力空間で熱い飲みものを飲む時、カップでは熱い液体が飛び散って大変なことになるため、飲料水供給装置（ＰＷＤ）からパックに直接お湯を注ぎ、ストローでちびちび吸う。

打ち上げ前にこの飲み方を教わった時、即座に「どうやって紅茶の濃さを調整するのか？」と疑問が浮かんだ。湯を入れてすぐに飲んだら薄すぎるし、最後に苦いティーバッグ

88 どちらへも電力は太陽電池から供給されるが、ロシア区画では28Ｖ、アメリカ区画では１２４Ｖの直流電圧に変換される。ロシア区画はＩＳＳ以前のロシアの宇宙ステーションと同等であるため、このような相違が生じる。

89 イギリスを代表する紅茶ブランド。

を吸うのもいただけない。

そこでひと工夫することにした。紅茶がちょうどいい具合に出たところで、ストローを移送チューブに改良して中身をからのパックに移し、ゆっくり味わうのだ。

それにしても宇宙で飲む紅茶は、たとえそれが粉末クリームと、リサイクルされた昨日の尿でできていたとしてもすばらしくおいしかった！

ところでドナルド・ペティ[90]は、2008年のミッション中に、ゼログラビティカップというすぐれものを作り出した。

ドナルドは天才だ！　無重力空間の中でも液体が飛び散らないよう、数学的モデルに基づいてカップの形状を考案したのだ。

このカップの底の一角は尖っていて導線の働きをし、液体の表面張力によって液体が上昇して、宇宙飛行士の口まで導かれる。つまりお茶を飲もうとすると、毛細管現象[91]が起きるのだ。こうして宇宙でもカップから直接熱い飲みものをすすることが可能となった！

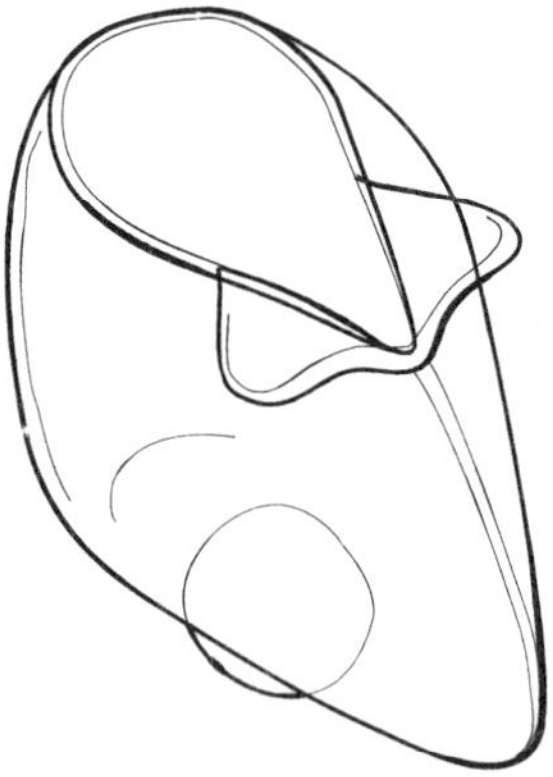

ドナルド・ペティの
ゼログラビティカップ

ただ、興味本位で何回か試してみたが、カップをマジックテープで壁に固定しておかねばならず、どうしても気分が落ち着かないので、結局、より安全なパックに移す方法に落ち着いてしまった。

Q 宇宙では映画を見ましたか?

A　ISSで過ごす時間は非常に貴重なので、映画鑑賞の優先順位はかなり下だ。ただ映画鑑賞は週末のくつろぎタイムに打ってつけなので、ほかのクルーと一緒に2、3本は見た。

一番印象に残っているのは『スター・ウォーズ/フォースの覚醒』[92]だ。スコット・ケリー[93]が、私たちのISS到着に先立って手配してくれていた。

運用管制センターに依頼すれば、衛星通信を介してサイズの大きいデータファイルを送付してもらうことができる。場合によっては、公開がはじまったばかりの映画だって入手できる。

スコットはその数か月前に、プロジェクターと大型スクリーンを使用できるようNASAの幹部にかけあってもくれていた。おかげでブリーフィングやビデオ会議、研修などの際にも小さなコンピュータ画面を数人で取り囲む必要がなくなり、毎日のように使用されていた。

私たちが見たテレビ番組、ドキュメンタリーなどのほとんどは、衛星通信を通して受信したものではなく、ISSにある1TBのハードディスクドライブにあらかじめ保存されているものだ。

映像ライブラリーをはじめて開き、『エイリアン』[94]を見つけた時は、思わずニヤリとした。

90　アメリカの宇宙飛行士、化学技術者。

91　液体中に細い管を入れると、管の中の液体が表面張力によって上(または下)に移動する現象。

92　2015年公開、J・J・エイブラムス監督作品。

93　72ページ。

94　1979年公開、リドリー・スコット監督作品。

サポートチームにユーモアセンスのある人がいたに違いない！　『ゼロ・グラビティ』[95]もあったが、打ち上げの直前にすでに見ていたし、ＥＶＡを控えていながらあえてその危険性を思い起こす必要もないだろうと選ばなかった。

無重力状態の不思議なところは、あらゆる体勢で快適に浮かぶことができるのに、もっとも自然に感じるのがすわった体勢というところだ。そのため映画鑑賞会でも、気づいたら全員がどこかに「すわって」鑑賞していた。

『スター・ウォーズ』を見たことは、最高にすばらしい思い出として残っている。地球を周回する宇宙船に乗りながら、銀河を舞台にした戦いを楽しめるなんて！　見おわったあと、キューポラ[96]のシャッターを閉めながら、ＴＩＥファイター[97]が見えないかと心のどこかで期待してしまった！

Q　宇宙ではどうやって洗濯するのですか？

A　洗濯機はないし、水は非常に貴重なので、ＩＳＳでは同じ飛行服を数日間着る。そして新しい服に着替える時に古い服は捨ててしまう。

同じ服を数日着るのはそれほどつらいことではない。温度が管理されたところで暮らすため、地球にいる時ほど服は汚れないし、靴下や運動着などは抗菌素材が入ったものが多いからだ。

着替えるタイミングはスケジュールで定められているため、6か月の間に着る服がなくなる心配はない。たとえば下着は2、3日に1回、Tシャツと靴下は1週間に1回、ズボンやショートパンツは月に1回だ。

ちなみに、ビデオメッセージ撮影や広報活動に備えて、おめかし用のポロシャツも数枚用意されている。夜は肌寒くなることもあるのでトレーナーも2、3枚ある。

一番汚れやすいのは運動着だ。週ごとに交換するが、1日に2時間も使うので、週末に新品に着替えるのがとても待ち遠しかった。

Q ISSでの心拍数は、地球にいる時と同じですか？

A 宇宙飛行士の心拍数は、地球にいる時よりもわずかに遅くなることがわかっている。

地球上では、心筋が血液を吸いあげる時に重力の影響を受け、より大きな力を必要とするからだ。無重力空間では重力に抵抗して血液を流す必要もなく、また体の上部に流れる血液量もわずかに減るため、心臓への負担がより軽減される。

問題は適切な運動を行わないと、心臓もほかの筋肉と同様に委縮してしまうことだ。実際、心臓が委縮して形も球状に変わった飛行士が数名いた。幸い一時的なもので、地球に戻ったらすぐに形も大きさも通常どおりに戻った。

研究者たちがこうした変化を研究することで、長期滞在ミッション中に健康を維持するた

95 宇宙を舞台にしたSF・ヒューマン・サスペンス映画。アルフォンソ・キュアロン監督作品。2013年公開。

96 108ページ。

97 映画『スターウォーズ』に登場する戦闘機。

めに必要な運動量を調整できる。近い将来、月や火星へ行くのにも必要になるし、なによりも心臓の研究は、人々に数多くの健康上の利益をもたらすことにつながる。

Q 宇宙ではどのように散髪やヒゲそりをするのですか？

A　宇宙での散髪は簡単だ。真空掃除機の先にゴムチューブで取りつけたバリカンを使う。はじめに掃除機のスイッチさえ入れ忘れなければ、切った髪はすべて吸い込まれ、ＩＳＳのあちこちに漂うことはない。宇宙では２週間に１回、自分で散髪[98]していた。さすがに地球ではそのペースを保とうとは思わなかったが。

ヒゲそりは電気シェーバーを使う場合、そったヒゲが漂わないように排気フィルターのすぐ隣で行う。カミソリを使うなら、お湯とシェービングフォームさえあればいい。水には表面張力があって肌に密着するため、問題なくそれる。洗面台も水もないので、そりおわったらシェービング剤をふき取るだけ。手軽で時間も節約できる電気シェーバーは平日に使い、週末にカミソリでのヒゲそりを楽しんでいた。

Q ISS内の空気はどうなっているのですか？

A　モジュール内は標準的な1気圧に与圧されている。つまり地表と同じ気圧１０１３ヘクトパスカルだ。宇宙飛行士は快適に暮らすことができ、実際、飛行機に乗っているよりも快適だ。

上空に行くにしたがって大気の圧力はどんどん低くなる。つまり航空機や宇宙船内と、外の気圧の差が大きくなり、機体はその圧力差に耐えられるだけの強度がなくてはならない。だが強度を高めるとその分の重量が増え、コストも高くなるため、飛行機内は通常、海抜約１８３０〜２４００ｍと同等の０・８気圧に与圧されている。

ＩＳＳ内の大気組成は、酸素約21%と窒素約78%と極めて標準的だ。酸素だけにすると火災の危険性が非常に高くなるので、このほうがはるかに安全なのだ。

実際、[99]アポロ1号と地上システムとの試験で悲劇が起こった。酸素が充満した宇宙船の中で電気系統の故障が生じ、急激に炎が燃えあがって、クルー３人が全員死亡した。

ＩＳＳと地球の大気組成のおもな違いは二酸化炭素の濃度で、ＩＳＳでの濃度は実に地球の10倍以上。この濃度が、ＩＳＳに搭載されている二酸化炭素除去装置にとって、もっとも効率のよい設定だからだ。

たとえばＩＳＳにとって不可欠な生命維持装置は、二酸化炭素の濃度がさがると耐久年数が短くなるので、さげるとしても短時間でなければならない。こうした事情のため、ＩＳＳ内では常に乗組員の快適さと装置に与える影響のバランスを取った二酸化炭素濃度に維持されている。

98 14ページ、写真35。

99 １９６７年、発射の予行演習中に発生した。

ＩＳＳの二酸化炭素の濃度は安全な範囲内にあるが、時に頭痛や集中力の低下をまねくことがある。二酸化炭素の濃度が高いとそうした症状が出やすいクルーがいる以上、人間生理学も無視できない要素のひとつだろう。

Q ISSでお気に入りのスイッチはありますか？

A　スイッチの質問とはうれしいね！　日本の実験棟のきぼう[100]に、実験装置を宇宙空間へ出し入れするエアロック[101]がある。このおかげで、ＩＳＳ内の無重力環境のみならず、極限温度や放射線環境、そしてＩＳＳ外の真空環境についても研究できる。

私のミッション中に小型衛星も何基かこのエアロックから搬出し、ロボットアーム[102]で軌道へ放出した。宇宙に通ずる扉を開ける時がすごくカッコイイ！

私のお気に入りはその時に押す「ハッチ開」スイッチだ。外側のハッチがゆっくりと開き、無限に続く宇宙の闇が静かに広がっていく様子を、エアロックの正面にある小さな窓越しにまじまじと眺めたことは忘れられない。

ソユーズ宇宙船の中にも厳かなスイッチがある。とくに重要なスイッチは、バネでとめられた金属カバーで保護されている。

コンピュータで削除操作をすると、削除したら取り返しのつかないことになる場合、「本当に削除しますか？」というメッセージが表示されるだろう？　それと同じで宇宙船のスイッチを押す時も、なにをするのか前もってはっきりと認識しておかなければならない。

私はこうしたカバーが好きなようでパイロット時代にも押してはいけないスイッチをうっかり押したことがあった。テストパイロット特有の好奇心が災いしたのだろう。

実際、ソユーズのスイッチはとても重要なので、各機械部品にケーブル接続されているし、万が一メインコンピュータに異常が起きても影響を受けることはない。


ほかにお気に入りだったのは、大気圏突入の準備が整ったあとに宇宙船を3つに分離させるスイッチだ。通常では自動的に分離されるが、計画どおりに事が運ばない場合、クルーが手動操作する。

分離する際は爆発ボルトが作動し、機関銃のような連続する爆音がしてソユーズは[103]3つのモジュールにわかれる。そのうち[104]帰還モジュールだけが[105]耐熱シールドで覆われていて、分離後すべてがうまくいけばクルーは帰還モジュール内の椅子に座っている。

Q 宇宙で一番楽しみにしていたことは？

A　これはまちがいなく写真だ。もともと写真好きだったわけではない。休日にスナップを撮ってもそれを見返すことなどほとんどなかったくらいなので、自分でも驚いた。
だが宇宙から美しい地球を見ることは、めったに得られない特権だ。そもそも宇宙機関は

100・101　108ページ。
102　2、81、108ページ。
103　居住、帰還、推進モジュールの3つ。49ページ。
104　49ページ。
105　ヒートシールド。耐熱の覆い、または遮蔽《しゃへい》。267ページ。

宇宙飛行士の訓練に多大なる時間と労力と資金をつぎ込んでいるので、宇宙飛行士がミッション前に写真撮影に関する研修をひととおり受けるのは、それほど意外ではないだろう。おかげで打ち上げまでに、ＩＳＳで使うカメラNIKON-D4を使いこなせるようになっていた。

もちろん撮影のテクニックや写真に関する理論を知っていても、宇宙ですばらしい写真を撮れるわけではない。結局は実地で学ぶことになる。

それゆえクルー仲間のスコット・ケリー[106]、ティム・コプラ[107]、ジェフリー・ウィリアムズ[108]には心から感謝している。彼らはみなベテラン宇宙飛行士で、熟練した撮影テクニックを惜しみなく教えてくれたのだ。

宇宙での撮影は地球上よりもはるかに容易だった。いいカメラを使えたのはもちろん、レンズが太陽のピュアな白色光をとらえられるからだ。しかも太陽系でもっとも美しい被写体、地球を撮ることだってできる。

ただ困ったことに弾丸の10倍の速度で移動していたため、被写体を識別する時間はほんのわずかだった。夜の撮影では少ない光の中で焦点をあわせるのに苦労した。

なかなか見つけにくい火山やピラミッド、氷河、都市といったものをとらえたいなら、事前に周到な計画を立てておかねばならない。

いつ被写体の上を通過するか把握するだけでなく、光のあたり方、どの窓からどの角度で撮るか、そして気象条件など考えておく必要がある。完璧を求めるには時間と忍耐力を要するが、そうすることで目をみはるような美しい写真が撮れる。

とにかく自分が撮った写真を見てこんなにも満足感を得られるなんて、想像もしなかった。なかでも大のお気に入りは南極大陸[109]をとらえた貴重な一枚。南極大陸はＩＳＳ軌道[110]のはるか南なので、鮮明に収めるのは大変だった。

Q 宇宙ではどんなものを食べますか？

Ａ　基本的には地上で食べるものと変わらない。だが宇宙食には特別な要件がある。まず、打ち上げの時に壊れたり破裂したりしないように密封されていること。腐敗[111]を回避するために貯蔵期間は、パッケージしてから18～24か月だ。もちろん栄養満点かつ健康的で、ビタミンとミネラルがバランスよく含まれていることも重要だ。

無重力空間では食べられないものもある。たとえばポテトチップスなど粘性のないものは、食べている時にくずが飛び散り、機器や人間の目に支障をきたす可能性があるからだ。崩れやすいものは最初から用意されていない。

宇宙食の多くはレトルトパウチ、プラスチック梱包または缶入りで、メニューは１００種

106　72ページ。

107　28ページ。

108　アメリカの宇宙飛行士。フライトエンジニアとして２０００年にはじめて宇宙飛行を行って以後、３度宇宙へ旅立っている。

109　10ページ、写真27。

110　南限は南緯51・６度。

111　食品用の冷蔵庫はないので、宇宙食は常温保存しなくてはならない。

ISSの一般的な食事

朝食	昼食	夕食	軽食／デザート	飲みもの
スクランブルエッグ	グリンピースのスープ	牛胸肉のバーベキュー	チョコレートプディングケーキ	コーヒー
オートミール	サルサソース味のチキンソテー	牛肉のラビオリ	アプリコットパイ	紅茶
グラノーラ	車エビのパスタ	チキンソテーのピーナッツソースがけ	グラノーラ	粉ミルク
ソーセージ・パテ	ツナサラダ	ローストポテト	マカダミアナッツ	ココア
ドライフルーツ	ブロッコリーのグラタン	赤飯	レモンケーキ	オレンジジュース／レモンジュース／ライムジュース
メープルマフィン	トマトとナスのグリル焼き	ほうれん草のクリーム煮	バタービスケット	イチゴのスムージー

類以上にのぼり、バラエティーに富んでいる。乾燥食品やフリーズドライ食品は、熱いお湯を混ぜ、やわらかく戻してから食べる。野菜やスープはほとんどがこのタイプだ。

ほかには放射線を照射して細菌を殺し、長く貯蔵できるようにした照射食品[112]もある。おもにレトルトパウチ入りで、電気フードウォーマーで20分ほどあたためる。中身はたいてい肉かデザートで、軍用食やキャンプ食に近い。それほどまずくはないが、塩分が控えめな宇宙食が多いので、少し味が薄いと感じるかもしれない。

というのも、無重力環境下では皮膚にナトリウムが蓄積されやすく、体内の酸性が高まって骨量減少を促進することがわかってきているためだ。激しい運動をこなして、骨密度の維持に努めている宇宙飛行士にとってはいいニュースじゃない。

食品を保存する上でもっとも一般的な方法は缶詰だろう。

缶詰食品は、数時間、過熱処理をして微生物を死滅させてから、真空にする。宇宙食の中でもとりわけおいしかったが、難点は重くて缶を捨てるのにかさばること。そのため宇宙食に占める割合はごく一部だった。

宇宙食にはボーナス食[113]というものがある。宇宙飛行士が好きなメニューを前もって指定できるというもので、既存の宇宙食から選ぶこともあれば、特別に開発される場合もある。ボーナス食は全カロリー摂取量の10％にあたるので、賢くチョイスしなければならない。

私は「大英帝国宇宙食コンテスト」を開催し、子どもたちに健康的で栄養価が高く、バランスが取れた「大英帝国宇宙食ディナー」を考案してもらうことにした。自分のボーナス食の大部分を、それでまかなおうというわけだ。

反響はすさまじく、優勝チームは有名シェフのヘストン・ブルーメンタール[114]と一緒に優勝作品のコンセプトを発展させ、7つのメニューを作ることになった。私のボーナス食は[115]ミシュラン三つ星シェフが用意したものだったというわけだ。

112　4ページ、写真8。

113　各国の宇宙機関が正式に宇宙食として承認していなくても、宇宙飛行士が少しだけ持っていける食品。

114　イギリスのロンドン郊外にあるミシュラン三つ星レストラン、ザ・ファット・ダックのオーナーシェフ。4ページ、写真9。

115　4ページ、写真9。

どんな食品がボーナス食に適しているのかは、先輩の宇宙飛行士たちから聞いていた。ほかの国の宇宙飛行士との合同食事会でシェアできる、出身国ならではのものがいい。

私はフィッシュアンドチップスの缶詰を提案したが、完成しなかった。結局、ベーコンサンドイッチ、チキンカレー、ソーセージとマッシュポテト、ウイスキー風味の[116]ファッジ、[117]ヨークシャーティー、スコットランドのショートブレッドが加わることになった。

Q 宇宙で食べると味は違いますか？

A これはすばらしい質問だ。答えは聞く相手によって変わってくるだろう。「宇宙で食べると味が違うものもある」というのが私の意見だ。

宇宙では地球で食べる時ほど食べものの匂いがしない。それがおもな原因ではないかと思う。食事の味を大きく左右しているのは嗅覚だからだ。

あまり匂いがしないのは、無重力空間で空気が対流しないことにも関係している。つまりあたたかい空気が上にあがることも、冷たい空気が下にさがってたまることもない。

ＩＳＳ内の空気は、飛行機の中と同じように換気扇によって対流し、天井から床に向けて人工的な空気の流れが生じているため、私たちの鼻には匂いが入りにくい。もちろん宇宙ならではの解決策がある。逆さまになって食べるのだ！

しかしながら空気の流れとは関係なく、嗅覚が衰えることもある。無重力状態では、体液が胸や頭のほうへと移動し、顔がむくんだり頭蓋内圧[118]が上昇したりする。またＩＳＳ内は細かな粒子が地上のように地面に落ちていかず浮遊しているので、ほこりっぽい職場だ。そうした頭蓋内圧の上昇と空気中のほこりの増加によって内鼻腔が炎症し、鼻づまりや嗅覚の低下が生じるのだ。

食事の味を変えるのは匂いだけではない。味わうというのは五感を使った経験だ。しかしＩＳＳは臨床検査室のような環境で、人工的な白色照明に、不自然な換気の中、地球からの隔絶感を覚える。どれも食事を楽しめる雰囲気とはほど遠い。

だがロシア区画で食べる時は常に楽しく味わえた。調理場のテーブルのそばに何枚かポスターが貼ってあり、青空の下に広がる野原や木々、春の花が描かれていた。ささやかな心づかいだが、アットホームな雰囲気が漂い、食事はおいしく感じられた。

ありがたいことに、宇宙での食事をよりおいしく味わうために調味料が持ち込めた。液状[119]化させた塩とコショウ、バーベキューソース、タバスコ、そしてベーコンサンドイッチに絶対に欠かせないケチャップを用意した。塩分の摂取量を抑えないといけなかったため、味が薄いと感じた時にはよくタバスコを加えていた。

116　イギリス発祥のキャンディ。砂糖、バター、練乳あるいは牛乳が使われる。
117　１５１ページ。
118　頭蓋骨内部の圧力。
119　粒状だと浮遊して飛び去ってしまう。

Q お気に入りの宇宙食は？

A　宇宙で堪能した食事がいくつかある。もちろん[120]ヘストン・ブルーメンタールと[121]子どもたちに用意してもらった食事がその上位を占めている。

とくにケッパー入りアラスカ産サーモンの缶詰は大好物だった。口の中で強い香りを放つケッパーのような素材は、宇宙ではかなりイケる。

あわただしい平日よりも週末の方がゆったりと食事を楽しめるので、お気に入りのメニューはだいたい週末用に取っておいた。

しかしきちんとした食事ができない時には、軽食が「ごちそう」になることもある。昼食にはピーナッツバターとジャムのサンドイッチを好んで食べた。宇宙にはまっとうなパンがないので、トルティーヤで包んでいたが、それでもかなりおいしかった。

そして週に一度は朝からメープルがかかったマフィンを食べ、気持ちのよい一日のスタートを切ることができた。とくにはちみつをかけると最高だった。

食事で得られる満足感は、味と同じくらい、環境にも大きく左右される。そのためお気に入りの宇宙食は、せわしない一週間をおえたクルーが一堂に会し、食事をシェアしながらゆっくりと過ごす金曜日の夜に食べていた。

各自がボーナス食を持ち寄ってテーブルに並べ、まさに世界のごちそうが食べ放題だった。

私たちがいつも待ち遠しく思っていたのは補給船の到着だ。地上のクルーたちはたいていハッチの近くに[122]新鮮なフルーツを搭載してくれていた。よどんだ空気の中でずっと暮らしているところに突然、新鮮なオレンジの香りが舞い込んできた時は、そのさわやかな香りにいつでも感動した。新鮮なフルーツはみんなにとっての最高のごちそうだった。
ではここで私の栄養士はNGを出すかもしれないが、メニューの一例を紹介しよう。

朝食：ベーコンサンドイッチ（ケチャップつき）、有機フルーツのスムージー
10時のおやつ：メープルマフィン（はちみつ追加）
昼食：ソーセージとマッシュポテト、ブロッコリーのグラタン、煮豆
午後の軽食：ピーナッツバターとジャムのトルティーヤサンドイッチ
夕食：アラスカ産サーモン、ほうれん草のクリーム煮、ポテトグラタン、リンゴコンポート

Q はじめて宇宙で食事をした時、どんな感じでしたか？ 食べものは浮きましたか？

A　宇宙ではなんの問題もなく食事ができる。食べものを飲み込んで消化する過程で使われる体内の筋肉は、重力の影響をほとんど受けないからだ。
逆立ちしてバナナでも食べてみたら、そのことがよくわかる。食べものを飲み込む、つまり嚥下《えんげ》は舌、咽頭、食道の筋肉を使って食べものをすりつぶし、胃へと送るまでの複雑な過

120・121　163ページ。
122　14ページ、写真34。

程だ。一連の筋収縮を蠕動《ぜんどう》という。

嚥下がおわると食道下部の筋繊維の輪が閉まり、食べものや胃酸の逆流を防ぐ。もし宇宙でこのプロセスが正常に機能しなければ、胃酸が逆流して、ひどい胸やけに宇宙飛行士は苦しむことになる。

無事に胃までたどり着いた食物は、さまざまな弁と筋肉の働きによって消化され、正しく十二指腸の方向へと導かれる。だが、食べものが胃の中で収まりが悪いように感じる場合、少なくとも食後1、2時間はトレッドミル（T2）[123]で運動しないほうがいいと身をもって感じた。重力は食物を消化する上で必要不可欠なものではないが、確かに役に立っているのだ。

体が環境の変化を理解するまでの数日間は、少ない量を何回にもわけて食べたほうがいいとアドバイスを受けていたが、消化器官も無重力環境に適応していく。私の場合、宇宙に着いて数日後にはほとんど問題なく消化できるようになった。

Q 宇宙では食欲がなくなるのは本当ですか？

A　食欲に関しても非常に個人差がある。宇宙で食欲が大幅に減った人もいれば、食欲が増えた人もいる。私の場合、少し食欲は減ったが、それほどでもなかった。
ただ食事する前は食欲旺盛だったはずなのに、食べはじめるとすぐに満腹感を覚えてしまうことが多く、地球上にいる時と比べて食べる量が減った。そもそも宇宙食のパッケージは小さいが、これが理由ではないと思う。

結局、最初の数週間で体重が５kg減った。これは、食べる量が減っただけでなく、宇宙には必要のない体液が失われたことも関係している。ちなみに余分な体液は、宇宙飛行士によく見られる「満月のようなむくみ顔」の原因となる。

私たちの食生活はミッション中にも定期的にチェックされる。最初の栄養評価のあとに、「カロリー摂取量を増やすように」という指導をもらった私は「毎晩、チョコレートプディングやおいしいデザートを食べてもいい」というお墨つきをもらったと解釈した。

その後、しっかりと食べ、筋力トレーニングをし、体重はほぼもとどおりになった。帰還する頃には、打ち上げ前の70kgまでもうチョイというところまで回復していた。

Q 宇宙で病気になったり、ケガをすると、どうなりますか？

A 宇宙飛行士はだれでも非常に高い水準の応急処置訓練を受けている。その上、ＩＳＳには常に最低ふたりは医療担当飛行士（ＣＭＯ）が滞在していて、傷口の縫合などの基本的な外科処置や、虫歯の治療や抜歯などの歯科処置にも対応できる。

ティム・コプラ[124]も私も訓練を受け、ＣＭＯとなったクルーだ。

ＩＳＳには、鎮痛剤や睡眠導入のための抗ヒスタミン薬から、抗生物質や局所麻酔薬にいたるまで、さまざまな薬品が常備されている。

123 14ページ、写真37。178、298ページ。

124 28ページ。

ＩＳＳで生じるたいていの病気やケガは緊急を要さず、生命を脅かすものでもないが、ベストな治療法を決めるにあたり、地上のフライトサージャン[125]と相談する場合もある。虫垂炎[126]などの深刻な症状が出た場合は、フライトサージャンの診断を受けたのち、ＩＳＳで抗生物質による治療を行うか（そうなるケースがほとんどだ）、地球に戻るかの判断がくだされる。そうした意味では、ＩＳＳは地上の僻地ほど孤立していないと言える。

たとえば南極観測基地は、冬季の間はほとんどアクセス不可能となり、隊員は緊急避難もできないが、ＩＳＳではミッション中はいつでもソユーズ宇宙船を「救命ボート」として使うことができる。緊急を要する事態になれば、プログラムに大きな影響をおよぼすものの、数時間で地球まで戻ることができる。

ソユーズは理想の救急車とは比べものにならないほど窮屈で、健康な人でさえ非常に乗り心地が悪いが、腹膜炎などで苦しむ人にはひとつの選択肢だ。

より差し迫った事態に備えて自動体外式除細動器（ＡＥＤ）[127]も設置されている。宇宙飛行士は、応急処置を想定した蘇生術の研修も受けている。たとえば心肺蘇生（ＣＰＲ）をしながら骨髄内注射[128]を行うといった蘇生術も学んだ。

無重力状態でＣＰＲを行うのは、決して簡単なことではない。まず患者を施術台にしっかりと固定し、救命者も自身の腰や膝のまわりをストラップで固定し、体が浮かびあがるのを防ぐ。さらに数名のクルーが患者に馬乗りになるか、あるいは患者の胸に手をついて逆立ちし、足で天井か壁を押しながら胸骨圧迫を行う。

宇宙で発生しやすいのは裂傷や骨折、目の外傷だ。無重力状態でつい勢いよく動いてしまうと、ハッチを通りぬける際や曲がり角で、金属部品に頭をぶつけてしまうのだ。たとえば重さ145kgもあるEVA用の宇宙服でも、地球上にいる時よりはるかに簡単に動かすことができる。だが重量はなくても質量はあるので、慎重に扱わないとその運動量が骨を砕く場合もある。

宇宙飛行士は、地上では何百kgもの重さのラックを宇宙で傾ける必要が生じるため、手や足などをはさみ込まないよう注意する。

換気システムの影響で細かな浮遊物が目の中に入る危険性もあるので、工具や機器で作業する時は金属の削りくずが付着していないか前もって入念に確認しなければならない。

幸いなことに、これまでISSで目立った緊急事態が発生したことは一度もなく、私のミッション中も、だれひとりケガをしなかった。

Q ISSで火事が起きたらどうなりますか?

A 私のミッション中にも何度か火災警報がなったが、幸い誤作動だった。

もちろん、本当の緊急事態が発生した前提で対応した。ISSで火災が発生したら、まずほかのクルーに知らせ、全員で安全な場所に避難し、それから問題解決にあたる。

125　29ページ。

126　ちなみに宇宙へ出発する前にあえて盲腸を切除しなくてもよい。

127　心停止の際に機器が自動的に心電図の解析を行い、心室細動を検出した場合に除細動を行う医療機器。

128　骨髄に薬物を直接注入する。

炎が燃えあがったり、煙が立ち込めていれば、明らかに火事だとわかる。１９９７年に[129]ミールで発生した火災がそうだった。[130]酸素発生器が発火して激しく燃えあがり、モジュールはダメージを受け、クルーたちも命の危険にさらされた。現場に居あわせた[131]ジェリー・リネンガーはその時の光景を「ガスバーナーが激しく火を噴いたかのようだった」と語っている。

宇宙での火災は、宇宙飛行士がおそれるもののひとつだ。ミールで起きた火災は、一気に激しさを増した炎がモジュール奥の壁へと広がり、そのまま船体の通路まで燃やしかねなかったため、とくに危険だった。

もしそうなっていれば、ミール内の空気はあっという間に宇宙空間に流れ出て、クルーは数分で死亡していただろう。しかもソユーズ宇宙船へつながる通路のひとつが炎でふさがれていたので、避難する選択肢もなかった。クルーたちの消火活動により火は鎮まり、ミール内には濃い煙が充満したが、そのあと空気を浄化してミッションを続行することができた。

小さな火事も、なにかが燃えるにおいがしたり、火災警報がなったりするまで発覚しづらいため、油断ならない。広大なＩＳＳには、電気機器を覆う数百のパネルが並んでいる。クルーは火が広がり燃え移る前に早急に火元を突きとめて、発火の原因となっている可能性が高い電源を落とし、消火にあたらなければならない。

どんな火災が起きようとも、発火場所や状況の深刻さに応じて適切に対処できるように訓練を受けている。火災が発生したら、たいていふたり1組のチームで行動する。

まず第1のチームは、安全な場所にとどまって地上と交信し、コンピュータを介してISSを制御する。第2のチームは消火隊だ。可搬型呼吸器をつけてISS中を駆けめぐり、火元を特定して二酸化炭素や霧、泡などが入った消火器で鎮火する。第3のチームはこの消化隊の支援にあたって機器を避難させたり、ほかのモジュールへと続くハッチを閉じたりして、有害な煙が蔓延するのを防ぐ。

こうした一連の対処には協力体制が不可欠で、クルーたちは地上チームとの訓練に長時間を費やし、火災時の対応を体に覚え込ませる。

煙探知機が火災を察知すると、すべての換気システムが自動的にシャットダウンし、火炎にさらに酸素を送り込むのを防ぐ。同時にISS全体へ煙が蔓延しないようにする。クルーは各自、一酸化炭素やそのほかの有害ガスの有無を確認する特別な小型検出器を持っていて、呼吸器をはずしても問題がないかどうかを判断する。ISSには火災後の空気を浄化し、完全にもとどおりにするための特殊なエアフィルターや装備も搭載されている。

ISSからソユーズ宇宙船に避難するのは最後の手段だ。興味深いことにソユーズには消火器がない。ソユーズで火災が起きたら、ヘルメットのサンバイザーを降ろして気密性を確保してから宇宙船全体を減圧する。酸素がなければ火は消えるのだ！

129　69、118ページ。

130　熱することで化学的に酸素を発生させる缶。酸素発生キャンドルともいう。

131　アメリカの宇宙飛行士、海軍医療隊の元軍人。

Q 宇宙でのインターネット速度はどれくらいですか？

A　ＩＳＳで私用のインターネットを使うと、通信速度が遅くて耐えがたいほどだった。電話のダイヤルアップ接続の時代を覚えているだろうか？　あのくらい遅い。

しかしこうして宇宙での通信速度に関する質問に答えていること自体がすばらしい！

ＩＳＳでは２０１０年１月からインターネットが自由に使えるようになり、ティモシー・クリーマー[132]が、はじめてのツイートを投稿している。「ハロー、ツイッター！　ＩＳＳからライブでツイートしています。宇宙から送るはじめてのツイートです！　今すぐコメントください！」ってね。

宇宙と地球の通信は、地上局を通過する時に途切れ途切れの音声しか拾えなかった初期の頃から長い道のりがあった。

とはいえ、ＩＳＳのはるか上空の静止衛星軌道に追跡・データ中継衛星が打ち上げられ、ＩＳＳと地球とのデータ通信のスピードは格段に速くなっている。

通信回線は基本的にはＩＳＳのモニタリングや指令、科学実験に必要なデータのアップロードや実験結果のダウンロードに使われる。決して宇宙飛行士がツイッターをするためのものではない。だが、高速の通信回線を時々使えるのはありがたかった。たとえばGoogle Earthで検索すれば、その日に撮った写真の地形や街を簡単に特定することができる。それまではランドマクナリー社[133]の世界地図帳を参照していたのだ。

インターネットの通信速度は、クルーの使用にどれほどの帯域幅[134]が割りあてられるかによって大きく変わる。ひとつのウェブページを開くのに1分以上かかることもあれば、最速で5〜10秒で開けることもあった。ただ動画再生ができるほど速くはない。

それでも夜になると、科学実験などでの通信が減るため、プライベートの通信速度はわずかに速くなった。

Q ISSでもWi‐Fiは使えますか？

A もちろん！ アメリカ区画にベルエア社[135]の無線アクセスポイントが2、3か所設置されていて、Wi‐Fiの使用が可能だ。ただし、ISSでの作業用で私用には使えない。

しかし、個人用iPadをWi‐Fiにつなげると、作業手順や日々のスケジュール、アプリなどを参照できるので、仕事の効率は一気にあがった。

作業前にはあちこちに行って必要な工具や器具をピックアップし、おわったらすべてもとの場所に戻すのだが、膝にiPadをマジックテープで固定するだけで、必要な情報をその場ですべて確認できるようになった。おかげでISS内を手際よく移動できて、本当にありがたかった。

132 アメリカの宇宙飛行士、陸軍大佐。

133 アメリカの地図専門の出版社。

134 通信などに用いる周波数の範囲。データ通信は搬送に用いる電波や電気、光信号の周波数の範囲が広いほど転送速度が向上する。

135 アメリカの通信会社。

Q 宇宙ではどうやってツイッターやフェイスブックを使っていたのですか？

A　クルーの個室には2台のノートパソコンがある。そのうちの1台は「運用ネットワーク」に接続されていて、日々の業務に必要なスケジュールや作業手順、Eメール、そのほか多くのツールやアプリにアクセスできる。ただしそのパソコンには、運用データを保護するためのファイアウォールが構築されているため、インターネットやツイッター、フェイスブックに投稿するには、「クルー支援LAN」を搭載する2台目のノートパソコンを使う。

実際は、このパソコンが直接インターネットにつながっているわけではなく、ヒューストンにある、インターネットにつながるコンピュータのリモートデスクトップとしてアクセスしている。単純な方法だが、ISSでのセキュリティーには有効だった。

ツイッターやフェイスブックは、投稿してすぐにコメントが返ってくるので、地球の人々とのつながりを実感できてすばらしいが、ともかく時間がかかった。

写真をツイッターに投稿するには、まず個室にある運用ネットワーク接続のパソコンにアップロードし、地球で使用している個人用のメールアカウントへ送付する。次にクルー支援LANに接続するパソコンを使ってそのメールアカウントに接続し、写真をヒューストンのリモートデスクトップに保存する。そしてツイッターにログインして写真をアップロードし、ようやく投稿できる。作業が5分以内におわることはない。

もっと効率的に行うため、ツイッターやフェイスブックへの投稿内容と写真を、ＥＳＡのサポートチームに直接メールすることもある。

宇宙での経験を伝えたり、地球の写真をシェアすることは宇宙飛行士の重要な任務であり、ＳＮＳはそのためのツールとして極めて有用だった。

私が送った写真やビデオ、ＳＮＳの投稿内容はすべてＥＳＡのサポートチームが完璧に管理していた。ほかの仕事と同じで、決して自分だけで行っていたわけではなく、まさにチームワークのなせる業だ。おかげでＳＮＳの更新に時間を割かれることはほとんどなかった。

宇宙での業務を円滑に行う秘策は、どんな時でもできるだけ効率アップを目指すこと。つまり必要があれば、地上の支援に頼ることだ。

Q 宇宙ではどのように体形を保つのですか？

Ａ　宇宙空間で体形を維持するのは、単に無重力状態での業務を効率的に行うためだけでなく、ミッション終了後に地球の重力に再適応するためにも重要だ。

問題は、人間の体は新しい環境への適応能力が極めて高いことだった。宇宙でとくになにもせずに暮らしていると、体は宇宙で暮らすのにもっとも適した状態へと変化しようとする。

そうすると、地球に帰還した時や、将来、月や火星へ降り立つ時に、大変苦労する。だから宇宙での運動は、無重力によって引き起こされるマイナスの影響、つまり筋肉の量や強さ、骨密度、心肺機能の低下に対処することに焦点をあてている。

ISSで宇宙飛行士は、発展型抵抗運動装置（ARED）[136]、制御装置つきT2[137]、自転車エルゴメーター（CEVIS）[138]といった筋力トレーニング器具を使って、体形と健康の維持に努める。

AREDはスクワットスラスト、ヒールレイズ、ショルダープレス、ベンチプレス、シットアップ、アップライトロウ、バイセップカールなど、何種類ものトレーニングが行えて、おもな筋肉をすべて鍛えることができるマルチマシンだ。

当然、無重力状態では重量が意味をなさないため、おもりを使うことはない。代わりに、ピストン式真空シリンダー2本が最大270kgの負荷を生み出す仕組みになっている。しかもキューポラ[139]の真上にあるので、運動の合間に地球の景色を楽しみながら休憩できるという特典つきだ。

T2は、体をハーネスとゴムひもで走路面に押さえつけることで負荷をかけ、同時に体が浮くのを防ぐ。金属製のフックでゴムひもの長さを調節することで、張力は変更可能だ。ランニングする際の負荷は、だいたい自分の体重の約70%を目安にするが、その日に必要なトレーニングの種類によっても変わる。

一般的なランニングマシンのような電動モードでも、走った分だけ動く受動モードでも、どちらでも使うことができるが、受動モードは、かなり抵抗力のあるT2を自力で動かす必要があるため、非常に疲れる。

T2は荷重を与える強度も高く、筋肉や心肺機能を鍛え、骨密度を維持するのに最適なマシンだ。

CEVISはサイクリングマシンで、おもに心肺機能を整えるために使われる。宇宙でのサイクリングはサドルが必要ないので、余計な体重をかけずにすむ。シューズをペダルに固定したら、両手で軽く手すりをつかんで体を支え、ペダルをこぎはじめればいい。

ISSに到着したばかりの頃は、こうしたトレーニングマシンに順応するまで一定期間が必要だ。T2のハーネスは慣れるまでにしばらく時間がかかるし、AREDを使う時も、無重力状態で体が不安定なところに高い負荷がかかるので注意しなければならない。たいていの宇宙飛行士は、運動の成果を最大限にあげて健康な状態で地球に戻れるように、ミッション中に少しずつ負荷と強度を高めていく。

宇宙での運動はいつも楽しみだった。もともと地上でもフィットネスが好きだったが、私にとっては脳をリラックスさせる時間でもあったからだ。

ISSでの業務は細部にまで徹底して注意を払う必要があり、読まねばならない細かい手順書も大量にある。いずれも高い集中力を要するので、気分の盛りあがる音楽やおもしろいポッドキャスト[140]を聞きながら、ひたすらトレーニングするのはなにより気分転換だった。

136 298ページ。

137 運動時の振動を抑制し、無重力環境での実験に影響が出ないように作られている。298ページ。

138 298ページ。

139 108ページ。

140 149ページ。

Q 宇宙でロンドンマラソン[141]に参加するのは、大変でしたか？

A マラソンはどこでも大変だ！

私が宇宙にいる間に、エディー・イザード[142]は、スポーツ・リリーフというチャリティイベントの資金を得るべく、27日間で27回のマラソンを完走し、南アフリカ共和国横断という快挙を成し遂げた。

彼のダブルマラソン[143]最終日前夜、私はＩＳＳから電話で応援メッセージを伝えることができて、とても光栄だった。

エディーの偉業に比べれば、日曜日の午前に数時間だけＴ２[144]で走るなど取るに足りないことだが、それでも私がロンドンマラソンに挑戦する気になったのは、まちがいなく彼のおかげだ。

はじめてロンドンマラソンを走ったのは１９９９年のこと。元気いっぱいの27歳だった私は、３時間15分で完走した。仲間との友情、走る喜び、沿道の声援など、スタートからゴールまでずっと気持ちが高揚していたあの日のことは、生涯忘れることがないだろう。だからロンドンマラソン当日に、運用管制センターからＢＢＣの中継番組がライブされた時は、私も実際に参加している気分になれてとてもうれしかった。

宇宙でできるトレーニングはかぎられていたし、Ｔ２で走ることにはいくつか課題もあった。だから新記録を出そうとは考えていなかった。４時間をきれたら上出来と思っていたので、ドイツのケルンにある欧州宇宙飛行士センター（ＥＡＣ）[145]のトレーニングチームが、目標を達成するためのプランを一緒に練ってくれた。

中間地点を越えたあたりで、体を固定していたハーネスが食い込み、肩と胸が痛み出した。負荷は体重の約70％に設定して走っていたので、地上の参加者より足への負担は少なかったはず。ただハーネスをつけて走っていると、少しよろけた不自然な走り方になってしまい、余計な力がかかっていた。

肩にかかる痛みを軽減するため、私はスピードを少しあげた。30kg地点に着く頃には、ハーネスによる痛みはもう限界に近づいていた。完走するには、できるかぎり短時間でフィニッシュしなければならなかったので、さらにスピードをあげた。

ドイツのケルンでレースの様子を見ていたトレーニングチームは、私の痛みには気づいておらず、ただラストスパートをかけているのだと思っていたらしい。ラストの数km、観客や数千のランナーからの熱い声援に励まされ、感謝で胸が一杯になった。サポートチームのメンバーも何人か、布製の宇宙服を着てレースを走ってくれていた。おかげで３時間35分で完走することができた。ようやくハーネスを取りはずし、無重力状態で自由に浮けるようになった時の解放感といったら、この上なかった！

141　２０１６年４月24日のロンドンマラソンに、ＩＳＳから参加。宇宙でのマラソン完走は、２００７年にＩＳＳからボストン・マラソンに参加したアメリカの女性宇宙飛行士、サニータ・ウィリアムズに次いで２人目。タイムは３時間35分21秒で、ギネス世界記録によって宇宙マラソンの世界記録に認定された。14ページ、写真37。

142　イギリスで人気のスタンダップ・コメディアン、男優。

143　84・39kmを走る。

144　14ページ、写真37。１７８、２９８ページ。

145　31ページ。

マラソンはかなりハードだった。肩の傷が癒え、再びハーネスをつけて走れるようになるまでに3日かかった。マラソン完走は、私のミッションのハイライトのひとつとなった。参加できたことを誇りに思っている。

Q くだらない質問ですが、宇宙でロンドンマラソンを走る姿を見て、汗はどうなっているのか気になりました。水滴になって浮く？ 皮膚にはりつく？ 汗がはりつくと体温がさがらず、暑く感じたりしませんか？

A くだらないだなんてとんでもない！ 重力の影響がないので汗は滴り落ちず、皮膚に水滴としてはりついていたと思う。腕と足には確かにそうなっていた。

でも顔や頭の汗はもっとおもしろいことになっていた。走る動きによって汗のしずくが合体し、段々と大きくなり、頭のてっぺんで小さなボールのようになっていたのだ。髪の中でモゾモゾと動くのが気になり、20分に1回はタオルで頭をふいていた。

地上ではいつも涼しくて湿気のある場所を走っているので、ISSは運動するには少し暑すぎた。イギリスの風物詩、霧雨が降ってくれればいいのにと何度願ったことか！ 室温21度という環境で走ると、おそらく普段以上に汗をかくので、運動後には必ず水をたくさん飲み、しっかりと水分補給していた。

Q 宇宙にはなにを持っていきましたか？

A　宇宙飛行士は打ち上げのかなり前に荷造りをはじめる。よく考え、計画し、調整する必要があるからだ。

おもな生活必需品[146]は、出発の1年半前に選ぶ。それらは梱包され、何度かにわけて補給船でISSに運ばれ、クルーが到着した時には物資は十分にそろっている状態だ。前もって輸送しておくアイテムには、T2[147]のハーネスやサイクリングシューズ、ランニングトレーナーなどのスポーツ用品も含まれる。

次に各自が持ち込める私物の量が割りあてられる。だいたい靴箱ふたつ分ほどだが、自分の好きなものを持っていける。たいていの宇宙飛行士は、友人や家族、慈善事業団体やゆかりのある団体から託された品物を持参する。こうしたことも、前もって用意しているからこそできるわけだ。

私は宇宙でロンドンマラソンに参加したいと思っていたので、本番の1年以上前ではあったが、2016年大会のシャツを入手した。またラグビーの大ファンなので、6か国対抗戦[148]に備えてイングランドチームのユニフォームと慈善事業団体[149]のTシャツを用意した。また、教育および啓発活動[150]を予定していたので、そのためのアイテムもそろえた。

146　ボーナス食（4、73、163ページ）、衣類、洗面用品、個人で使うアーミーナイフや懐中電灯、文房具など。

147　14、178、298ページ。

148　イングランド、フランス、アイルランド、イタリア、スコットランド、ウェールズの6か国が参加する国際大会。

149　ヘルプ・フォー・ヒーローズ、レイリー・インターナショナル、プリンス・トラストなど。

150　ミッションX、アストロ・パイ、ロケット・サイエンス、UNSA、宇宙アカデミーなど。

祝日を祝うために、イングランド、アイルランド、スコットランド、ウェールズの旗も持ち込み、それぞれの祝日には欧州のモジュールに旗を吊るして、ちょっとしたビデオメッセージを送った。

宇宙でもフォーマルな機会は英国紳士らしくキメたいと思っていたので、タキシードプリントのＴシャツも用意した。そのＴシャツは、世界の歌姫となったアデル[151]へ宇宙からブリット・アワード[152]を贈る時に役立った。

カバンはあっというまにパンパンだったが、個室に飾る家族や友人の写真を押し込んだ。それから妻が気を利かせて、当時６歳のトーマスと４歳のオリバーの息子ふたりが愛用する毛布の切れ端をくれたので、それも持っていった。

ソユーズ宇宙船には１・５kg分の手荷物を持ち込むことが認められていた。打ち上げギリギリまでに、なにを持っていくか決めればよかったので助かった。結局、ヘレン・シャーマン[153]から借りたユーリ・ガガーリン[154]の手記『宇宙への道』など、自分が宇宙に持っていきたいと思うものを選んだ。

ＩＳＳにはすでに十分な量の医薬品がそろっているが、個人用の薬を少し持っていくことができた。そして忘れてはならないのがＥＶＡ用のグローブだ。宇宙服はサイズ調節可能でＩＳＳに保管されているが、グローブはサイズが人それぞれに違うため、宇宙飛行士本人がソユーズに持ち込む。

Q 宇宙で最高におもしろかった瞬間は、いつ、どんなことでしたか？

A　宇宙で一番印象的だったのは、美しい地球の姿でも、無重力状態での解放された感覚でもなく、仲間たちと共有した経験だ。最高の仲間とＩＳＳで過ごせた自分は、本当に幸運だったと思う。

職場の雰囲気は船長によって決まるところが大きいと思っているが、私がＩＳＳに到着した時の船長は、１年のミッション期間のうちすでに９か月を過ごしていたスコット・ケリー[155]だった。

スコットほど一緒に飛びたくなるすごいヤツはいない。仕事熱心で頭がきれ、効率よく仕事をする一方で、他人の失敗には寛大という実にすばらしい人間だ。またユーモアセンスも抜群なのだ。

そんなスコットはなんとＩＳＳにゴリラの着ぐるみを持ち込んでいたのだが、これは一部の者しか知らなかった。ある日、こっそり打ち明けられて、私は冗談だと思った。本当だとしてもゴリラのマスクくらいだろうと。そんなものを宇宙に持ち出せるはずはないと思っていた。しかし数日後、自分の認識がまちがっていたとわかった。トランクウィリティー[156]でゴ

151　イギリスの女性歌手。

152　イギリス版グラミー賞と称されるイギリス最大の音楽祭典式。

153　１４９ページ。

154　22ページ。

155　72ページ。

156　１０８ページ。

リラの着ぐるみと対面したのだ。

スコットはティム・コプラ[157]の個室に隠れ、突然飛び出して驚かそうとしていた。私はスコットから、ティムのところへ行って、運用管制センターに電話をかけるよう伝えてくれと頼まれた。一番電話をかけやすいのが個室だったからだ。

スコットが隠れ、私はティムを見つけて、「運用管制センターのフライトディレクターが電話をかけてほしいらしい」と伝えた。すぐに自分の部屋へ直行したティムは、飛び出てきた毛むくじゃらのゴリラと出くわした。その時の彼の驚いた顔といったら！　見ていた私も笑いころげた。これが宇宙で一番おもしろかった瞬間だろう。

少なくとも「ここで話せること」の中ではね。

Q　宇宙飛行士はどんな腕時計を着けていますか？

A　現在、ESA宇宙飛行士には、オメガ[158]とESAが共同開発したスピードマスタースカイウォーカーX-33が支給されている。この時計はさまざまな特殊機能があり、宇宙飛行には最適だ。たとえばアラームは複数の時間が設定できる上、周囲のノイズでかき消されないような大きな音がなる仕組みになっている。

NASAの安全要件さえ満たしていれば、宇宙飛行士は好きな時計を自由に選べるが、特定のバッテリーがついているものや、サファイアガラスのように衝撃が加わると粉々に割れる素材のものは、無重力状態で目を損傷するリスクがあるため許可されていない。だから宇宙飛行用の時計には、ヘサライト風防[159]のような耐久性の高い飛散防止材料が使われている。

Q　軌道上で必須なアイテムは？

A　小さな懐中電灯とレザーマン[160]のアーミーナイフだ。どちらも常に身につけていて、一日に何度も使用した。ＩＳＳでは暗いところでものを探すことがよくあったので、懐中電灯は重宝した。

157　28ページ。

158　スイスの高級腕時計ブランド。１９６９年、ＮＡＳＡが宇宙で使える時計を求め、さまざまなテストを行った結果、合格したのは同社のスピードマスターだけであったことから、ＮＡＳＡ公認となった。

159　ヘサライトというプラスチック素材で作られた、風による悪影響を防ぐ器具または部品。加工が容易で軽量。ただし傷がつきやすい。

160　アメリカのナイフ製造会社。

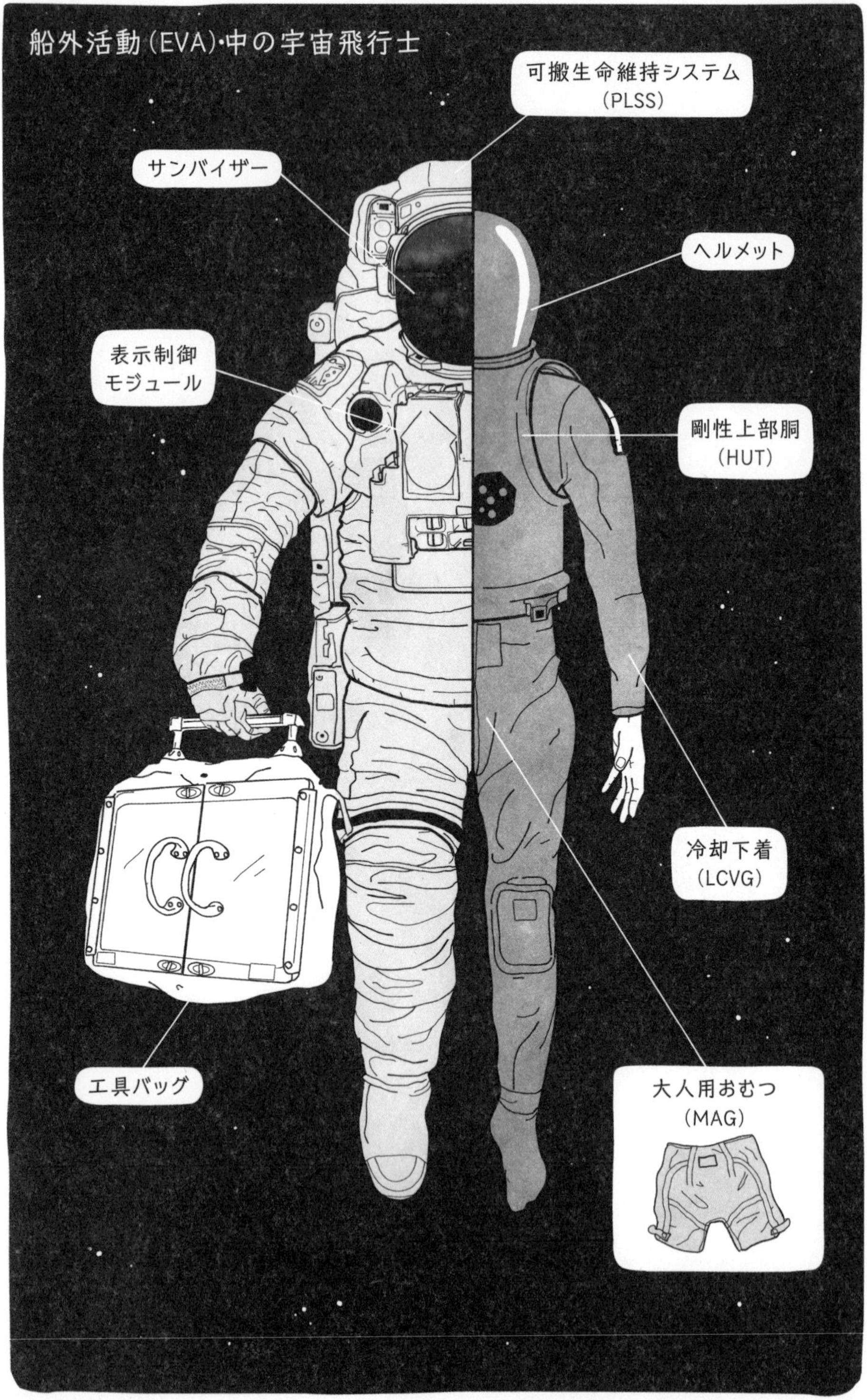
船外活動（EVA）中の宇宙飛行士
可搬生命維持システム
（PLSS）
サンバイザー
ヘルメット
表示制御
モジュール
剛性上部胴
（HUT）
冷却下着
（LCVG）
工具バッグ
大人用おむつ
（MAG）

第4章

船外活動を体験して

Q 国際宇宙ステーションで一番すごいと思った体験は？

A　はじめて船外活動（ＥＶＡ）を行った時のことだ。

２０１６年1月15日、午後12時55分。ティム・コプラ[1]と私は、運用管制センターからメッセージを受け取り、小型の冷蔵庫大の交換用電圧レギュレーターと工具バッグ[2]を持ち、故障した太陽電池パドルの修理に向かった。地球上では電気技師の仕事だが、ここでは宇宙飛行士の仕事だ。真空空間で作業するという大きな違いはあるが。

安全な国際宇宙ステーション（ＩＳＳ）を離れ、過酷な環境に入り込もうとしていた。日なたと日陰の温度差が２００度からマイナス２００度までにもなり、45分おきに昼と夜がやってくる。暴走する極小隕石にぶつかる危険だってある。おまけに命綱を手離したら最後、宇宙に漂う。

1　28ページ。

2　１８８ページ。

この時のことは宇宙生活の中でもとくに鮮明に覚えている。わずか4時間43分間のできごとだったが、このために私は何年間も準備してきたのだ。決して忘れないだろう。

宇宙で浮遊しながら地球の美しさを目のあたりにするなど、歴史上、経験した人はほとんどいない。まさに[3]現実離れしたスリリングなものだった。

Q 人類初の宇宙遊泳はいつですか？

A 1965年、[4]アレクセイ・レオーノフによって成し遂げられた。私は幸運にも、2015年11月30日月曜日、[5]宇宙へと旅立つ前の朝食会で、彼に対面した。朝8時。[6]ティム・コプラ、[7]ユーリ・マレンチェンコ、私の3人は、豪華なロシア風朝食が並べられた長いテーブルの後ろに並んで立っていた。私はウォッカの入ったグラスを手に、御年81歳のロシア紳士が雄弁に乾杯の挨拶を述べるのに聞き入った。

その言葉を真剣に聞いていたのは私だけではない。なにを隠そう、彼こそが50年以上も前に宇宙遊泳をはじめて行ったレオーノフだったのだから。ミッションに向かう私たちに「幸運を祈る」と締めくくった時、部屋はしんと静まりかえった。

1965年3月18日、[8]レオーノフはボスホート2号のエアロックからはじめて宇宙空間へ出た。この偉業はその4年前のユーリ・ガガーリンの地球周回飛行にも匹敵するもので、ソビエト連邦がアメリカを打ち負かしたもうひとつの強烈パンチだ。

彼のＥＶＡはわずか12分9秒間だったが、先駆的かつ危険に満ちたミッションだった。真空空間において、[9]レオーノフの宇宙服は風船のように膨張してパンパンとなり、宇宙船に接続されている命綱をたどって戻れないほどになっていた。宇宙服は膨張し、指は手袋からぬけ、足はブーツの底にも届かなくなっていた。

運用管制センターに警報を出すのをためらい、自分ができる唯一のことを行った。宇宙服の調圧器を操作し、ゆっくりと空気を宇宙に放出して宇宙服の減圧をはじめたのだ。宇宙服の圧力をさげれば体に酸素がいきわたらず、致命的な減圧症になってしまう可能性もあった。しかしエアロックに戻れないなら、いずれにせよ死んでしまうと判断したのだ。手がやっと宇宙船の脇についた小さな布製チューブの出入り口に届いた時、手はすでにピリピリとしびれていた。減圧症の最初の兆候だ。体を酷使しすぎたため、体温も急上昇していた。

エアロックの直径は狭く、宇宙服を着てやっと通れる程度のスペースしかない。ハッチを閉めるために足から入る必要があるものの、方向転換するのが難しい状況だった。おまけに、汗まみれで視界もさえぎられ、熱中症すれすれだったレオーノフは頭から入るのがやっとだった。そしてなんとか体を回転させてハッチを閉め、無事、宇宙船に戻った。

この偉大な人物と握手をしながら、私も彼の足跡をたどり、ＩＳＳの外の世界を冒険する機会があるのだろうかと思った。その答えを得るまで時間はかからなかった。

ミッションが開始されてすぐに、ティムと私はＩＳＳでの１９２回目のＥＶＡミッションに[10]アサインされた。夢を実現するチャンスを与えられたのだ。

3 １９３、２０５ページ。ＥＶＡ様子は15ページ、写真38と39。

4 ソビエト連邦の軍人、宇宙飛行士。

5 42ページ。

6・7 28ページ。

8 22ページ。

9 ベールクト宇宙服と呼ばれるが、「金の鷲」との異名もある。ボスホート2号のミッションによる世界初の宇宙遊泳に使用された。

10 89ページ。

長いEVAを行った宇宙飛行士は？（2017年7月現在）

順位	宇宙飛行士	所属宇宙機関	合計EVA回数	累積時間（分）
1	アナトリー・ソロフィエフ	ロシア宇宙局（RSA）	16	82:22
2	マイケル・ロペス＝アレグリア	アメリカ航空宇宙局（NASA）	10	67:40
3	ペギー・ウィットソン	NASA	10	60:21
4	ジェリー・ロス	NASA	9	58:32
5	ジョン・グリュンスフェルト	NASA	8	58:30
6	リチャード・マストラキオ	NASA	9	53:04
7	フョードル・ユールチキン	RSA	8	51:53
8	スニータ・ウィリアムズ	NASA	7	50:40
9	スティーブン・スミス	NASA	7	49:48
10	マイケル・フィンク	NASA	9	48:37

Q EVAで一番印象に残っていることは？

A 2016年1月15日、ティム・コプラ[11]と私は船外に出た。目的は故障した直列シャントユニット（SSU）を交換することだった。

SSUはISSの右舷《うげん》側の、一番端の太陽電池パドルについていて、ソーラーパネルから粗電圧を受け取って調整し、太陽電池が一定の電圧と負荷で働くようにする。これが故障するとISSの電力は8分の1まで減少してしまう。だから、ISSの機能をフルパワーに回復する、とても重要な使命だった。

私たちは注意しながら、しかし迅速に作業場へ移動する必要があった。タイミングがとても重要だったのだ。SSUはソーラーパネルから粗電圧を受け取っているため、電源がきれない。安全に交換するには、太陽が沈んで太陽光発電が停止するまで待つしかなかった。「ISSの端で、10分ほどプカプカ浮きながら日没でも眺めているように」。こんな作業指示は前代未聞だ。運用管制センターはほかのタスクを与え、ユニット交換のタイミングを逃さないように現場で待機させる決断をした。

私たちはうまく事を運び、10分前には作業場に待機した。宇宙遊泳の自撮りなど数枚の写真を撮る機会を得た私は、5分ほどその眺めに浸り、自分の状況を振りかえった。

宇宙を気ままにプカプカ遊泳したこの貴重な数分間。この時に感じた畏敬と崇拝の念は、

11 28ページ。

一番心に残っている。目の前で起こる昼から夜への明暗の一大スペクタクルは、まるで大自然のＩＭＡＸシアター[12]の最前列にすわっているかのようだった。

キューポラ[13]の窓からはじめて外を見た時も同じような感覚を覚えたが、ＥＶＡはスケールが何十倍も違った。優雅に陰へと隠れてゆく地球のはかなく美しい姿に感動したり、宇宙が無限に広がっていく暗黒の様子に脅威を感じたり、あらゆる方向に体勢を変えながら楽しんだ。この経験はまさしく「宇宙の視座」という言葉に新しい意味を与えてくれた。

　重力にじゃまされず、宇宙服の重さも、目の前のサンバイザー[14]も感じず、私は地球からも文明からも、そしてＩＳＳからも完全に切り離されていた。かぎりのない広大な宇宙で、けし粒ほどの観客になったかのような感覚を味わった。生涯で最大の驚きであり、自分の小ささを感じた経験でもあった。

Q　EVA中にこわいと感じた瞬間はありましたか？

A　技術と人間の能力を極限まで駆使する活動というのは、それがなんであれ、ワクワクする。同時に、もちろん不安も、危うさも感じる。

　人生で自分が挑戦することに対しては、十分な準備で不安な気持ちを落ち着かせてきた。試験だろうと、面接だろうと、ＥＶＡだろうと、ただ待っていることほど悪いことはない。

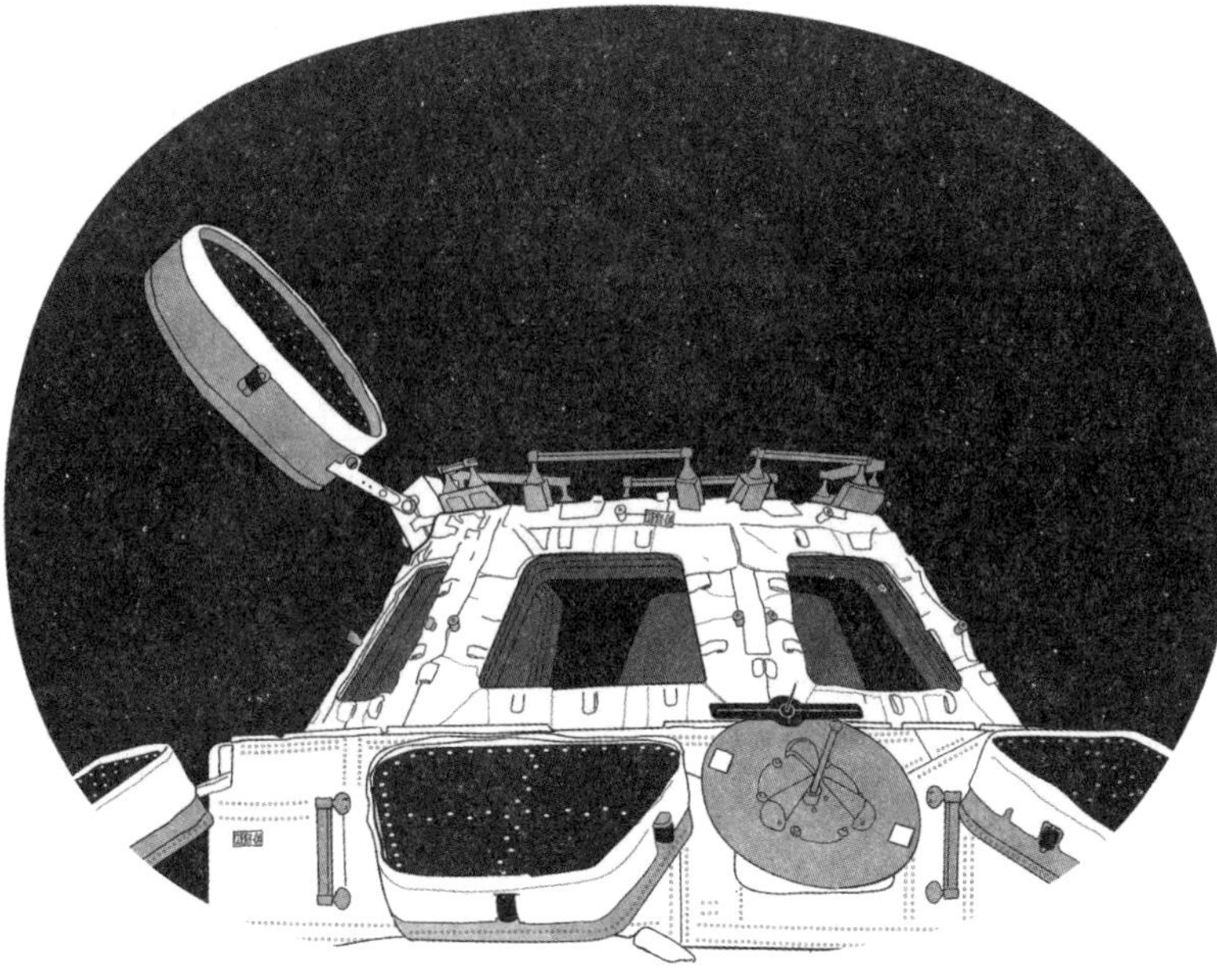

人は行動によって冷静さを得られると思っている。

実際、ティム・コプラ[15]が外のハッチを開けた途端、感じていた不安が消えていく気がした。太陽は地平線近くまで沈みかけていて夜が迫っていた。太陽の光が突然、減圧されたクエスト[16]に注ぎ込み、「さあ、いよいよだぞ！」と強く思った。

真空空間に足を踏み入れる時に緊張を感じなかったとしても、やはりなにが起こるかわからない。用心に用心を重ねる必要がある。

ほかの宇宙飛行士たちと宇宙遊泳談義をしていた時、気がついたことがある。だれもがみな宇宙環境の「極限ぶり」を感じていたのだ。あ

12　70mm幅のフィルムを使用する高精細な大型画像を提供するシステム。

13　108ページ。

14　188、226ページ。

15　28ページ。

16　108ページ。

る宇宙飛行士はこの危険な感じを「手で触れそうなほど」と表現した。

宇宙飛行士がスリルを求める人間だとか、アドレナリン中毒だと言っているんじゃない。しかし私はこれまでの人生において、ISSの外で数時間過ごした時ほど、危うい状況を肌で感じたことはない。だから宇宙遊泳はワクワクするのだ！

Q 英国旗をつけて宇宙遊泳をするのはどんな気分でしたか？

A　宇宙飛行士というのはそれぞれ専門分野があり、いろんな人がいるが、非常に結束の固いひとつのチームとして人類の宇宙活動を支援している。ISSはまさしく国際的な活動で、滞在するクルーともなれば、世界の科学と探索活動を代表している気分だ。
自国を代表している意義、名誉、重みを感じる時もある。スコット・ケリー[17]がその重要性を言い当てている。「英国旗が宇宙に行くなんて最高にカッコイイ！　これまで英国旗は世界中を探検してきた。今度は宇宙だ」。人生でこれほど誇らしい瞬間はなかった。

EVAがおわり、ISSへ無事に戻ったティム・コプラ[18]と私は、すぐに工具や機器を整頓し、報告をすませた。

その夜早くに、自分がいかに母国から応援してもらっているかに気づいた。地上のサポートチームは、山のように届いた激励メッセージの一部を送ってくれた。ポール・マッカートニー卿[19]からのツイートもあった。「幸運を祈るよ。みんなで見守っている。プレッシャーを感じずに！　宇宙での活動がすばらしいものになりますように」。

一個人の夢、長い努力の末に達成した夢が、母国の人々にとっても意味があることを知って胸が一杯になり、とても厳かな気分になった。その夜は、宇宙服から取りはずした英国旗を自分の部屋の壁にマジックテープで貼りつけ、誇り高き英国人として眠りについた。

Q 宇宙飛行士は宇宙に出ると減圧症になると聞きました。なぜですか？　どうやって治療するのでしょうか？

A　まず宇宙服内の圧力について少し話しておく必要があるだろう。
真空空間に飛び込む時、与圧服である宇宙服を着ていなければすぐに意識を失い、死んでしまう。

人間の体にはたくさんのガス[20]が溶けていて、地球の大気の重さ、つまり1気圧のもとで生きているかぎり、このガスは溶け続けている。だが圧力がなくなると、全部が溶けきれずに危険な泡が発生し、血流が阻害される。

この結果、皮膚がかゆくなったり、関節に痛みを感じるのだ。最悪の場合、その泡が脳に流れ込んで麻痺がおき、死にいたることもある。これが減圧症だ。

宇宙飛行士が生き続けるには、宇宙服の内側にいくらか圧力を加える必要がある。だが宇宙服内の圧力を1気圧まで高めると、外は0気圧なので、ミシュランタイヤのキャラクター、

17　72ページ。

18　28ページ。

19　イギリスロックバンド、ビートルズのメンバー。１９９７年、ナイトの爵位を授与された。

20　おもに血液や皮膚組織中の窒素と酸素。

ミシュランマンのようにブクブクの姿になってしまう。

　これだけ大きな圧力差がある状況では、宇宙服を着て動くのは物理的に非常に難しい。何回もの加圧・減圧のサイクルに耐えるために強度を増した構造なのでなおさらだ。

　宇宙服内の圧力は安全性と動きやすさが確保できる０・３気圧[21]に維持されている。体の溶解ガスを溶かすには十分だが、それでもかなり低い数値だ。この圧力の低さのおかげで硬い宇宙服の中でも腕や指を簡単に動かせるのだ。

　だが一方で、血液中に融解していた窒素が極小な気泡を形成し、減圧症を引き起こす段階まで進んでしまう危険性も否定できない。

　このリスクを減らすため、宇宙飛行士はＥＶＡに備え、事前に血液から窒素をできるだけ外に排出する必要がある。

　ＥＶＡを行う日は、朝、起きた直後に１００％の酸素を吸引する[22]。次にクエストを０・７気圧[23]まで減圧しながら、宇宙服を着る。そして直後から、宇宙服に順応すべく、50分間の軽い運動[24]を行うという厳密な手順をこなす。

　すべてはＥＶＡの時に減圧症になるリスクを減らすため。減圧症のリスクに関する訓練は受けていて、ＥＶＡ中に自分の体の変化を見落とさないよう常にチェックしている。

　減圧症の症状が出た場合、状況の深刻さにもよるが、まずは宇宙飛行士をＩＳＳ内に戻し、宇宙服内の圧力をＩＳＳの通常の圧力よりも高くする。血中の泡を再び血液へ溶かすようにするのだ。そしてフライトサージャン[25]からの注意深いガイダンスのもと、圧力をゆっくりともとの状態に減らしていく。つまり、宇宙服を個人の「減圧室」として利用し、減圧症を治療するわけだ。地上で減圧症の患者を治療するのと同じやり方だ。

Q　宇宙服は専用ですか？　それとも共用ですか？

A　宇宙服にはふたつのタイプがある。

ＩＳＳの行きと帰りの宇宙船の中では、小さくて軽い、やわらかいタイプの宇宙服を着る。シートベルトを締めて座席にすわっている時に楽なようにデザインされているのだ。

通常、宇宙船から酸素や空気が宇宙服に供給され、加圧や換気が行われる。ただし圧力を加えるのは、宇宙船自体が与圧できなくなって、クルーを守れなくなった緊急時のことだ。

各クルーはオーダーメイドの宇宙服[26]をもっている。帰還モジュール[27]の狭い閉鎖空間では、宇宙服が体にぴったりフィットしていることが非常に重要だからだ。ちょっとした体形の変化や好みの着心地にあわせられるように腕、足、胸部、腹部には調節ベルトもある。

宇宙に飛び立つ時、クルーはぎりぎりまで加圧された宇宙服を着たまま、座席にシートベルトでくくりつけられる。加圧がはじまると、宇宙服はわずかに膨れ、着心地は悪くなる。

この時、仮に足の長さがあっていないと、あまった部分が膝裏や足首の上部に食い込み、

21　大気の3分の1の圧力。1気圧＝689・76Pa（パスカル）。201ページ。

22　吸引マスクからのびた長い管はISSの酸素供給機につながっている。

23　108ページ。

24　足の蹴りあげ運動。

25　29ページ。

26　ソユーズの場合、「ソコル」と呼ばれている。44ページ。

27　49ページ。

ちょっとした違和感がかなりの違和感となって大きな不快感に変わる。ロケットの発射後にこうした不都合が起きないよう、乗り込む前に着心地検査が行われている。

対照的にＥＶＡを行う時に着る宇宙服は、まるで小型の宇宙ステーションだ。

アメリカの宇宙服は[28]ＥＶＡユニット（ＥＭＵ）といい、重さが１４５kgもある。厳しい環境下でも８時間、時にはそれ以上、宇宙飛行士が生存できるように作られている。

宇宙飛行士は自分専用のＥＭＵを持っていない。高価すぎてコストパフォーマンスが悪いからだ。ほかの宇宙飛行士と共用だが、腕と足の長さを間隔のあいた金属製のリングと布のファスナーで調節できるなど、体にフィットするように作られている。

[29]剛性上部胴（ＨＵＴ）はＳ、Ｍ、Ｌ、ＸＬの４サイズあるが、Ｓサイズが宇宙に行ったことはない。ブーツはMかLのみだが、靴敷でサイズを調節できる。

グローブは、ＥＶＡにおいて手の動きに最大限フィットし、器用に動くものであることが最重要視されるため、だいたい50～60種類ものサイズがある。加圧されたグローブは扱いが難しいが、宇宙服専門のエンジニアの仕事はすばらしく、完璧に手にフィットする。

ヘルメットはひとつのサイズを全員で共有する。

宇宙飛行士は訓練期間中、プールでＥＭＵを着て何時間も過ごすという訓練を行い、そのつど、どうすれば全身のフィット感を最適にできるのか、宇宙服のエンジニアからアドバイスを受ける。最後にはミッションに向けてもっともよいグレードのEMUを装着してみる。
これは訓練服とは違い、宇宙飛行用に認証されたハードウェアだ。宇宙服が体にしっかりフィットするように、できるだけ宇宙の状況を再現する必要がある。ジョンソン宇宙センター[30]の真空室で、実際のEVA前にすべてテストする。

この真空室で過ごした間に3つほどいいことがあった。まずは宇宙服の着心地が最高だったこと。心からホッとした。そして水が真空空間ではどう変化するかを観察できたこと。真空室が減圧されるにつれて、水は突然激しく沸騰しはじめ、凍結し、最後は昇華した。
3つめは目を疑う光景を見たこと。真空室で羽根とコインをボール紙にのせ、同時に落としてみたところ、コインは普通と変わらないように落ちたが、羽根もコインと同じ速さで床に落ちた。知識としては知っていたが、摩訶不思議だった！

低い圧力の中でも頭がクラクラしない？

宇宙服内の圧力、0・3気圧[31]は地球の高度9000m以上の場所の圧力に等しく、エベレスト山頂の0・33気圧より低い。ただ純酸素なので低い圧力の中でも、頭がはっきりした状態でいられる。

28 ロシアがEVAで使う宇宙服はオーランと呼ばれる（202ページ）。
29 188ページ。
30 105ページ。
31 198ページ。

宇宙服を着ていないと血液は沸騰する？

体が真空空間にさらされると血流に溶けていたガスが、気泡を形成する。写真を撮ってみれば、「沸騰」した液体のように見えるかもしれないが、血漿《けっしょう》や細胞は沸騰しない。

国が変われば宇宙服も違う？

ロシアは「オーラン」[32]と呼ばれる独自の宇宙服を保有している。アメリカのＥＭＵ[33]同様に、約７時間の生命維持が可能で、重量は１２０kg、運用気圧約０・４気圧。ＥＭＵ[34]に比べると若干圧力が高いので作業性は劣るが、減圧症のリスクは低くなる。

ＩＳＳにおいてＥＶＡを行う場合、原則として、ロシアの宇宙飛行士はロシア区画での活動ならオーランを、アメリカ、カナダ、日本、ヨーロッパの宇宙飛行士はアメリカ区画での活動ならＥＭＵを着用することになっている。

もちろん例外も何度かあった。私はどちらの宇宙服でも訓練を受けたが、ＥＶＡの際にはＥＭＵを着用した。

Q　ＥＶＡはどのようにルートが決まるのですか？

A　ＥＶＡのルートは移動経路と呼ばれる。

ベストなルートが熟考され、選ばれる。一般的にどのＥＶＡも、実際に軌道上で行う前に、地上のプールで何回も試される。プールで軌道上の作業手順を設定する際、ＥＶＡ経験のある宇宙飛行士を含む地上のＥＶＡチームが、可能なかぎりＥＶＡを安全かつ効率のよいものに設定する。計画された移動経路は、ＩＳＳのクルーに伝えられる前に、デベロップメントチームが何時間も実践し、修正し、検討する。

経路設定では、いろいろなことが考慮される。たとえば、触れてはいけない危険地域をきちんと把握した上で、どの経路がもっとも効率的か、どれくらいの難易度か、そして緊急時にクルーを連れ戻す経路までも検討される。

ＩＳＳの外側には手すりが多くあって、障害物のない、比較的簡単に行き来できるエリアもある。だが簡単にいかないエリアもある。そういった場所を通るのは、ロッククライミングをするようなもの！　絶対的な必要性がないかぎり、そうしたエリアは避ける。

もちろん宇宙飛行士は安全索[35]をよく理解していて、ＥＶＡではどこに移動する時も、蜘蛛の糸ように細い鋼のワイヤーを編むようにして進む。このワイヤーが絡まらず、ほかのクルーのじゃまにならないように、うまく移動経路を計画することがとても大切だ。

究極的には、ＥＶＡを行うクルーには、ＥＶＡチームの合意のもとでルート変更する選択肢もある。私もノートＰＣでバーチャルリアリティ（ＶＲ）のソフトウェアを駆使し、窓の外を眺めながら、自分の移動経路の計画に何時間も費やした。

32　ＥＶＡ用宇宙服。１９７７年、ソユーズ26号のミッションにおいてサリュート６号（当時のソ連の宇宙ステーション）から使用された。オーランはロシア語で「ウミワシ」を意味する。打ち上げ時からＩＳＳ到着時までの宇宙服はソコルという（44ページ）。

33　２００ページ。

34　ＥＭＵの内気圧は０・３気圧。

35　２１６ページ。

VRのソフトウェアは計画を立てる上ですばらしいツールだが、やはり現実にはかなわない。私はISSの窓から外を見て、自分が通るルートをできるだけ観察することで、EVAにおいていい結果が出せると感じた。

これは、軍隊時代、飛行訓練の初期の頃に経験した出撃演習の計画に近い。当時、重要な「テスト飛行」の前夜には、自分の部屋にすわって、演習をはじめからおわりまでひととおり詳細にイメージしたものだ。どこに向かうのか、どのようなコントロールで操縦するのか、無線でなにを伝えるのか、緊急時にはどうすればよいのかなど、さまざまなことに思いをめぐらせた。

EVAに関しても同じようにすることで、ISSの外に足を踏み出す前からすでに経験したような気分になった。[36]クリス・ハドフィールドはこんなことを言っている。「小さなことに一生懸命にならない宇宙飛行士なんて、死んだも同然だ」。

Q EVA中、トイレに行きたくなったらどうするのですか？

A EVAを行う日は、宇宙飛行士は12時間以上宇宙服を着て過ごし、トイレに行くことはできない。だから冷却スーツの下に[37]大人用おむつ（MAG）をはいて、便意や尿意をもよおした時に備える。ソユーズロケットの打ち上げの時と同じだ。

通常、EVAを実施するクルーは、当日、6時半に起床する。数分で洗面をすませたのち、慎重に電極を胸にのせ、EVA中にフライトサージャン[38]が心拍数をモニターできるようにする。続けてMAGをつけ、ズボン下をはき、冷却下着（LCVG）[39]を着用する。そして減圧症予防のために、フェイスマスクから100％酸素を吸入する。この約1時間後、宇宙服を着用する前に、酸素を吸入しながら最後のトイレをすませる。

血中から窒素を洗い流すにはしばらく時間がかかるため、宇宙に踏み出す頃には、すでに5時間も宇宙服を着ている。おまけにそのあと約6時間にわたる宇宙飛行が待っている。私は実際MAGのお世話にはならなかったが、万が一の時のためにもちろん着用した。

EVA中にかぎらず最悪なのは長時間トイレを我慢することだ。膀胱の合併症を引き起こす可能性があり、実際、過去のミッションで尿を出す治療を7日間も受けた者もいる。我慢しすぎると業務に影響を与えるだけでなく、感染症のリスクも引き起こし、ミッションさえ危うくする。EVAで尿意をもよおしたら出してしまうほうがいい。

Q スキューバダイビングでは、ずっと海にいたくなることがあるそうです。EVAの時に、似たような感覚が起こりませんでしたか？

A ああ、それについては聞いたことがある。私自身、すばらしいダイビングを楽しんで、

36 カナダの宇宙飛行士。カナダ人として初の宇宙遊泳を行った。著書に『宇宙飛行士が教える地球の歩き方』。
37 188ページ。
38 29ページ。
39 188、223ページ。

もっと深く潜りたいとか、もっと長く海の中にいたいと強く感じたことがある。

だがこうした時こそ、規律を守る気持ちや訓練が生きてくる。飛行機の場合、とくにテスト飛行の時、出発する前に重要な決断をくだすポイントや、「ここまで」という基準を取り決める。そうすると、指示された以上に限界を超えてみたいという誘惑にかられても、歯どめがかかる。引き返すべきタイミングを理解しているからだ。

ＥＶＡは確かに現実離れしている。とてつもない高揚感で信じられないような状況だ。だれであっても、このままもう数時間ＩＳＳの外にいたいと思うだろう。

私自身、もっと長く宇宙にいたいという強い衝動に駆られたし、あの貴重な時間は生涯決して忘れはしない。あともう少しこのままでと願った宇宙飛行士は私だけではないはずだ。

アメリカで初のＥＶＡを行なった[40]エドワード・ホワイトは開始から22分後に戻るよう命じられると、[42]「楽しいけど戻るよ」と冗談めかして応答した。その後、無事に[41]ジェミニ４号に戻り、船長のジム・マックディビットに「こんなに残念だったことはない」と言ったという。

私たちの場合、[43]クエストに戻るタイミングは、はっきりとしていた。[44]ティム・コプラの宇宙服に不具合が生じ、後頭部の換気ダクトを通じてヘルメット内に水が入ってきたのだ。

ティムと私は別々の作業をしていたが、わりと近くにいた。私がティムのヘルメットをのぞき込んだ時には、すでにゴルフボール大の水が[45]サンバイザーの内側に潜んでいた。運用管制センターにヘルメットの水量について報告しながら、ふたりとも状況の深刻さを理解して

40　アメリカ空軍の将校、宇宙飛行士。

41　ジム・マックディビットを船長として１９６５年６月３日に打ち上げられた。アメリカではじめてＥＶＡが行なわれた。

42　アメリカの宇宙飛行

いた。ヘルメットに水が入る危険性は嫌というほどわかっていたのだ。

2013年には、欧州宇宙機関（ESA）の同僚だったルカ・パルミターノ[46]も、似たような状況を経験している。2回目のEVA中、急にトラブルに見舞われた。

ティムのケースより大きな水の塊がパルミターノの顔にくっつき、目と鼻を覆った[47]のだ。すぐにヘッドセットの中にも水が入り、通信に支障をきたして指示が聞こえなくなり、運用管制センターや一緒にEVAを行っていたクリス・キャッシディ[48]との通話も不可能になった。

さらに悪いことに、ISSは急速に暗闇に近づいていた。宇宙での夕暮れは、地球のように太陽が優雅に地平線の下に沈んでいくのを待つほど長くは続かない。それどころか、マッハ25で旅をしていると、1分の間に昼の明るさが漆黒の闇になる。

なにも見えず、聞こえず、話すこともできない。そして次に息を吸った瞬間、肺一杯に水を飲み込むのではという不安の中、ルカは巻き取り式安全索[49]をたぐり、クエストに導かれていった。そしてクリスの助けを借り、ルカはなんとか無事にISSに戻った。

ヘルメットをはずすと約1・5ℓの水が入っていた。ヘルメットの小さな空間から考えれば相当の量だ。まさに危機一髪。ISSで起きた深刻な事例のひとつだろう。

話を戻すと、ティムのヘルメットに水が入りはじめた時、すぐ運用管制センターから連絡が入った。「腕に巻いてあるチェックリスト[50]の7ページを開け。緊急停止だ」。

「ひと息つく」時がきた。まだミッションをおえるには早かったが、幸いISSをフルパ

士。エドワード・ホワイトのEVAを船内からサポートした。

43　108ページ。

44　28ページ。

45　188、226ページ。

46　イタリアの宇宙飛行士。

47　水の表面張力で顔面に広がる。

48　アメリカの宇宙飛行士。

49　216ページ。

50　EVA作業の手順や宇宙服の不具合対応などを記したチェックリスト（簡単な手順書）。宇宙服の袖口にはめて使用する。

ワーに回復させるという一番の目的は達成していたので、ＥＶＡは成功と見なされた。

フカボリ！

51 ルカ・パルミターノのヘルメット水漏れ事故からの教訓

ＮＡＳＡはルカ・パルミターノの事故に関して、ヘルメットに水が入り込んだのは水のセパレーターが原因だと報告している。セパレーターが詰まり、換気ループの中に水が入り込んだのだ。

以降、リスク軽減のために、手順、機器、訓練などにいくつかの修正が加えられた。宇宙服については2か所修正された。

まず宇宙飛行士は、ヘルメットから宇宙服の腰のあたりまでのびたシュノーケルをつけることになった。これによってヘルメットに水が入った場合でも、宇宙服の水のない部分から酸素を取り込んで呼吸できる。

そして水を吸収するヘルメット吸収パッド（ＨＡＰ）を、ヘルメット内の後頭部に取りつけることになった。これで換気ループから入ってくるどんな水も逃さずに吸収する。宇宙飛行士はＥＶＡの間、後頭部のＨＡＰの感触を確認し、水の進入を検知できる。

シュノーケルとＨＡＰというアイデアは、時としてシンプルな解決法で複雑な問題に対処できることを教えてくれる。

足を使わないのに、スペース・ウォーク？

宇宙遊泳は英語でスペース・ウォーク（宇宙歩行）と呼ばれる。だが実際は、宇宙飛行士は宇宙遊泳を含めたＥＶＡにおいてめったに足は使わない。

ほとんどの作業が上半身で行われ、とくに肩、前腕、手首、指が活躍する。

時々、作業場で体を安定させるために、足の抑制力を使う場合もある。両足を金属性の足かけに引っかけて固定するのだ。それ以外で足を使うことはない。

Q ＥＶＡの訓練を水中で行うのはなぜですか？

Ａ 水の中性浮力が無重力状態に似ているからだ。

宇宙服は宇宙空間では酸素で、地上のプールの中では空気で満たされる。呼吸をしたり、宇宙服を加圧するのに必要なためだ。しかしそのままだと、プールではまるで大きな風船のようにプカプカ浮いてしまう。

ＥＶＡの訓練を行うためには水中に潜る必要があるので、おもりを宇宙服のまわりに取りつけて中性浮力を生じさせ、バランスを取る。つまり浮かびも沈みもしない状態にして、ある深さの１か所に完全にとまっていられるようにする。

この微妙なバランス調整をウェイ・アウト[52]という。熟練ダイバーたちから教わる技術だ。

51 ２０７ページ。

52 無重力化。

すべてはウェイ・アウトがうまくいくかどうかにかかっている。たとえば水中でウェイ・アウトが正確に行われなければ、宇宙服が浮き沈みするのを常にコントロールしなければならず、多くのエネルギーを消耗し、すぐに疲れてしまう。

中性浮力が水中でのＥＶＡのシミュレーションを可能にし、宇宙飛行士は何時間もＩＳＳ外で動いたり、作業をするための訓練を行える。

このシミュレーションは、宇宙で浮かんでいる状態とよく似ている。もちろん中性浮力は無重力状態と同じではなく、結構な違いがある。

宇宙ではひもなどで固定しておかないかぎり、すべてが動く。ちょっとした力をかけるだけで物体がグルグルとまわり、宇宙に転がっていき、二度と戻ってくることはない。宇宙では簡単に物体を動かせるが、水中では少し苦労する。

水中に入って、なにか物体を自分から遠ざけるように押してみるといい。おそらく動かすのは難しいだろう。水には粘性があり、抵抗を引き起こすからだ。したがって水中で訓練する際は、宇宙ではプールの中よりも簡単に物体が動き出すことを忘れてはいけない。

宇宙では「重い」物体についても十分に気をつける必要がある。地球では重量の重いものでも宇宙にいけば無重力になってしまうが、質量は変わらない。

たとえば地上で重さ１００kgの物体は、宇宙でも質量は１００kgのままだ。重量は変わるが、質量は変わらない。だが、「運動量＝物質の質量×速度」ということを考えれば、宇宙では物体の運動量は速度が増えた分だけ簡単に増加することになる。

プールで訓練を行う時、重い物体を早く動かしすぎるとその物体はコントロールを失うが、水の粘性と抵抗力によりおのずと動きは収まる。だが実際のＥＶＡでは自分がとめるか、あるいはＩＳＳのほかの部分と衝突しないかぎり（運用管制センターからはブーイングだろうが！）、この運動量をとめるものはない。

さらに水中だと、たとえ中性浮力の状態を保っていたとしても、重力の影響は感じる。そのため比較的簡単に体を逆さまにできるが、血液は頭にのぼり、体の重さはすべて肩にのしかかる。これは非常に不快で、数分後には痛みをともなって、耳の圧力を均衡に保つことが難しくなる。

しかし宇宙ではもちろん上下がないので、宇宙飛行士は重力の影響を感じることなく、どの方向にも体を方向転換できる。

Q 宇宙飛行士として肉体的に一番つらかったことはありますか？

A おもしろい質問だ。ＥＳＡの７日間の[53]洞窟探検訓練、ＮＡＳＡの12日間の[54]極限環境ミッション運用（ＮＥＥＭＯ）訓練、[55]極寒のロシアでのサバイバル訓練など、さまざまな訓練はどれも肉体的にかなりつらい。自身をプレッシャーの中において、厳しい状況でもやりぬく

53 89、287ページ。

54 89、97、102ページ。

55 5ページ、写真10。

ためのスキルと自信をつけることを目的に行われる。

そしてロシアやドイツ、カナダ、日本、アメリカなどを飛びまわった、2年半にもおよぶハードな訓練スケジュールも十分にきつかった。


しかし肉体的につらかった訓練をあえてひとつ選ぶなら、ＥＶＡ訓練だろう。ＥＶＡは大変な作業で本当につらい。それゆえＥＶＡ訓練も同じくハードであってしかるべきだ。ＥＶＡは肉体的な努力が必要とされる。宇宙服内の圧力に耐えねばならないし、腕、肩、指などを少し動かすだけでも貴重なエネルギーが奪われ、心拍数があがってしまう。精神的にも非常にきつい。何時間も高い集中力を維持しなくてはならず、わずかなミスも結果に響くので、非常にプレッシャーがかかる。

ただ私にとっては楽しい訓練でもあった。おそらくＥＶＡの訓練が、計画、準備、実行という点においてパイロット時代の出撃演習と似ていたからだろう。

[56]プールでの訓練は6時間ほどだが、その間、心拍数はずっとゆっくりジョギングするくらいの状態だ。ＥＶＡの様子をテレビで見ていると、電気コネクターを差し込んだり、ただＩＳＳを動きまわるだけで、なんとも簡単そうに見えるのに、実際は、宇宙服の中では大変な労力が必要とされる。宇宙飛行士は流れの速い川に浮かぶアヒルのようだ。表面上は穏やかに見えても、水中では絶えまなくバタバタと水をかいているのだ。

宇宙服の着用時に重要なのは、作業負荷を一定にして、汗をかかないようにすることだが、6時間の作業時間では、大変な作業も簡単な作業もあるので難しい。私は訓練中に何回か、汗が目の中に入ってしまった。これは宇宙ではごめんこうむりたいことだ。汗の塩分が目に染みて涙が出てくるし、涙は流れ出てくれない。

クリス・ハドフィールド[57]は、はじめてのEVAで同じようなことを経験している。片目が汗にやられてしまったのだ。おまけにそれに反応して出てきた涙が眼窩《がんか》にたまり、もう一方の目にも流れ込んできたという。なにも見えなくなったクリスが正常に見えるようになるまで、EVAの貴重な時間が30分も無駄になった。

Q マジックテープが発明されたのは、宇宙服を着ている時に宇宙飛行士が鼻をかくためというのは本当ですか？　実際、ヘルメットの内側にはマジックテープがありますか？

A　その使い方はいいアイデアだ。ただNASAの発明という話は都市伝説らしい。実際はスイスの電気技師、ジョルジュ・デ・メストラル[58]が発明したようだ。犬の散歩をしている時、服や犬の毛にくっついた「いが」が、なにか役に立つのではとひらめき、1955年にそのアイデアで特許を取得した。人類が宇宙へ乗り出す数年前のことだ。

56　2ページ、写真1と2。

57　カナダの宇宙飛行士。

58　1940年代のことと言われている。

マジックテープは軽くて、強い接着性があるので、宇宙飛行ではいろいろな場面で使われている。難燃性で高温にも耐える素材のものもある。実際、宇宙飛行士のヘルメット内部にも使われている。これが「鼻をかく」のに関係しているかもしれない。バルサバ・デバイスという小さなクッションを、マジックテープでサンバイザー[59]の内側の下のほうにとめているが、これも鼻をかくのに都合がいい。

Q EVAの最中に、本当に目を奪われるほど驚いたことはありますか？

A ティム・コプラ[60]と私が、故障したSSU[61]を取り換え、クエストに持ち帰る時のこと。クエストとメインのトラス部分をつないでいる薄い金属の足場に沿って、私はおりなければならなかった。EVAの間、ISSという大きな構造体の近くで長時間作業をしていると安心感を抱いてしまうが、このむきだしの足場を半分くらい進んで、下にちょうどオーストラリア大陸が通過していくのを目にした時、突然めまいを覚えた。

私は本能的に手すりをぎゅっと強くにぎりしめた。1時間以上も同じ状態で外にいたのに、足もとから400kmも下に広がる大陸を見て驚くなんておかしくなってしまった。

クリス・キャシディ[62]は「そういう場合、つま先をくるくるまわすと、固くにぎりしめた手をゆるめられるよ」とアドバイスしてくれたが、やってみたら確かに！　とってもうまくいった。

Q ISSから離れたらどうなりますか？

A それはもう宇宙飛行士にとって悪夢でしかない。

映画『ゼロ・グラビティ』[63]の冒頭、サンドラ・ブロック[64]演じる主人公がスペースシャトル[65]から離れてしまい、コントロールできずに宇宙にどんどん落ちていき、物理法則の慈悲に身を任せる状態になった。残念ながらこの状況ではもう助からないだろう。

宇宙服中の気体から二酸化炭素を取りのぞく機能がだんだんと衰えるか、または電池がきれてしまうため、おそらく数時間後には窒息する。だからこそ、宇宙を漂ってただ死を待つような事態にならないように、宇宙飛行士は半端ない時間をかけて準備する。

実際、ISSから離れて漂うのは驚くほど簡単だ。EVA用のグローブはとてもかさばり、扱いにくい。手のひら部分は特別なゴム素材で覆われているのでつかむことはできるが、なにせグローブが分厚いので、つかんだものを感じることができない。なにかをつかむことがいかに大変かは、なかなか想像しにくいと思う。

たいていの宇宙飛行士は、最初のうちは強くにぎりしめすぎてしまう。慣れればもっとやさしくにぎって、ロッククライマーのような気分になってくる。ISSの外側には手すりや構造物がたくさんついているので、私たちはそうしたところをつかむ。

だが、触れると危険なエリアもたくさんある。たとえば尖った部分でグローブが切れてし

59 188、226ページ。
60 28ページ。
61 193ページ。
62 アメリカの宇宙飛行士。
63 154ページ。
64 アメリカの女優。
65 31ページ。

まうかもしれないし、逆にＩＳＳにダメージを与えてしまうかもしれない。

だから、宇宙に漂うのを防ぐためにまず重要なのは、しっかり計画し、準備し、訓練することだ。自分の行き先をよく理解しておくことにつきる。

私はＥＶＡのルートについて何時間も検討した。手すりの位置がそれぞれどれだけ離れているか、難しい段差のところではどういう体勢を取るべきか分析し、うまくいかなかった時のために代替ルートも計画した。

計画されたルートや作業場をしっかり記憶し、準備していなかったエリアでの作業を要請された場合も、臆することなく作業ができないといけない。水中でＥＶＡのための訓練を何時間も行うことで、そのためのスキルと自信が身につく。

訓練の次の防御策は「とまったら、つなぐ」こと。新人の宇宙飛行士はおまじないのようにたたき込まれる。つまりどこだろうが動きをとめたら、ともかく１ｍほどの短い[66]安全索を使い、自分の体をＩＳＳとつなぐ。

宇宙飛行士は工具や器具を使ったり、作業をしたり、両手をＩＳＳから離さなければならない状況がよくある。もし注意散漫になっていたら、手元にある安全索で自分の体をつなぐことも簡単に忘れてしまい、たちまち宇宙に漂うことになる。

最後の防衛策は安全索だ。釣り用リールのひとまわり大きなもので、一方の先端はＩＳＳ

に取りつけられていて、もう一方は宇宙服につながっている。

このリールは巻き取り式で、細い鉄製のワイヤーがのびる仕組みだ。このリールからのわずかな引きのおかげで、EVA中にヘルメットに水がたまったルカ・パルミターノ[67]も、クエスト[68]に戻る道がわかった。

しかしこの細い鉄製のワイヤーはもろ刃の剣だ。常に、自分のワイヤーがほかの宇宙飛行士のものと絡まらないように気をつけなくてはならない。

EVAを計画する時、宇宙飛行士は別のルートを想定したり、もつれないような作戦を考える。

最後にすべてが駄目だった時に備えて、宇宙服には救難用簡易推進装置[69]（SAFER）が装備されている。推進装置で宇宙を飛びまわると言えば楽しそうに聞こえるかもしれないが、これを使うのが楽しみだという宇宙飛行士が思い浮かばない。

Q EVAでものを手放したら、どうなりますか？

A 実際、EVA中に部品や工具を手放してしまった事例は過去にもあり、装置の故障によって部品がISSからはずれてしまうこともある。
無重力状態の本当にやっかいなところは、なにかが手の届くところに浮かんでいたとしても、それを取り戻すのは不可能だということだ。クルーはただ、貴重な道具やパネルが暗黒

66 EVAの作業時に機器を一時的につなぎとめておくためのベルト状の索。手首の索はEVA機器を使用中や移動中に失わないために利用する。腰部の索はEVA中の宇宙飛行士をISSにつなぎとめたり、クルーどうしつなぎあわせておくために使う。

67 207、208ページ。

68 108ページ。

69 104ページ。

の空間に漂い去るのを見ているだけで、なすすべはほぼない。

２０１７年３月。私はふたりのベテラン宇宙飛行士が、４枚の大きな防御パネルをドッキングポートにかぶせている作業を見ていた。３枚のパネルを取りつけ、４枚目のパネルに取りかかろうとした時、最後のパネルは地球のほうへゆっくり漂いはじめていた。

理論上、想定外だった。不幸な出来事はたいてい、ひとりの失敗やひとつの器具の故障によって起こるのではなく、まちがいが重なって起こるものだ。

これを航空業界ではスイスチーズモデルという。スイスチーズには穴があいているが、スライスして何枚か重ねると穴はふさがれる。だが重ねる枚数が少ないと、穴が貫通することがある。つまり、チーズの穴は危険要因で、穴が貫通した時に事故が起こるという意味だ。

宇宙でなにかをなくさないために、宇宙飛行士はＥＶＡの際に安全索[70]の操作手順をきっちり守る。すべてのものが必ずなにかにつながっていなければならず、最終的にＩＳＳに戻るようになっている状態だ。

ソケットを例にしてみよう。ソケットはドライバーに装着されていて、ドライバーは工具入れに、工具入れ[71]は工具バッグの中に、工具バッグは宇宙飛行士に、宇宙飛行士はＩＳＳにつながっている。つまりソケットはＩＳＳにつながっている。

宇宙飛行士が工具を別の宇宙飛行士に渡したり、なにかをＩＳＳにつなごうとする時はいつでも「ほどく前につなぐ」を行う。つまりある器具に新しい索を取りつける時は、古い索を取りはずす前に、まずは新しい索をつなげてひっぱって試してみる。まるでアルプス登山で使用するヴィアフェラータ法[72]のようなものだ。

うっかり離してしまうのを防ぐために、それぞれの索のフックを開ける時には「ほどく前につなぐ」を行わなければならない。すべての索を使いこなすには、整理整頓が得意なマジメ人間でなければ、すぐに悪戦苦闘するだろう。

ＥＶＡのための準備段階には、どの作業に対してどんな工具が必要か、どんな順番で使うか、事細かに考えることも含まれる。工具バッグと器具をきちんと整理整頓し、効率を最大限に高めるわけだ。必要な索を最小限にし、道具を順番どおりに並べて索がもつれるリスクを軽減させる。もちろん無重力状態の中ではすべてのものが浮かぶので、宇宙飛行士がどんなにがんばっても、索のもつれによってＥＶＡが台なしになることはある。

たまに手首の索の操作は、手順が変わることがある。たとえば、工具がきちんと固定されていなかったために宇宙に漂ってしまったとか、あるいは索がゆるんでしまったとかだ。

いかなる理由であれ、索につながっていないものが宇宙に漂いはじめたら、永遠に失われてしまう。宇宙飛行士ができる唯一のことは、できるだけ正確に、落としたものの速度と方向を地上に報告することだ。ビデオに撮っておくことも重要になる。

70 ２１６ページ。

71 １８８ページ。

72 ボルトやはしごを設置し、空中を歩いているかのように、絶壁などを登っていく登山スタイル。

運用管制センターの担当は報告を受け、ただちにそれを追跡解析し、今後、ＩＳＳに危害を与えるか否かの結論を出す。

なにかが宇宙に漂うと、スペースデブリ[73]になってしまう。そうしたゴミはＩＳＳとほぼ同じ軌道をたどる。そして少しずつ遠ざかり、最終的に大気圏で燃えつきる。

Q EVAの間、なにか食べることはできますか？

A 残念だがＥＶＡ中は、水は飲めるがなにも食べられない。

宇宙服を着る前に、飲料水バッグに約１ℓの水を入れる。室温の普通の水で、塩やカフェイン、エネルギー補給剤などは入っていない。ただＩＳＳで浄化再生された尿だ。

飲料水バッグは、宇宙服のＨＵＴ[74]の前方内側にマジックテープで取りつけられ、これを着用すると胸のあたりにくるようになっている。

飲料水バッグには、宇宙飛行士のあごに向かってのびる小さなストローがついていて、そのままヘルメットのてっぺんまで突き出ている。ストローにはゴムのマウスピースがついているので、それをかんで開けて水をすする。

訓練の際にストローとマウスピースのベストポジションをいろいろ試してみる。高すぎると頭を動かすたびにあごひもに引っかかってじゃまになり、低すぎるとまったく届かない。

私は訓練の時、初歩的なミスをしてしまった。水を大きくひと飲みし、あまり気にせずストローを口から離したのだ。するとサンバイザー[75]の内側に水がついてしまい、数時間の訓練の間、しつこくたまる水滴の間から外を見ることになってしまったのだ。まわりにいた支援ダイバーたちはおかしくてたまらなかっただろう。

ＮＡＳＡは現在、この飲料水バッグにプロテインや炭水化物のサプリメントを添加することを検討中だが、今のところＥＶＡ中はただの水が飲めるだけ。そのため前夜と当日の朝きちんと朝食を食べることも重要だ。マラソンランナーのように、炭水化物を摂取しておけば、ＥＶＡの時にそのエネルギーを利用できる。

Q　宇宙で寒い場合、どうやって体をあたたかくするのですか？

A　宇宙では酷暑と極寒を行き来する。これは非常に大変なことで、宇宙服だけでなくすべてのものが過酷な温度環境に耐えられるものでなくてはならない。

真空空間には空気がないため、宇宙の温度は地球における空気の温度とは違う。空気がないと対流しないので、宇宙服の温度はＩＳＳ[76]に触った時の伝導や太陽からの輻射《ふくしゃ》[77]によって運ばれた熱で決まる。

高温の太陽プラズマが光の粒フォトン[78]を放出し、それが宇宙空間にある物体に吸収され、

73　20ページ。
74　１８８、２００ページ。
75　１８８、２２６ページ。
76　たとえば宇宙飛行士がＩＳＳの部分に触れるなど。
77　54ページ。
78　光子。

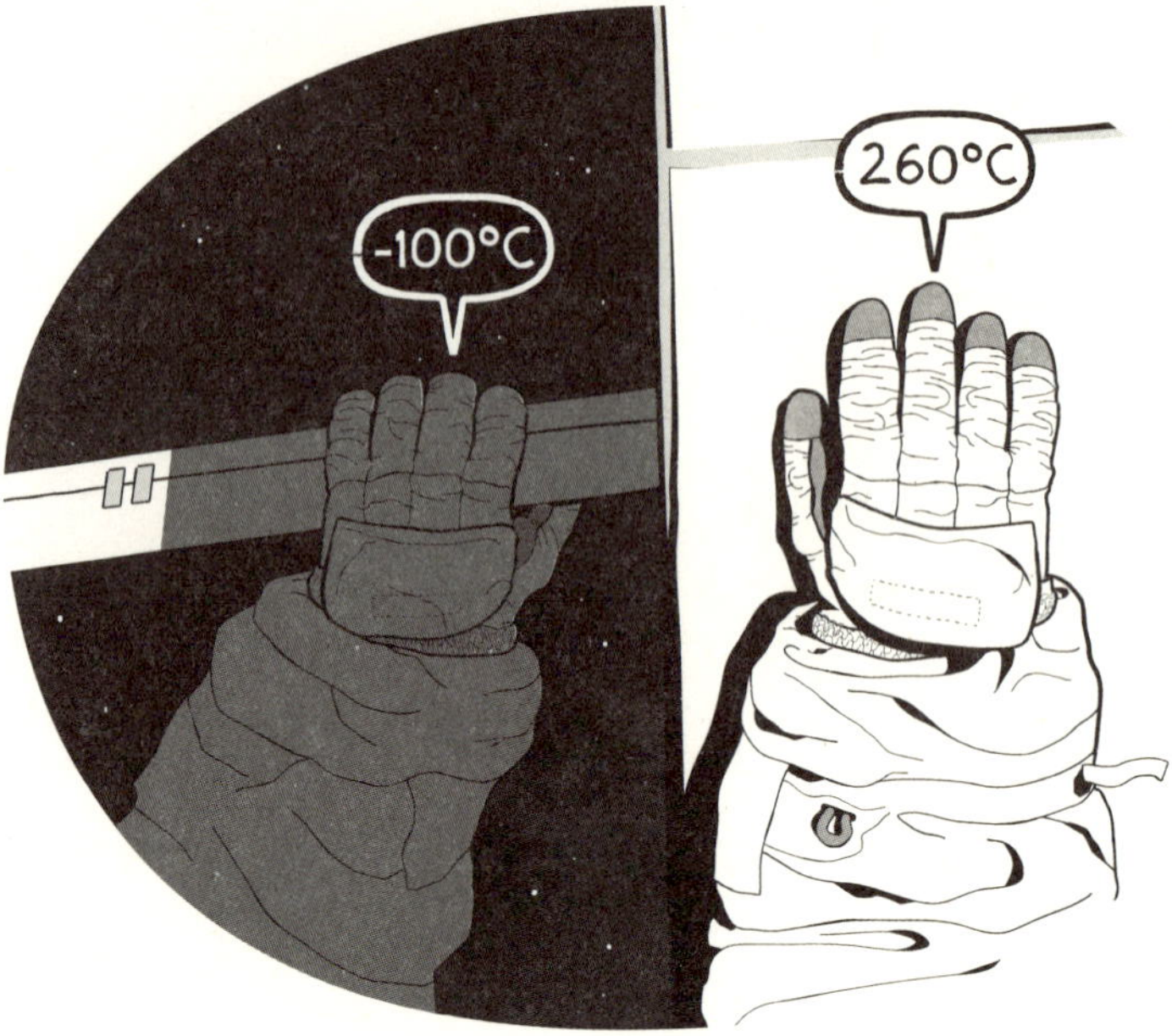

物体をあためる。同時に絶対零[79]度より少しでも高い温度の物体からも、フォトンが放射される。このフォトンの放出と吸収のバランスによって物体の温度が決まる。

たとえばＩＳＳの外についているむき出しの金属部分は直接太陽光にさらされ、２６０度の温度になる。しかし日陰にある物体の温度はマイナス１００度よりも低い。

ＩＳＳは多くの要素から成り立っていて、それぞれに異なる熱特性があり、太陽にさらされる程度も異なる。ＥＶＡの間はどうしてもさまざまな温度の部分に触るため、グローブもこうした極度の温度に対応する必要がある。

もうひとつやっかいなのは、宇

宙飛行士は太陽の日なたと日陰での作業を短時間の内に行うことになるため、宇宙服も急速な温度変化をこうむることだ。

こうした極度の温度差に対処するため、宇宙服は何層もの素材から成り立っている。体から熱が奪われたり、太陽から受ける熱に対応するため、断熱材が使われている。多層断熱材（MLI）と呼ばれる素材で、実際にISSの外壁でも広範囲に使われ、温度の変異を抑えたり、繊細な部分を守るために活用されている。

宇宙服のおかげで5時間のEVA中、自分で体温調節を行う必要があったのは2回だけだった。

宇宙では自分の体熱に頼ってあたたかさを保っている。だからEVAではよく動きながらも、汗をかかないように気をつけ、体から熱を発散させている。だが手の指はたまに冷たくなる。したがってグローブはこれに対応できるように、電気ヒーターがついている。日没が近づくと運用管制センターから、ヒーターのスイッチを入れるよう警告が入る。

Q 宇宙ではどうやって涼しくしているのですか？

A 涼しく快適に過ごすために、宇宙飛行士はLCVG[80]を宇宙服の下に着用する。小口径の透明プラスチックチューブが体を巻くようについていて、体に直接着る。必要に応じて冷却水がこのチューブを流れ、体を冷やしてくれるのだ。

79 熱力学的に考えられる最低温度。

80 188ページ。

では冷却水はどこから調達するのだろう？　これがなかなかすごいアイデアだ。宇宙服が供給する水の一部は、水を真空空間に放出するための穴が開いた板状サブリメーター[81]を通る。この水が凍ってゆっくりと蒸気に昇華していき、蒸気は宇宙空間へ出ていく。これによってサブリメーターに低温部が形成され、その付近を水が通って冷やされ、体から発生した熱を取りのぞくというわけだ。

宇宙服の前側には、温度調節バルブ（ＴＣＶ）と呼ばれる金属製のダイヤルがついている。サブリメーターを通って冷却された水と、通らない水を混ぜあわせる。シャワーでお湯と冷水を混ぜてぬるくするような感じだ。これによって宇宙飛行士は水を好みの温度に調節でき、冷却下着のチューブに戻すことができる。

このシステムはとても効率的で忙しく働いた時も手軽に体を冷やせるが、もう一度あため直すのが大変な時もある。したがって宇宙飛行士は、ＥＶＡの間は一定の作業率に集中し、極端な温度変化を避け、冷却バルブを調節しなくてすむようにする。

Q　宇宙に出て、暗い中で作業するのは大変ですか？

A　夜のＥＶＡは大変だ。ヘルメットにはライトがついていて、ＥＶＡの間はずっとスイッチをオンにしているが、目の前の小さな部分を照らしてくれるだけだ。

ただじっとしているなら十分な明るさで、作業にも支障はない。実際、時には作業に集中しすぎるあまり、まわりの暗さに気づかずに、夜の段階が過ぎてしまったこともある。

だが暗闇の中でＩＳＳの違う場所に移動する場合は大変だ。ＩＳＳは巨大である上、夜は[82]ヘルメットのライトだけを頼りに自分の居場所を把握せねばならないからだ。


運用管制センターはＩＳＳに設置してある外部ライトをつけて、ＥＶＡを行う宇宙飛行士をサポートしてくれる。大変助かるが、時にはライトが宇宙の暗闇にただ浮かんでいるようにしか見えない時もあり、方向を変えてしまうと自分がどこにいるのか、どこに向かおうとしているのか、空間認識を維持するのに手間取ることもある。

こうした状況を補うべく、ＩＳＳのモジュールの外壁にはクエスト[83]へ戻る方向を示す矢印が描かれている。シンプルだが有効で、とくに緊急時にはありがたい。


日中は太陽があるので、ＥＶＡの間、ほとんどの時間はサンバイザー[84]をさげている。巨大な核融合炉である太陽を見てしまって目が見えなくなるのを防ぐためだ。

逆に日没に近づくと、急速に地球の影に入っていくのに備えるため、サンバイザーをあげる。運用管制センターからもそうするよう警告が入る。

81　氷を真空下で昇華させることで放熱を行う冷却用装置。

82　日中はまわりが明るく、よく見えるため、自分のおかれた状況を把握しやすい。

83　１０８ページ。

84　１８８、２２６ページ。

金製サンバイザー[85]の秘密

宇宙飛行士のサンバイザーは、ポリカーボネートプラスチック製で、金の薄い層でコーティングされている。金である理由は次の通りだ。

まず金はしなやかな素材であるため、非常に薄い透明な層を実現でき、見通しをじゃましない。また腐食したり、さびない。つまり変色しないため、反射率が失われない。

そして有害な赤外線をよく反射し、太陽からの輻射《ふくしゃ》[86]も反射する。そうでなければ、目が回復不可能なダメージを受けてしまうだろう。

Q スペースデブリ[87]がぶつかってきたらどうなりますか？

A　宇宙服は14層の素材から成り立っていて、宇宙飛行士を守っている。すべての素材が断熱になっているわけではなく、圧力を保つ層、耐火層、極小隕石からの防護層がある。

とくに宇宙服の外側は穿刺《せんし》[88]防止の防弾素材からできた耐熱および耐微小隕石層からなり、小さなスペースデブリからの衝撃に耐えられるようになっている。

さらに胸と背中は、HUT[89]と可搬生命維持システム（PLSS）[90]で守られている。どちらもいくつもの金属製部材を含んだ硬い素材から作られている。

スペースデブリがＥＶＡ中の宇宙飛行士の宇宙服に穴を開けるかどうかは、具体的にはわからない。デブリの種類、スピード、衝撃を受けた場所によって異なるからだ。

さらに地球の低い軌道には、自然と人造それぞれのスペースデブリがたくさんあるが、広い宇宙に対して宇宙飛行士はとても小さい。そのため、ＥＶＡ中に宇宙飛行士がスペースデブリに直撃されるリスクを評価すると、破局的な事象に分類されるが、めったに起きない。

しかし極小隕石が不幸にも宇宙飛行士にあたってしまったとしよう。

これは超高速の砲弾にあたった状況に近い。私たちはマッハ25で移動しているので、宇宙飛行士とスペースデブリが衝突した時の合算速度は音速の何十倍にもなる。

衝突の際、宇宙服の何層もの素材を通すことで衝突時のエネルギーが減衰して、気密繊維層を突きぬけるのを防げる。うまくいけば、小さな打撃ならＥＶＡの時には気づくことなく、そのあとの宇宙服の検査の際にやっとわかるかもしれない。

スペースデブリが気密繊維層を通りぬけてしまったら、その穴を通して宇宙服から酸素が漏れ出す。明らかによくないが、大惨事ではないかもしれない。穴が直径６㎜以下なら、ふたつの主タンクから出てくる酸素が、宇宙服内部の圧力を維持し続けてくれる。

宇宙飛行士は[91]「酸素使用量が高い」とのメッセージを受け取り、[92]「ヒューストン、問題が

85 １８８ページ。

86 54ページ。

87 20ページ。

88 針などが刺さること。

89 １８８、２００ページ。

90 １０４、１８８ページ。

91 「O2 USE HIGH」と表示される。

92 １９７０年４月、アポロ13号で酸素タンクが爆発した際、ヒューストンへ送られた緊急連絡メッセージ。

宇宙服の構造

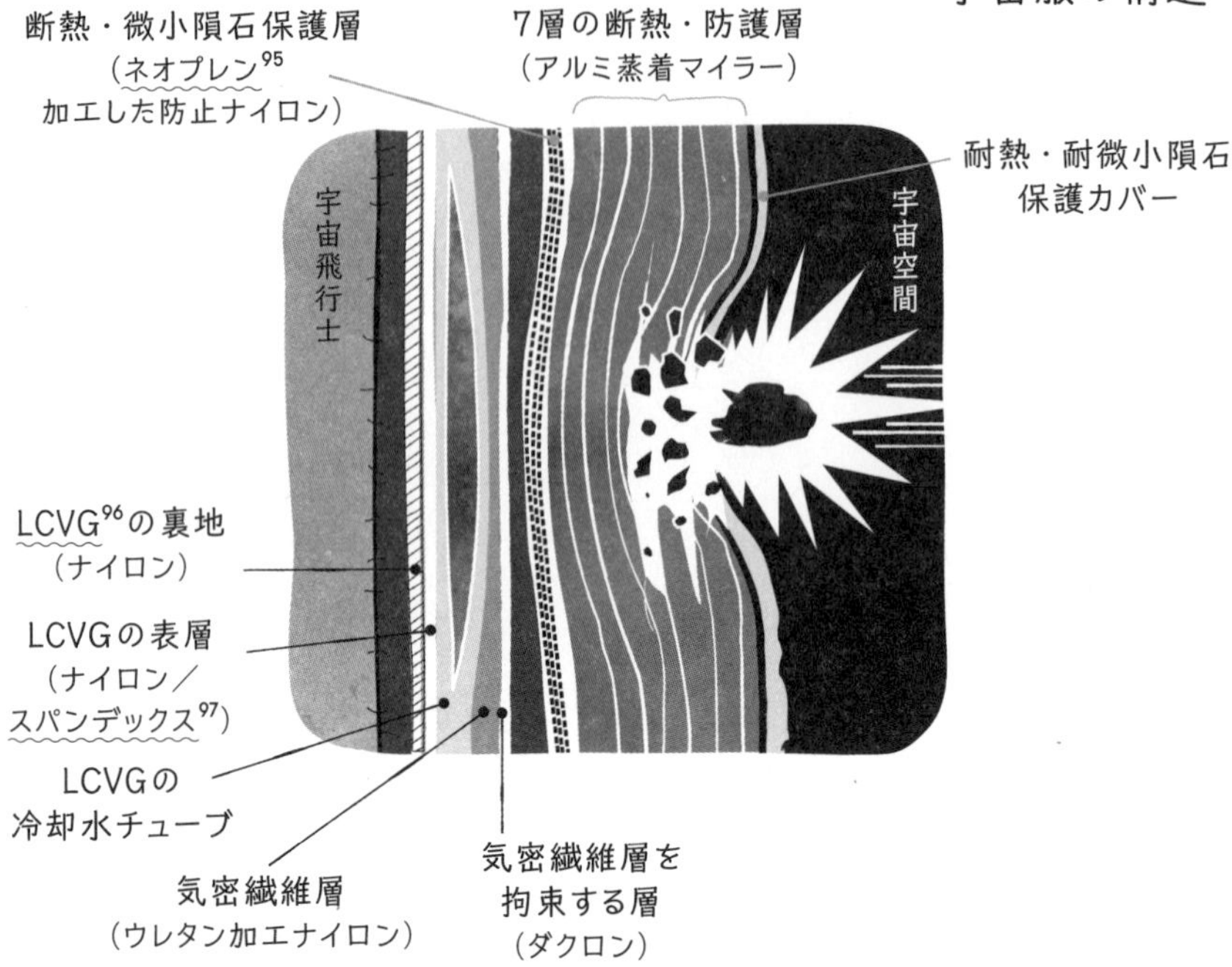

生じた」級の事故発生が伝わる。

　主タンクの酸素量が少なくなると、ふたつの副酸素タンクが代わり、さらに警告メッセージが何度も発せられる。

　この時点になると、宇宙飛行士にはあと30分ほどしか酸素が供給されない。あまり時間はないが、さらなる複雑な状況が起こっていなければ、クエスト[93]に安全に戻る時間は十分にある。

　もし穴が直径6㎜以上なら状況は少し厳しい。宇宙服が提供できる最大の流量は毎時3・2kg。これでは宇宙服に大きな穴があいていた場合、

93 108ページ。

94 「SUIT P EMERGEN-CY」と表示される。

95 天然ゴムより燃えに

タンクに残っている酸素の量に関係なく、宇宙服内の圧力を維持するには十分ではない。大量に漏れた場合、宇宙服内部の圧力は急速にさがっていく。

０・２気圧、つまり高度１万２２００ｍと同じ気圧では、宇宙飛行士は「宇宙服圧力、緊急事態」[94]というメッセージを受け取り、その後すぐに脳機能が失われはじめる。

もちろん以上のことはすべて、高速のデブリが宇宙服を貫通し、宇宙飛行士が即死しなかった場合の推測だ。楽しい答えでなくて申し訳ない！

映画のエピソードは、ホント？　ウソ？

映画『ゼロ・グラビティ』[98]で主人公演じるサンドラ・ブロック[99]は、宇宙服の下にはショートパンツとノースリーブを着ているだけだったが、これは完全にウソ！

宇宙服の下にはＭＡＧ[100]、長いズボン下、長そでシャツ、そしてＬＣＶＧ[101]を着る。ショートパンツとノースリーブほどセクシーじゃないが実用的だ。

映画『オデッセイ』[102]で主人公演じるマット・デイモン[103]は、ガムテープを使ってヘルメットの穴をふさいでいたが、これはありえる話。

宇宙服にあいた穴のサイズは生死をわける。だから穴をふさいだり、そのサイズを小

く、耐候性、耐熱性、耐油性、耐薬品性にすぐれた合成ゴム。

96　１８８、２２３ページ。

97　ポリウレタン弾性繊維の一般名称。

98　１５４ページ。

99　２１５ページ。

100　１８８ページ。

101　１８８、２２３ページ。

102　アンディ・ウィアーの小説『火星の人』が原作のＳＦ映画。２０１５年公開、リドリー・スコット監督作品。２０１６年日本公開。

103　アメリカの男優。

さくしたり、継ぎはぎをすることは有効だ。
もちろんテープは宇宙服内部の圧力に耐えうる強度が必要だが、流量をさげることで安全を得るまでの時間稼ぎができるかもしれない。

Q あなたにとってのヒーロー、または刺激を受けた宇宙飛行士はだれですか？

A この質問には優等生的な答えがたくさんあるだろう。たとえば、ユーリ・ガガーリン[104]、ジョン・グレン[105]、アレクセイ・レオーノフ[106]、ニール・アームストロング[107]、ワレンチナ・テレシコワ[108]など、この偉大な宇宙飛行士たちに刺激を受けない宇宙飛行士がいるだろうか。それでも彼らは、人類の宇宙飛行の歴史に名を連ねる尊敬すべき人たちのひとにぎりにすぎない。

私が刺激を受けた人物のひとりは無名のヒーロー、ＮＡＳＡの宇宙飛行士であるブルース・マッカンドレス2世だ。１９８４年2月12日、マッカンドレスは命綱なしの宇宙遊泳にはじめて成功した。スペースシャトル[109]のチャレンジャーの貨物室という安全な場所から、１００ｍも離れた場所へ、ジェット推進式のバックパックで命綱なしで宇宙遊泳した。

５０００時間以上の飛行経験があるアメリカ海軍の熟練パイロットであったマッカンドレスは、１９６６年のアポロ時代に宇宙飛行士候補に選ばれ、最初に月面着陸したアポロ11号のＥＶＡでは司令船連絡員（ＣＡＰＣＯＭ）を務めた。18年待ったのち、はじめて宇宙飛行を行い、自身が開発に関わった有人機動ユニット（ＭＭＵ）[110]、つまり窒素推進バックパックではじめて飛行実験に臨んだ。ＥＶＡの歴史において先駆的な出来事だった。

地球を離れ、宇宙船の外に出て、宇宙にひとりで浮かんだ時、マッカンドレスはどれほどの孤独を感じたことだろう。

私はＥＶＡを行った時、ＩＳＳの一番端で肩越しに宇宙空間に目を向けると、真っ暗な空間しかないことがとても爽快だったが、マッカンドレスはジェットパックひとつを背負い、その装置を大胆にも信じて暗闇に飛び込んだ。とてつもない勇気が必要だったと思う。

最終的に私は、マッカンドレスが宇宙で過ごした３１２時間を超えて任務にあたり、その中にはＭＭＵでの４時間の飛行も含まれる。夢は追い続ければ叶えられるのだ。

104 22ページ。

105 87ページ。

106 １９０ページ。

107 アメリカの海軍飛行士、テストパイロット、宇宙飛行士。

108 82ページ。

109 31ページ。

110 １０５ページ。

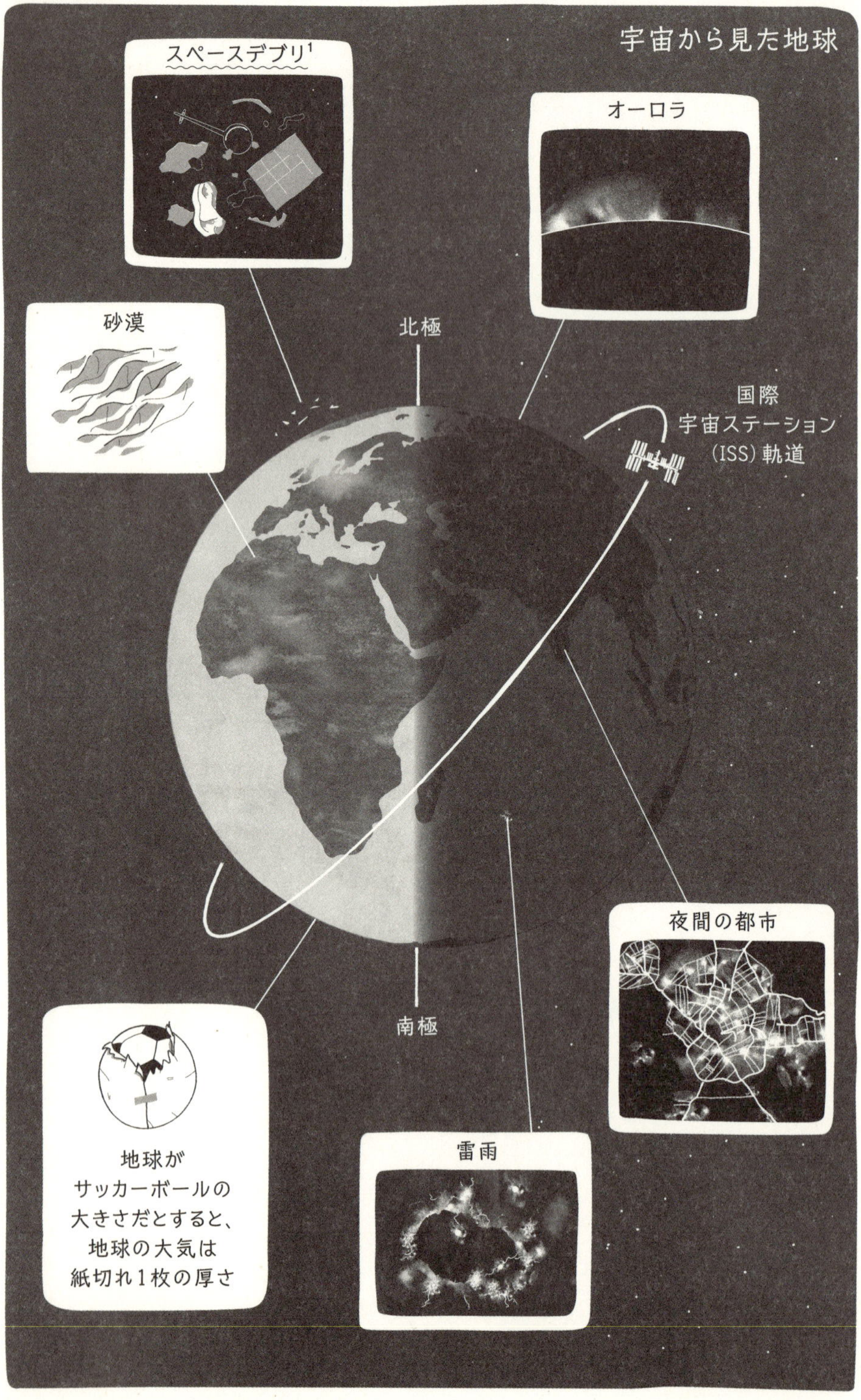
宇宙から見た地球
スペースデブリ[1]
オーロラ
砂漠
北極
国際
宇宙ステーション
(ISS) 軌道
夜間の都市
南極
雷雨
地球が
サッカーボールの
大きさだとすると、
地球の大気は
紙切れ1枚の厚さ

第5章 宇宙から地球について考えよう

Q 宇宙から見る地球は、昼と夜、どちらが美しいですか？

A 地球は驚くほど美しい、昼も夜も。

ミッション中、夜間に観察するのが楽しみだったのは雷雨とオーロラだ。[2]

冬の間はすばらしいオーロラをたくさん見る機会に恵まれた。太陽の活動が活発化し、太陽からの荷電粒子が地球の磁気圏へ突入して、大気の中で原子や分子に衝突することでオーロラは発生する。緑から赤の神秘的な光のカーテンが、国際宇宙ステーション（ＩＳＳ）の下で波打ったり、地平線で踊ったりするさまは壮観だった。

夜、宇宙から見える激しい雷雨も印象的だった。地球上ではせいぜい自分のいる場所の周辺、おそらく50〜60㎞圏内の雷雨しか見えない。宇宙からは数百㎞に広がる雷雨の最前線を

1 20ページ。

2 10ページ、写真26。

見ることができる。

嵐の最中、一度に膨大な数の稲妻が走るのは、なんと驚くべき光景だったことか。南アフリカ沿岸の数百㎞に広がる雷雨前線を見た時は稲光が激しくて、まるでストロボのように夜空を明るく照らした。

夜間は都市の明かりを目のあたりにする。宇宙からはとても美しく見えるが、世界の広い都市部でどれほどの光害が起きているのかとつい思ってしまう。

昼間は人々の営みを追うのがずっと難しくなる。その代わり、45億年かけて自然がゆっくりながらコツコツと大陸に刻んできた地質学上の特徴があらわになる。あまり知られていない地域も、宇宙から見るとため息が出るほど美しい。カムチャッカの火山、パタゴニアの氷河、サハラ砂漠、そしてカザフスタンや中国の秘境の山々などは、今でも心に浮かぶ。

地球という惑星は文句なしに美しい。あえて選ぶとしたら昼間の地球。まさに青い宝石だ。真っ黒な宇宙空間とは対照的に、生命のオアシスが光り輝いている。

月まで行ったアポロの宇宙飛行士たちのように、宇宙のはるか遠くに行けば、「故郷である地球」の景色はもっと尊いものだったに違いない。

Q ISSから地球の大気は見えますか？

A　宇宙から地球の大気は見える。しかしはじめて大気を見た時は、静けさ、畏怖、驚異と

大気圏の厚さ

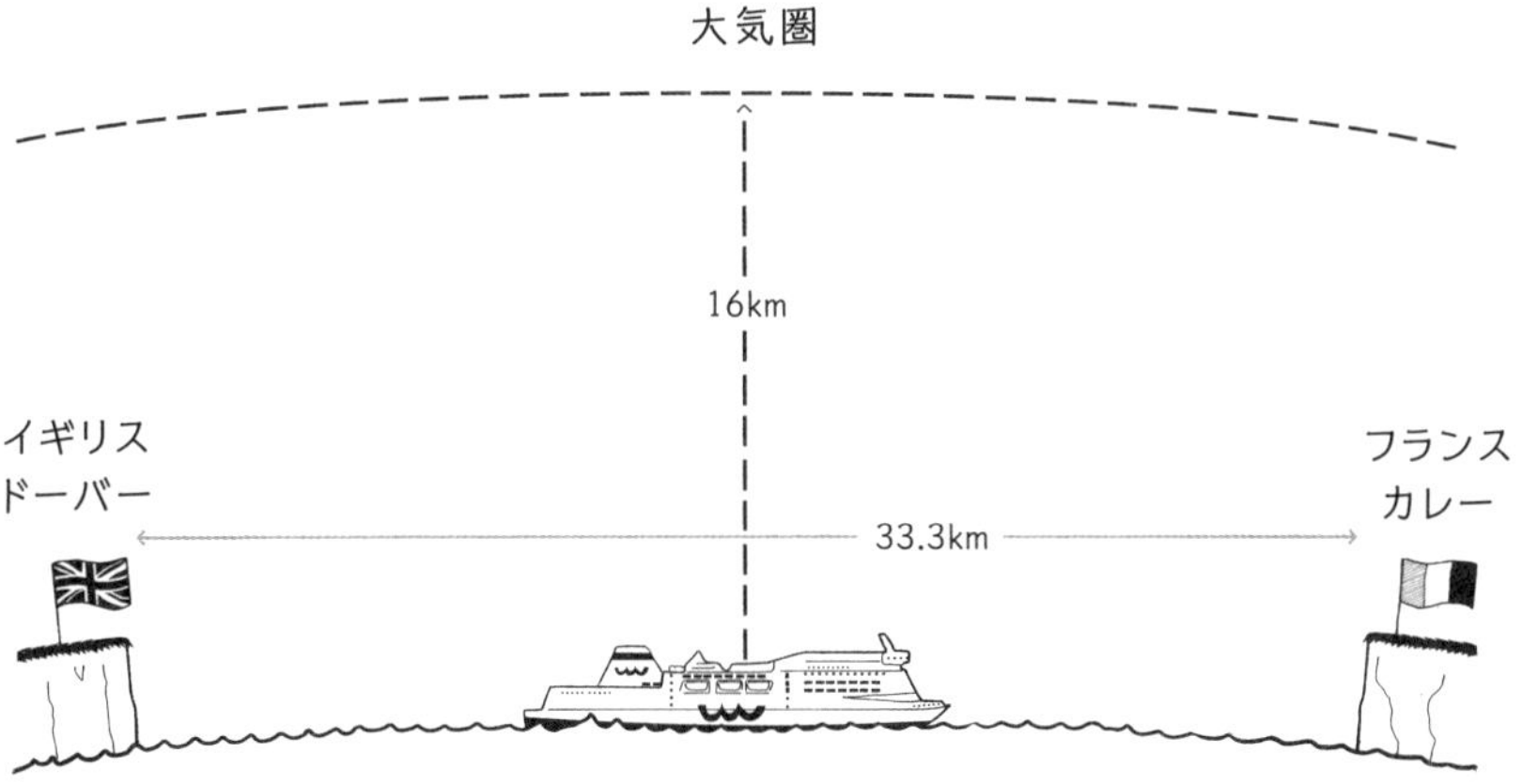

大気圏の厚さ=イギリス海峡のおよそ半分

いった地球をはじめて見た時のような印象はもたなかった。

どう感じたかって？「これだけ？マジかよ！　地球上に生命が存在できるのは、この薄いガスの層のおかげなのか！　薄すぎる！」といったところ。

地球の大気は本当に薄い。地球をサッカーボールとするなら、大気は紙切れ1枚の厚さ。空気のほとんどは高度16kmまでの帯状の領域にふくまれている。つまりイギリスのドーバーからフランスのカレーまでの海峡の距離、33・3kmの半分もない！

昼間に大気を見るには地球の曲線と宇宙の暗闇が接するところ、つまり地平線に目を向ける必要がある。

大気はとても薄い帯状で、地球の表面

に比べて白く見える。そこから徐々に明るい青から濃い青になり、ついには宇宙の暗闇と混ざりあう。空が青く見えるのは、大気の分子が太陽光の青の成分を散乱させるからだ。この現象は、レイリー散乱と呼ばれる。

地球をまっすぐ下か斜めに見おろすと、大気は見えない。ありのままの色の地球を見ることになる。だが雲、気象状況、火山灰、砂嵐も見え、下界ではとても活発な大気があることを思い起こさせる。

ある日、地中海を眺めていて驚いた。巨大な砂嵐がサハラ砂漠から南フランス、スペイン、ポルトガルへと広がっていたのだ。地球をまわりながら観察していると、砂嵐が地平線に起こる時、太陽が細かい砂に反射し、その部分の大気がオレンジ色にかすんだ。

夜間、大気はほんの上の部分しか見えない。緑がかったオレンジ色の光の筋で、何度か写真に収めることができた。この視覚効果は大気光[3]と呼ばれ、大気上層部のかすかな発光によって生じる。冷光現象[4]や化学発光[5]、あるいは日中の太陽光による光イオン化された原子の再結合といったさまざまな反応がこの大気光を生み出す。

大気光は大気の上層部で起こるため、夜間に地球の大気圏を見ると昼間より厚く見える。地球の大気は宇宙から見ると美しいが、とてつもなく薄く、はかなげだ。生命を維持するこの尊いガスの帯に、私たちは気を配っていくべきだろう。

Q 宇宙から地球を見て、まだ行ったことのない場所で、行ってみたいと思ったのはどこですか？

A　幸い地球上の美しい場所はたいてい訪れた。私は痛い目にあうのが嫌いではない。寒くて険しく、辺鄙《へんぴ》なところへ冒険しに行くほうが好きだ。

思い出に残っている旅は、オペレーション・レイリー[6]というボランティア団体主催で、19歳の頃、アラスカに3か月行った時のこと。

レイリーは持続可能な開発を行う慈善団体で辺鄙な地域で活動している。天然資源の管理や、清潔な水とトイレの確保、環境保護など、地元のコミュニティを支援している。

こうした貴重な貢献に加え、探検プログラムを実施していて、冒険と科学的調査を通して自信とリーダーシップを身につけるすばらしい機会をボランティアに与えている。

このアラスカでの体験は忘れられない思い出となっていた。宇宙に滞在中、アリューシャン列島[7]を通るたびに、カメラをにぎる力が増した。キューポラ[8]の窓から眺めるアラスカの山々や氷河、ゴツゴツした海岸線の美しさなど、思い出の小径をたどるようだった。

10代の頃の雄大な自然との出会いが、行ってみたい5つの場所に影響をおよぼしている。

南アメリカのアンデス山脈（11ページ、写真29）

3　71ページ。

4　ルミセンス。宇宙線が大気に突入して生じる。

5　酸素と窒素がイオンと反応して生じる。

6　現、レイリー・インターナショナル。

7　アメリカのアラスカ半島から、ロシアのカムチャッカ半島にかけ、約1930㎞にわたってのびる列島。

8　108ページ。

ロシア極東部、カムチャッカ半島の火山（12ページ、写真30）
中国のナム湖[9]（12ページ、写真31）
カナダ、ブリティッシュコロンビア州のコースト山脈（13ページ、写真32）
カザフスタン、アルマトイ州のアラコル湖（13ページ、写真33）

Q 宇宙から飛行機や船は見えますか？

A 見ようと思えば見える。だが宇宙から肉眼で小さな物体を見るのはかなり難しい。並はずれて目のいい人の解像度は、およそ角度1度の60分の1。計算してみると、４００km離れた場所では、その人の目の最小解像度[10]は１１６ｍということになる[11]。つまりＩＳＳから地球上の物体の形を認識するには、その物体が１１６ｍより大きい必要がある。だが実際はもっと複雑だ。形が確認できなくても見えないわけではない。

物体の明るさも、見えたかどうかの決め手となる。たとえば澄みきった夜なら、10m以下の大きさの小型人工衛星が、１０００km以上も高い軌道を通り過ぎていくのが見える。人工衛星が太陽光を反射して光っているからだ。

宇宙から大きなコンテナ船や飛行機を目にしたいのなら、正確にどこを見るか知っておく必要があるだろう。まず船の航跡や飛行機雲を見つけ、その痕跡をたどって発生元を見つけるという方法だ。

つまり私より目のいい人が見つける気満々で目をこらせば、点のような船や飛行機がわかるかもしれない。

夜間には時々、船が真っ暗な大海に浮かぶ小さな光源として目立つことがある。たとえばタイランド湾の釣り船は、緑のスポットライトを海の中に向け、広く海を照らす。光でプランクトンをおびき寄せ、それを狙ったイカをとらえるのだ。宇宙から見ていると、人間以外の生命体が海の深みからあらわれるのではないかと思える。


もっと簡単にＩＳＳから飛行機や船をとらえるには、カメラの望遠レンズを使うといい。さまざまな焦点距離が選べて、拡大した画像が撮れる。４００㎜よりも大きなレンズなら、飛行機や船をとらえることが可能だ。

５００㎜レンズでベルギーのアントワープの港を写したが、コンテナ船がはっきりと見えるばかりか、その上空を通過する飛行機も写っていた。飛行機雲がはっきりと見え、先に飛行機の小さな白い輪郭が認識できた。

ＩＳＳには手ぶれ修正機能つきの双眼鏡もあり、接近してくる宇宙船を見るのに便利だ。ちなみに望遠鏡はない。

9　中国チベット自治区内にある湖のひとつ。モンゴル語ではテングリノール（天の湖）と呼ばれる。

10　スクリーンの最小ピクセル値と同じようなもの。

11　半径40万mの円周は２５１万２０００m。１度の60分の１の弧の長さは２×１８０×60分の１なので１１６mになる。

Q オーロラの写真は肉眼で見るのと同じように写りますか？ それとも鮮やかになりますか？

A　オーロラを撮影する時は露出０・５秒、ＩＳＯ感度を６４００に設定すると、色や彩度という点で、肉眼で見ているものに極めて近い画像が撮れる。
ただし、がっかりさせて悪いが、肉眼で見るほうが壮観だ。オーロラの神秘的なうねりや波打つさま、夜の軌道でもっとも暗いところから朝が近づいてくるまでの彩度と色の変化は、カメラではとらえきれない。

Q ＩＳＳから恒星や惑星は見えますか？ 地球とは見え方が違いますか？

A　もちろん、恒星や惑星は見える。地上からは「キラキラ光る」星明かりとして見えるのに対し、宇宙からは光りっぱなしの光源としてはっきりと見える。
地上では、地球の大気の乱れが「キラキラ」を生み出し、光をさまざまな方向へ屈折させるため、宇宙から見るのに比べ、はっきりとは見えなくなる。

世界の天文台の多くが山の上にあるのもこれが理由だ。光が通過する大気の量を軽減しようとしているのだ。光害が少なくてすむのも山の利点だろう。

ＩＳＳの窓の外に大気はないので、地球から見るよりも惑星はわずかに明るいように思う。木星、火星、金星は確かにそう見えた。

私は地球の向こうにのぼってくる金星や木星、火星、土星を写真に収めた。ＩＳＳのほとんどの窓は地球を見おろす位置にあるため、地平線からのぼったり沈んだりする惑星は見えても、ＩＳＳの天井側に位置する惑星を見るのはかなり難しい（この本では金星が太陽より少し前にのぼってきた写真を紹介している。11ページ、写真28）。

宇宙で物体どうしの距離がどれくらいあるのか判断するのもおもしろい。大気の干渉がほぼないため、遠く離れていても物体ははっきりと見える。

ミッション中、シグナス補給船[12]が物資補給をおえてＩＳＳから分離され、かなたに消えていく様子は、目をみはるような光景だった。もちろん離れるにつれて小さくなるが、距離が離れてもその姿は驚くほど鮮明で輪郭がはっきりと見えた。そのため、実際にどれくらい離れたかを判断するのが難しかった。

Q 写真によって、宇宙が真っ暗で恒星も惑星もないように見えるのはなぜですか？

A 宇宙から撮影した昼間の写真で恒星が見えないのは、太陽に照らされた手前の物体、地球やＩＳＳ、私の宇宙服などが、背後にある恒星の何千倍も明るいからだ。

12 68ページ。

地球があまりにも明るいため、恒星やほかの惑星からの光は全部でないにしてもほとんど圧倒されてしまう。昼間の撮影で使用する短い露出時間では十分な光を集められないため、恒星の姿は見えないわけだ。

私たちの目の働きもカメラの絞りと同様の仕組みになっている。虹彩[13]は瞳孔[14]の大きさを調節して、網膜に入る光の量を調節する。明るい日中には、網膜は目に入る光の量を制限しようと収縮している。宇宙では日中、太陽光がギラギラとまぶしすぎて、人間の目では遠くの恒星からのかすかな光をほぼ識別できない。これは地球にいても同じことで、日中に恒星が見えるとはだれも期待していない。

宇宙では昼間でも空が真っ暗だが、恒星が見あたらないのが不思議でならなかった。私たちは空が暗いと恒星が見えることに慣れているからだ。

一方で夜になると、瞳孔は拡張し、より多くの光が目に入るように調節する。加えて、網膜の桿体《かんたい》[15]細胞がもっと反応する。このため、太陽ほど明るくはない恒星も見えるようになる。満月の明るい夜空と新月の暗い夜に見える星の数を比べてみればわかるだろう。

宇宙で恒星や惑星の写真を撮るには、ＩＳＳが太陽からの光を遮る地球の影に入るのを待つ必要がある。カメラのセンサーが十分な星の光をとらえられるよう露出時間を１～２秒と長くセットする。露出時間を長くするとブレるおそれがあるので、カメラはしっかりとにぎって固定しなければならない。私はマジックアームというアクセサリーを使い、カメラを望んだアングルに、しっかりと固定して撮影した。

地平線からのぼる天の川の写真、オーロラのコマ撮り写真、夜の地球や激しい雷雨など、宇宙から撮ったお気に入りの写真は、この方法で撮影したものだ。

Q 宇宙から地球を見たことで、この惑星や人生についての見方は変わりましたか？

A　これはすばらしい質問だ。一番よく聞かれる質問でもある。宇宙から地球に戻るのは、母校の小学校を訪ねるのにちょっと似ているような気がした。

小学生はごくかぎられた世界に住んでいる。家庭と学校が生活の中心で、触れあうのは家族と友だちだけ。この時期には、学校での経験が大きく影響する。だが成長するにつれて外の世界に触れ、見方が変わってくる。

宇宙へ行くことで確かに世界は広がる。以前よりも地球に感謝するようになり、親しみを覚える。おかしな話だが、行ったことのない国でもよく知っているような気がする。

ＩＳＳでの毎朝の日課は、その日の軌道を確認し、地球のどのあたりの写真を撮れるかチェックすることだった。ヒマラヤ山脈、バハマ諸島、アフリカ、アラスカ、インドネシアなど、名前がスラスラ出るばかりか、それぞれの土地の特徴が驚くほど鮮明に浮かぶ。渓谷と

13　角膜と水晶体の間にある薄い膜。瞳孔の大きさを調節して網膜に入る光の量を調節する。瞳孔はカメラの絞りの開口部に相当する。

14　目の中央の開いている部分。

15　視細胞の一種。光に対する感度が高い。

氷河、火山の島々、山脈、川など、しっかり記憶に刻まれている。

私がはじめてISSに到着した時、船長の[16]スコット・ケリーはすでに9か月滞在していた。彼にとっては2番目に長いミッションで、4回目の宇宙飛行だった。

ある日、窓から外を眺めながら世界の主要国をほぼ識別できていることに気づき、自分を誇らしく思っていると、スコットが浮遊しながら横ぎり、「ソマリア沿岸にはいいビーチがあるよ」と言った。彼のレベルまで地球を知りつくせたかはわからないが、この出来事から半年経つと認識できない地域はかなり少なくなっていた。

とはいえこの惑星に関する新しい知識は、かなり厳しく地理学の指導を受けたおかげかもしれない。だが私の経験は、地球上の地域を識別できるようになっただけではない。宇宙から地球を見ると、太陽系、天の川、そして宇宙からでさえも、自分の立ち位置についての気づきと理解という感覚が生まれる。

[17]過去の宇宙飛行士の多くが同じ感覚を報告していて、概観効果と呼ばれている。軌道上や月面から地球を眺めているうちに、ものの見方が変わることに気づくのだ。

とはいえ４００㎞離れたところから地球を見た私の経験と、アポロ飛行士の経験を比較するのはいささか無謀だろう。彼らは地球から40万㎞近く離れ、宇宙船の窓のほんのわずかな場所を占める円盤として地球が見える場所まで旅をしたのだ。

地球から離れた距離だけではなく、時間も概観効果の一因になる。確かに私は宇宙で過ごすうちに、壊れそうな小さい故郷に対し、新たな見方と感謝の気持ちが生まれた。モンティ・パイソンの『銀河系の歌』[18]は、私の説明よりもずっとうまくこの感覚を表現している。聞いたことがないのならぜひ。人生にちょっとした視点が加わるはずだ。

Q 宇宙に匂いはありますか？

A これは私のお気に入りの質問だが、答えるのは難しい。答えはイエスだ。宇宙に匂いはある。ただどういう匂いなのか判断するのがとても難しい。

いろいろな場面で宇宙の匂いをかいだ。はじめはＩＳＳに到着して数日後、ティム・コプラ[19]とスコット・ケリー[20]が船外活動（ＥＶＡ）から戻るのを手伝っている時。その後も宇宙の真空空間にずっとさらされていたクエスト[21]を開けると、いつも強い独特の匂いがした。

小型衛星の発射や、何か月もＩＳＳの外にあった実験装置を回収する際には、日本のモジュール[22]のエアロックを使用するが、その時も同じ匂いがすることに気がついた。

その不可解な匂いは宇宙飛行士たちのおしゃべりのテーマになった。ステーキ、熱した金属、溶接の煙、バーベキューのほか、真空と激しい温度のサイクルにさらされた宇宙服、部品から蒸発して排出されたガスの匂いじゃないかという意見もあった。

16 72ページ。

17 サウジアラビアの宇宙飛行士、スルタン・サワードは、１９８５年にスペースシャトル（31ページ）で宇宙へ飛行し、「最初の１、２日はみな自国を指し、３、４日は自国のある大陸を指し、5日目はだまり、そこには地球があった」と報告している。

18 モンティ・パイソンはイギリスのコメディグループ。１９８３年に発表したこの曲の歌詞には、天文学的事実や数値が織り込れている。

19 28ページ。

20 72ページ。

21・22 １０８ページ。

だが私はまったく同じ匂いを何度か、再与圧したからっぽの日本のエアロックの中でかいだことがある。私は宇宙の匂いは静電気の匂いに似ていると思う。たとえばシャツやジャンパーを脱ぐ時、大きくバチッと静電気が起こることがあるが、その時の焼けた金属のような匂いだ。

実際、みなさんが静電気の匂いだと感じるのは十中八九オゾンだろう。オゾンは高エネルギーの紫外線[23]が酸素分子（O^2）に衝突し、ふたつの原子（２O）に分離させる時に自然発生する。酸素原子は自由になり、ほかの酸素分子と結合してO^3、つまりオゾンになる。

しかしオゾンは地球の上空20〜30km近辺の成層圏の低層に存在し、高度４００kmにはない。

では、なぜ宇宙でその匂いがするのだろうか？　そう、原子状酸素（O）は宇宙にも存在するのだ。事実、高度１６０〜５６０kmの間では、かすかな大気の中に原子状酸素が約90％含まれている。宇宙にさらされている時、原子状酸素がエアロックに入り込み、再与圧の際にＩＳＳからの空気の酸素分子と反応し、オゾンが発生するのかもしれない。

一番そそられるのは、死にゆく恒星の残り香という説だ。宇宙空間ではきわめて多くの燃焼が起きている。恒星はほとんど水素とヘリウムガスで、核融合反応が原動力となり、何十億年も生き続ける。最後に水素燃料が使い果たされ、恒星は崩壊し、激しい超新星爆発[24]を起こす。その間により重い元素である酸素、炭素、金、ウランなどが生成される。このすさまじい燃焼は、多環芳香族炭化水素という芳香を放つ混合物を生み出し、これらの分子は宇宙に広く行きわたって永遠に漂うと考えられている。

ということは、私たちはエアロックに鼻を突っ込んだ時に、もっとも古い恒星たちの残り香をかいでいたのか？　どうだろう？

いずれにしろ、私にとっては心地よい匂いだ。炭火でソーセージを焼く、イギリスの夏のバーベキューを思い出していた。

Q 宇宙はうるさいですか？

A　宇宙の真空空間を音は移動できない。音波は固体でも液体でも気体でも、伝搬するものが必要だ。もちろん地球上ではたいてい、空気中を伝搬してくる音を聞いている。

音は振動だ。粒子が振動して近くの粒子と衝突し、聞き取れる物理的な波として音を伝える。地球低軌道の希薄な大気中では、衝突を起こすほど粒子は多く存在していない。

宇宙の真空空間でこれを検証するのはおもしろい。たとえばＥＶＡの際に、金属製の安全索[25]のフックでＩＳＳ本体の金属部分を軽くたたいてもなにも聞こえない。地球では金属どうしがぶつかれば大きな音がするだろう。

ただ宇宙服の中は静かではない。それどころか宇宙服は生命を保つために懸命に働いていて、ポンプ、送風機、空気の流れ、そのどれもがそれなりの音を出す。ヘルメットの下には

23　太陽、稲光あるいは静電気から発生するもの。

24　質量の大きな星が恒星進化の最終段階で起こす爆発。

25　２１６ページ。

ヘッドセットとマイクをつけた通信用キャップをかぶっていて、騒音軽減機能もついている。宇宙の真空空間での作業は、静寂の中で行われてはいない。

ＩＳＳ内部では通信用キャップをかぶる必要はないが、換気用ファン、ポンプ、電気機器などがたくさんあり、どれもがかなりの騒音だ。モジュール間を行き来している時はこういった変化にあまり気づかなかった。

例外はだれかがトレッドミル（Ｔ２）[26]で運動をしている時だ。自分を追い込み、猛烈なスピードで走ると、Ｔ２は85デシベルというすごい騒音を出す。聴覚保護の基準を超えている。

戦闘機のパイロットは、最新ジェット機のコックピット内で約80デシベルの騒音に見舞われるが、通常の聴覚保護器具でしのいでいる。

走行器で運動する宇宙飛行士は、特別仕様の聴覚器具をつけ、音楽を聴いたり、ノートＰＣでテレビ番組を見たりしてＴ２の騒音を防いでいる。

ＩＳＳのほかの場所は一般的にもっと心地よく、忙しいオフィスと同じレベルの50～60デシベルほど。クルーの個室は壁やドアに防音材が使われているため、騒音はさらに軽減され、およそ45～50デシベルだ。

Q 宇宙に重力はありますか？

A　宇宙に重力はない、つまり無重力だとよく誤解されている。だが、重力はある！

　偉大なるアイザック・ニュートンは1687年、[27]万有引力の法則について論じた書を刊行した。リンゴの発見のすぐあとだと思われる。

　彼は重力を力として説明し、宇宙において粒子はほかのすべての粒子を引き寄せると述べた。その力はふたつの物体の質量の積に比例し、両者の距離の二乗に反比例する。

　つまり、ふたつの物体が引き寄せあう力は両者が離れると急激に減るが、完全になくなるわけではない。こういった意味で、重力は宇宙にも存在する万物を結びつける力だ。

力は把握するのがとても簡単だ。太

26　14、178、298ページ。

27　『プリンシピア　自然哲学の数学的原理』。

陽の引力で惑星たちはその軌道を保っていること、地球の引力で月はその軌道を保っていることがわかる。

しかし１９１６年、もうひとりの天才、アインシュタインが一般相対性理論を発表し、状況は複雑になった。

彼の理論は重力と大きく関わる。その要点はこうだ。私たちはもはや重力を力として理解せず、時間と空間のひずみとしてとらえている。物質は時空を曲げ、宇宙の形をひずませる。粒子が宇宙空間を、この曲がった時空を通って移動する。この効果が重力だ。

ニュートンの法則は多くの場合、重力効果に近似する。しかし究極の正確性を求める時、あるいはとても強い重力場を扱う時は、アインシュタインの相対性理論が必要だ。

とにかく重力を感じずに宇宙空間を移動することはできない。ＩＳＳにいるクルーは、太陽や太陽系のほかの惑星、天の川銀河の真ん中にある巨大なブラックホール[28]の引力の影響を受けているのと同じく、地球の引力の影響を確実に受けている。

要するにこの本を読んでいるあなたの体の質量も、時空をほんの少しひずませ、ＩＳＳの軌道に影響を与えているわけだ。まあ、かなり小さな影響だが。

重力をめぐる話はまだ決着がついていない。アインシュタインの一般相対性理論は現在、実験の段階で、科学者たちは重力波と重力子を探し求め、重力は光の速度で宇宙を伝搬するという概念を構築中だ。

Q ISSでは、なぜ体重がゼロになるのですか？

A　ＩＳＳはまわりのものと同じ速度で落ちているため、体重がゼロの無重力に見える。そのため、宇宙で体重計にのってみたとしても、体重計も一緒に落ちているので体重を量れない。ダイエット中の人にはうれしいニュースだろう！

地球の周囲を高速でまわっていると（時速約2万7６００㎞）、地球の重力から逃れることはない。その代わり、地球のほうへ落ちていくと、地球の形状は私たちの下方でカーブするため、決して近づくことはない。落下率は地球のカーブと正確に合致し、私たちは地球の周囲をぐるりと「落ちて」いく[29]。ＩＳＳもその中にあるものもすべて同じ落下率であるため、浮遊して体重ゼロに見えるのだ。これは無重力状態と呼ばれる。

では地球の周囲で常に自由落下していないとしたら、ＩＳＳの私たちの重さはどれくらいだろうか？

ＩＳＳと同じ高度、高さ４００㎞のタワーを建てて、体重を量ることを想像してみよう。興味深いことに体重は地上で量った時の89％もある。ゼロではない！

高度４００㎞地点は地球にかなり近く、地球から感じる重力加速度（Ｇ）は地表に立っている時に感じる89％だ。体重は質量とＧをかけ算して出す。４００㎞のタワーの頂上では、地球のＧはそれほど弱まらないため、体重もそれほど変化しない。

28　射手座Ａという。

29　自由落下運動のこと。

続いてタワーの頂上に行くエレベーターに乗ったところを想像してみよう。もし、ケーブルがぷつんと切れて地上に逆戻りしたら、空気抵抗は無視してエレベーターの中で自由落下し、宇宙飛行士がＩＳＳで経験するのと同じ無重力状態を楽しめる。ただし、地面にたたきつけられるまでだが！

Q 宇宙ではどうやって体重を量るのですか？

A こういう疑問がわくのは当然だ。宇宙ではじかに体重を量れない[30]。自由落下状態にあるため、体重は必然的にゼロになるからだ。だが質量はわかる。質量を測定すれば、地上だったらどれくらいの体重か割り出せるのだ。

これにはロシア製の身体質量測定装置（ＢＭＭＤ）を用いる。圧縮したバネがついていて、ちょっとホッピングに似ている。

宇宙飛行士はまずＢＭＭＤに体を巻きつけ、しっかりつかんでバネをはずす。機器が振動数を測定している間、体は静かに上下に動く。最初にＢＭＭＤの目盛りを正しく調整し、バネの硬さを考慮することで機器は宇宙飛行士の質量を測定する。３回測定して平均値を出すが、それぞれの値は０・１kg以内の範囲に収まる。ＢＭＭＤは正確だ。

宇宙飛行士は通常、宇宙にいる間、毎月「体重」を測定する。これは愛情を込めて、「ロバに乗る」と呼ばれている。

Q ISSに隕石やスペースデブリ[31]がぶつかるリスクはありますか？

A　ＩＳＳには、実際、デブリの小さな粒子がしょっちゅうぶつかってくる。

スペースデブリには、自然のデブリ（微小流星体）と人工のデブリ（人造物）があり、微小流星体は太陽のまわりを、人工デブリは地球のまわりをまわっている。

たいていの場合、深刻な影響はない。宇宙飛行士が生活し働く場であるＩＳＳの与圧モジュール[32]などは特別なシールド[33]でしっかり守られているからだ。だがもっと大きなものがぶつかったら、損傷するリスクがある。

その証拠はＥＶＡ時に目にする手すりにある。スペースデブリがぶつかった小さなへこみができているのだ。その縁はめくれて鋭くなっていることが多い。この鋭い刃のような突起にグローブを引っかけて穴を開けないよう、宇宙飛行士は用心しなければならない。

また、キューポラ[34]の窓の１枚がデブリの衝突で損傷を受け、小さな傷が残ったこともある。朝、起きたら窓ガラスの表面が欠けていた。嫌な話だが、被害は思ったよりひどくない。キューポラの７つの窓は、石英とホウケイ酸ガラス[35]でできた４層からなり、全体の厚さは７㎝以上で、破片が最初の層を突きぬけることはまずないからだ。

問題は超高速で移動するデブリは、小さくても深刻なダメージを与えることだ。キューポ

30　２５１ページ。
31　20ページ。
32　１０８ページ。
33　２５５ページ。
34　１０８ページ。
35　シリカ（ケイ土）と酸化ホウ素から作られ、とくに熱の衝撃に強い。

ラの傷は、直径1000分の数㎜の塗料の細片か小さな金属の破片によるものと推定されている。そんな小さなものではなく、直径10㎝のものだったらどうなるか想像してみてほしい。そう、大打撃だ！　ISSに突入し、粉々に打ち砕くだろう。

幸いなことに、運用管制センターには衝突のリスクがあると警告してくれるエキスパートがいる。ISSの前方に、1・5×50×50㎞大のピザの箱のような架空の侵入禁止ゾーンが設けられていて、デブリが侵入してくると衝突のリスクありと判断する。

アメリカの宇宙監視ネットワークや欧州宇宙機関（ESA）のスペースデブリ・オフィス[36]など、地上のレーダーシステムが約2万3000個のスペースデブリを追跡している。

衝突のリスクが高まるとISSはデブリ回避移動（DAM）を行い、ロシアのモジュールにあるスラスター[37]か、ドッキングされているソユーズ宇宙船のスラスターを噴射してISSの軌道を変えて衝突を避ける。

だが通常、回避行動を計画し、実行するには約30時間かかる。もしデブリの発見が遅すぎてDAM実施が間にあわない場合、クルーたちはあらゆるモジュール間のハッチを閉め、ソユーズ船内に退避し、衝突のリスクが過ぎ去るまで待つ。

直近でこのシェルター退避作戦が実施されたのは2015年7月のこと。90分後に衝突の可能性ありという警告[38]を受けたのだった。

残念なことに衝突リスクが未確認というブラック・ゾーンがある。直径1㎝以上のデブリならＩＳＳに大惨事を引き起こし、生命を脅かす可能性が発生するが、直径1～10㎝のデブリは追跡が困難だ。ＩＳＳが一番危険な状態になるのはこの範囲のデブリによってだというのに。それらは宇宙飛行士の一日を台なしにするかもしれない。

観測とコンピュータモデリングによると、地球のまわりの軌道には、1～10㎝の「宇宙の弾丸」が72万５０００個あると推定されている。

Q スペースデブリがＩＳＳにぶつかったら、どうなりますか？[39]

Ａ　たとえば大きめの直径２㎝の物体がＩＳＳにぶつかったと想像してみる。
防御の第一陣は、微小隕石および軌道上デブリ（ＭＭＯＤ）シールドだ。使用素材、質量、厚さ、容積の異なる、数百にもおよぶＭＭＯＤシールドがＩＳＳの各所を守る。

代表的な防御陣は、ホイップルシールドとスタッフィングホイップルシールドだ。このふたつの防御陣の基本原理は、アルミニウム製のバンパーを設けるというもので、デブリが最初にあたる。衝撃をいくらか吸収することに加え、デブリを小さな破片に破壊するよう設計されているので、与圧されたモジュール本体を貫通する可能性は減る。

バンパーと本体の間は、破壊された破片を広い範囲に散らすように、できるだけ離れているのが理想だ。スタッフィングホイップルシールドはこの間隙に、防弾着に使われるセラミック繊維とケブラー繊維が多層で加えられている。

36　ドイツのダルムシュタットにある。
37　68ページ。
38　古川聡宇宙飛行士が搭乗していた２０１１年には、ソユーズ宇宙船への退避まで行った例もある。
39　20ページ。

欧州の[40]コロンバスは、[41]ＩＳＳの先頭にあり、より高いデブリ衝突のリスクを負っている。しかしシールド質量を増やし、間隙を長くしても、直径２㎝のデブリが与圧室に突き入るのを防ぐことはできない。

クルーが最初にこの事故を知るのは、船体に突入する強い衝撃波から起こる、大きな爆発だ。もしだれかが不運にもそのモジュールにいたら、突入してきたデブリの破片と砕けた[42]内部モジュールの破片がいっせいに飛んでくる前に、激しい閃光を見るだろう。

アルミニウムの破片の一部は激しく燃え、衝突によって起きた熱は火災のリスクにもなる。船内貫通は通常、急な温度変化をともない、気圧はさがる。だから霧が発生する。貫通が大規模の場合、一気に亀裂が走り、モジュールはジッパーのように開いて完全に壊れる。そんな劇的な破壊が起きたら大惨事だ。仮にモジュールが、ある程度形状を保ってもＩＳＳの気圧は猛烈な速さでさがりはじめ、クルーは耳がポンとなるのを感じるだろう。

こうした非常事態に備え、急速減圧に対する訓練が長時間行われる。先に述べたケースでは、どのモジュールが被害を受けたかすぐにわかる。この場合、ただちにハッチを閉め、該当モジュールを封鎖し、ＩＳＳ全体が真空になるのを防ぐ。

実はこれに似た状況が１９９７年６月25日、[43]ミールで発生している。だが急速減圧はスペースデブリの衝突ではなく、接近中の[44]プログレス補給船との衝突が原因だった。

[45]ワシリー・ツィブリエフは、ビデオ映像と[46]レーザーレンジファインダーを用い、補給船を

遠隔操作してドッキングさせるよう指示されていた。問題はほかのクルーがプログレス補給船を窓から見つけられなかったことだ。レーザーレンジファインダーを見て距離を報告しないと、プログレスとの距離はわからないままで、どれくらいの速度で接近しているのか算出できない。ビデオ映像だけでは停止速度を判断するには不十分だった。

ツィブリエフがプログレスの急速な接近に気づいた時にはもう手遅れで、緊急ブレーキをかけたが、プログレスは轟音を立ててミールと衝突して破損し、制御不能になった。

衝突した場所を見て、ツィブリエフは気密漏れが発生したのは[47]スペクトルモジュールだとわかった。しかしそのモジュールには、簡単にハッチを閉鎖する機能がなかった。クルーは数分かけてハッチをまたぐケーブルを切り、ミールの残りの部分を救うためにハッチを締めて該当モジュールを閉鎖した。大惨事に近いこの事故は教訓になった。

現在、ISSの各ハッチは、数秒で閉じるように設計されている。通常、ケーブルやほかのものがハッチを通して敷設されることはない。それが避けられないところでは、[48]迅速分離という方法が用いられ、ハッチは最低限の遅れで閉鎖される。

急速減圧に際し、クルーは厳密な手順で対応する。まず全員を確認し、安全な避難場所に集まる。そして問題を対処する時間がどれくらいあるかをはじき出す。つまり気圧の低下がISSからの完全撤退を余儀なくするまでの猶予時間だ。

次にソユーズ宇宙船の健全性をチェックし、続けてどのモジュールから漏れているかを確定する。ゆっくりとした漏れは見つけにくいかもしれないが、各ハッチを順次閉鎖して、気

40　108ページ。

41　日本の実験棟きぼう（108ページ）も同じく先頭を走っている。

42　スポレーションという。

43　69、118ページ。

44　64ページ。

45　ウクライナ系ロシア人の宇宙飛行士。

46　距離測定器。

47　ロシアのミール宇宙ステーションの5番目のモジュール。大気および地表観測装置などを搭載。

48　QDと呼ばれ、いざという時に瞬時に切り離しができる。

圧がさがり続けているか、一定かをモニタリングする。漏れている場所を見つけるまでISS全体を確認していく。もちろん避難船となるソユーズの位置を常に認識し、閉鎖したハッチで避難船から隔離されないよう細心の注意を払う。

Q [49]スペースデブリはどれくらい問題なのですか？

A　スペースデブリは大問題だ。自然発生する微小隕石に加え、ロケットのブースターや機能停止した衛星、小さな破片まで、過去60年間の7000回以上の打ち上げにより、人間は地球周回軌道上にスペースデブリをまき散らしてきた。1㎜以上のスペースデブリが1億5000万個もあるとされ、すべてが地表から数千㎞以内に存在している。

今日、衛星は「大きな空に、小さな弾丸で」という姿勢で打ち上げられるので、大きな衝突はないと考えるのは単純すぎる。デブリとの衝突は時間の問題だ。

2016年8月23日、[50]スペースデブリ・オフィスのオペレーターが、地球観測衛星センティネル1Aが電力低減になり、軌道をわずかに変えたことに気づいた。この衛星は運行3年の間にデブリとぶつかり、太陽電池パドルに40㎝幅の損傷を受けていた。

日常生活や国の安全保障のため、宇宙資産に頼れば頼るほど、こうした衝突の影響が深刻になる。デブリ衝突がもたらす被害に真剣に向きあうべきだ。

１９７８年、アメリカ航空宇宙局（ＮＡＳＡ）の科学者であるドン・ケスラーは、地球低軌道のデブリが高密度であることの危険性と、連鎖反応で次々と衝突が起きる可能性を示唆した。ケスラー・シンドロームと呼ばれ、２０１３年の映画『ゼロ・グラビティ』[51]の冒頭で、たくさんのデブリがスペースシャトル[52]とＩＳＳを破壊する場面として描かれた。

残念ながら、ケスラー・シンドロームはＳＦの世界のことではない。今日の異常接近の半分は、たったふたつの出来事から生じたデブリが原因となっている。

ひとつは２００７年、中国が自国の衛星を弾道ミサイルで破壊したこと。もうひとつは２００９年、アメリカの商業通信衛星が、すでに役目をおえたロシアの気象衛星と偶然に衝突したことだ。

こうした状況を把握しながら、ＩＳＳはスペースデブリ密度が比較的低い軌道に位置している。

軌道上の衛星の数は、次の10年で倍の１万８０００以上になると考えられ、問題は悪化するばかりだ。宇宙に対して責任をもつ国や組織はひとつもない。

とはいえ１９５９年に国連が設立した国連宇宙空間平和利用委員会（ＣＯＰＵＯＳ）に、現在は85か国が加入している。さまざまな国際機構、宇宙機関、政府がスペースデブリの問題について理解し、宇宙をきれいにしようと必死に取り組んでいる。

ＥＳＡはデブリ軽減のガイドラインを策定して実行する最前線にいる。宇宙そうじの手は

49 20ページ。
50 254ページ。
51 154ページ。
52 31ページ。

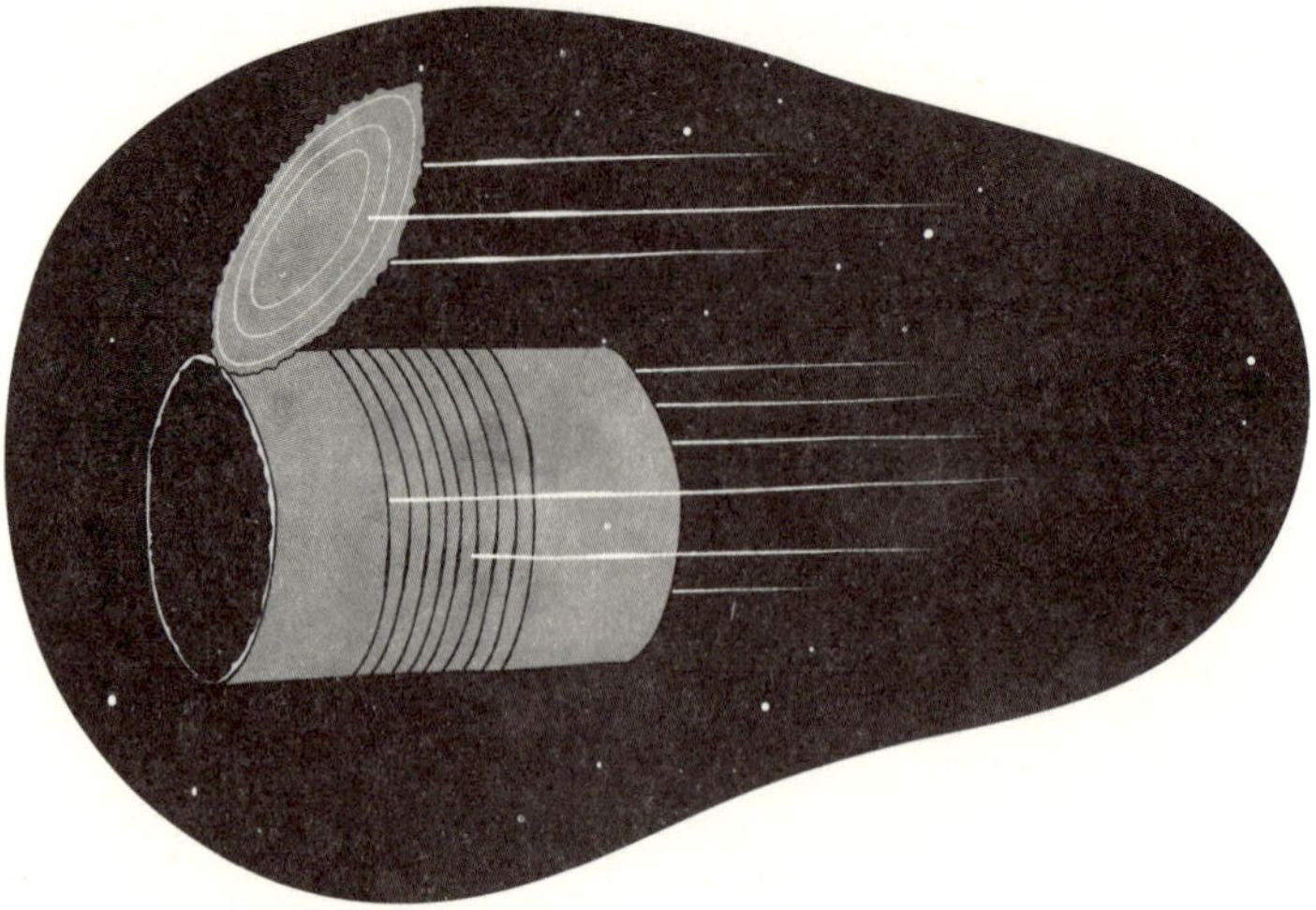

じめとして、今までにない積極的なデブリ除去作戦、e-Deorbitを計画中だ。ＥＳＡ由来の大型デブリをとらえ、大気圏に再突入させて破壊することを目的にしている。

アメリカの国防高等研究計画局（ＤＡＲＰＡ）は、軍事的な成果を利用し、地上に設置された90トンの宇宙監視望遠鏡を用いて、スペースデブリ追跡のよりよい方法を見つけようとしている。

この望遠鏡はターゲットを数千も追跡でき、アメリカ大陸よりも大きなエリアを数秒で探索できる。また連邦通信委員会[53]は２００２年以降、業務をおえた静止衛星を墓場軌道へ移動するよう要求している。

スペースデブリによって生じる脅威を軽減するには、まだまだやるべきことがある。私たちに野ばなしという選択肢はもはやない。

私の宇宙の移動距離

宇宙に私は１８６日いた。ＩＳＳは１日で地球を16周、厳密に言えば15・54周まわる。だから、１８６日×15・54周＝２８９０周した。

移動距離は速度×時間で算出でき、ＩＳＳの時速は2万７６００㎞だ。したがって、１８６日×24時間×２万７６００㎞＝１億２３２０万６４００㎞[54]移動したことになる。

宇宙から万里の長城やピラミッドは見える？　見えない？

残念ながら肉眼では見えない。挑戦してみたがダメだった！　でもどこを見ればいいかわかれば、焦点距離８００㎜のカメラレンズで撮影することはできる。

宇宙人とはじめて接触した場合、公式な手順はある？　ない？

この質問には笑った！　いい質問だ！　がっかりさせてしまうが、答えはノーだ。もし宇宙人がＩＳＳに近づいてきたらどうすべきか、そんな会議があったら参加したい！

しかし残念ながら、まだなさそうだ。

53　アメリカの連邦政府機関。国内の無線・有線通信事業の規制と監督を行う。

54　太陽と地球の距離のおよそ8割。

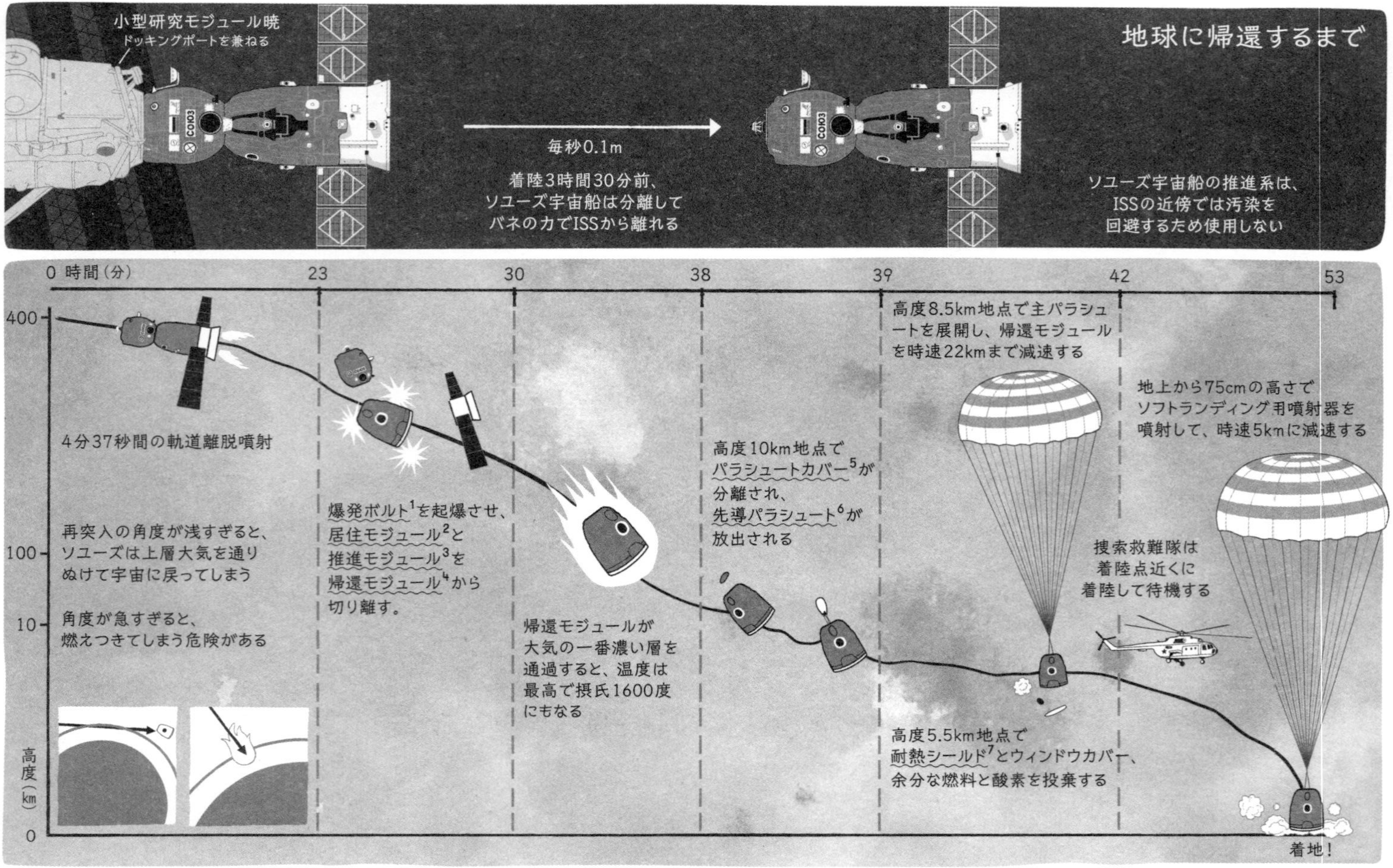

地球に帰還するまで
小型研究モジュール暁
ドッキングポートを兼ねる
СОЮЗ
毎秒0.1m
着陸3時間30分前、
ソユーズ宇宙船は分離して
バネの力でISSから離れる
ソユーズ宇宙船の推進系は、
ISSの近傍では汚染を
回避するため使用しない
0 時間（分）
23
30
38
39
42
53
400
100
10
0
高度（km）
4分37秒間の軌道離脱噴射
再突入の角度が浅すぎると、
ソユーズは上層大気を通り
ぬけて宇宙に戻ってしまう
角度が急すぎると、
燃えつきてしまう危険がある
爆発ボルト[1]を起爆させ、
居住モジュール[2]と
推進モジュール[3]を
帰還モジュール[4]から
切り離す。
帰還モジュールが
大気の一番濃い層を
通過すると、温度は
最高で摂氏1600度
にもなる
高度10km地点で
パラシュートカバー[5]が
分離され、
先導パラシュート[6]が
放出される
高度8.5km地点で主パラシュ
ートを展開し、帰還モジュール
を時速22kmまで減速する
高度5.5km地点で
耐熱シールド[7]とウィンドウカバー、
余分な燃料と酸素を投棄する
捜索救難隊は
着陸点近くに
着陸して待機する
地上から75cmの高さで
ソフトランディング用噴射器を
噴射して、時速5kmに減速する
着地！

第6章

地球への帰還

Q 地球へ戻ってくるまで、どれくらい時間がかかりますか？

A 国際宇宙ステーション（ISS）から地球への帰還はあっという間の旅だ。

2016年6月18日、午前5時46分（グリニッジ標準時、GMT[8]）。私と仲間にとってのISSでの半年の生活は、ソユーズがアンドッキング[9]したこの瞬間におわった。

同日の午前9時15分（GMT）、186日前に飛び立ったところからそう遠くないカザフスタンの大草原に降り立った。地球に戻るのにかかったのはわずか3時間半！　ロンドンとモスクワ間のフライトよりも短い。ほんの24時間前には宇宙でいつもどおりの朝を迎え、作業していたのに、地球に戻ってきていることがなんとも奇妙に思えた。

前日にはISS外に数か月放置された日本の実験で大忙しだった。菌類などの微生物が厳

1　火工品の一種で別名爆裂ボルト、爆砕ボルトとも呼ばれる。

2・3・4・5　49ページ。

6　大きな落下傘や袋を機体から引き出すために使われる小型パラシュート。ブレーキングパラシュートを引き出す。

7　159、267ページ。

8　23ページ。

9　離脱。

しい環境下でいかに生きのびるのかについての興味深い研究だ。それに加え、ベタベタとした[10]エアロゲルの中から、有機物を含有する極小隕石を見つける仕事もあった。このサンプルは[11]惑星間での生命移動の可能性を評価するのに役立つ。

[12]きぼうの[13]エアロックから実験機器を回収したあと、[14]ジェフリー・ウィリアムズと私はフル装備の保護服を着て、細心の注意を払いながら、貴重な科学サンプルをせっせとはずした。昼頃、作業はおわった。「さあ、そろそろ荷物をまとめて帰り支度でもするか。いよいよ、あと数時間でここを離れるのか」。

地球低軌道からは早く帰還できる。緊急時、ソユーズ宇宙船は救命ボートとなり、時間単位で地球に戻ってくる。

簡単そうに聞こえるだろう？　実際は宇宙飛行のすべての段階と同じく、宇宙船が地球へ下降するまでのプロセスも非常に複雑で、厳密に計画されている。そしてもちろん危険をともなう。人生でもっともスリリングな経験だろう。私にとってはまさにそうだった。

Q　宇宙から地球に戻る際、なにか特別な訓練や準備をするのですか？

A　もちろん。ミッションの最後の2週間は、地球への帰還に備え、多くのタスクがスケジュールに組まれている。もっとも重要なのは、ソユーズ宇宙船の安全な運航に必要なスキルと、地球へ向かって下降する際に起こりうる緊急事態への対処法を復習することだ。

ロシアのスターシティ[15]のシミュレーターで、最後に緊急訓練をしてから半年以上も経っていた。自然に反応できるまでスキルをたたき込まれたはずなのに、宇宙で6か月も過ごすと少しさびついているのがわかった。

降下についての手順やチェックリストを各自が復習するのはもちろん、私たちクルーは実際にソユーズに乗り込み、モスクワの運用管制センターの教官とやり取りしながら、ＩＳＳからの分離、下降、大気圏への再突入についてシミュレーションを行った。

ＩＳＳでかなり長く過ごしたので、ソユーズはとても狭く感じられたが、もうじき家へ帰るのだとはっきり感じた。

ソユーズの船内でもいくつかチェックすべきことがある。

宇宙飛行士は6か月の宇宙滞在で背が3％高くなる。172㎝と小柄な私でも5㎝ものびた。無重力状態では背骨にかかる負荷が減るからだ。背骨どうしの間が広がり、背骨まわりの腱や靭帯もゆるむ。

実は地球でも就寝時に同じことが起こるが、程度はもっと軽い。一般的に起きぬけは背が1㎝高くなり、日中に重力がかかることでもとに戻る。

打ち上げ前にソユーズの座席の型取り[16]を行う際、エンジニアはこの背骨の伸び率を考慮に入れ、頭の部分に数㎝多めにスペースを取っておく。

10 ゲル中に含まれる溶媒を超臨界乾燥により気体に置換した多孔性の物質。

11 パンスペルミア説。地球生命の起源はほかの天体から飛来したという説。

12・13 108ページ。

14 160ページ。

15 29ページ。

16 4ページ、写真7。

地球帰還の準備の一環としてこの座席を再度チェックする。ジェットコースター並みの再突入時に体がちゃんと防護されるように、フィット具合を確認する。

分離の3～4日前、船長の[17]ユーリ・マレンチェンコと[18]ティム・コプラがソユーズの電源を投入し、制御システムや推進システムの機能を確認した。この6か月の間、ソユーズは休止状態であったことを考えると、これは帰還準備において非常に重要なプロセスだ。

ソユーズはISSから分離する際、バネの力によって毎秒0・1mというゆっくりした速度で押し出されていく。この段階で、システムが通常どおりに機能しないとか、宇宙船を制御できないなんてことを見つけたら大変だ。

宇宙服もチェックする必要がある。火災や[19]帰還モジュールの減圧などが生じた場合、宇宙服が私たちの命を救い、真空空間から守ってくれる。地球帰還の1週間ほど前に着用してみてきちんと作動することを確認した。とくに漏れがないことは大切だ。

ソユーズは再突入の前に[20]居住、帰還、推進の3つのモジュールに分離し、帰還モジュールのみが地球へ戻り、ゴミは居住モジュールもろとも大気圏に突入して燃えつきる。

船長のユーリはソユーズの荷積みの責任者だ。帰還モジュールにそれほどスペースはないが、可能なかぎり重要な機器や実験データは持ち帰らなければならなかった。ただちに生命科学実験にまわす凍結した唾液や尿、血液のサンプルも含まれていた。

ちなみにソユーズへの荷積みは、運用管制センターが承認したリストに基づいて行う。もし宇宙船の質量の見積もりや重力中心の設定が正しくないと、ソユーズを地球へ安全に帰還させ、目的地に到着させるよう計算されているエンジン燃焼に誤りが生じ、とんでもないところに着陸することになる。

Q 地球を出発する時は耐熱シールド[21]を必要としないのに、再突入時にはなぜ必要なのですか？

A 耐熱シールドは超高速で大気圏に突入する際に宇宙船を守ってくれる。

宇宙船が低軌道から地球に戻る速度はおよそ音速の25倍。ちなみに月や火星から戻る時はもっと速い。一方、打ち上げの際は比較的低い速度で高度をあげていくので、接触する空気は必要以上に熱くならない。

ロケットは大気圏を上昇するにつれ、大気中の分子がフェアリング[22]に衝突して生じる動圧力の影響を受ける。そのため表面摩擦が起こって空力加熱が生じるが、再突入の時ほど高温にはならない。

ソユーズロケットは打ち上げから約49秒後、マックスQと呼ばれる最大動圧となり、その後すぐに音速を超える。ロケットは加速し続けるが、同時にぐんぐん上昇するため、大気の密度は薄くなる。打ち上げからきっかり2分38秒で、ソユーズロケットはすでに高度80km、

17・18 28ページ。
19・20 49ページ。
21 159ページ。
22 26ページ。

地球の大気層のかなり高いところに到達する。そこでは大気中の分子が非常に少ないので、動圧力もほとんどかからず、そのため摩擦による加熱も生じない。フェアリングが宇宙船を守る必要性はもはやなくなり、機体を軽くするために投棄される。打ち上げプロセス[23]においては、このタイミングではじめてソユーズの窓から景色を眺め、宇宙に急速に近づいているのを実感する。

だが再突入の際は、マッハ25で大気圏に突入する以外に選択肢はほとんどなく、大気がブレーキとなって速度を落とし、地球に戻るという流れだ。このため耐熱シールドは、宇宙船の速度を落とす抗力を生み出すように、そして宇宙船を取りまく白熱のプラズマがもたらす莫大な熱を消散させるように設計されている。

おもしろいことに1951年、アメリカ航空宇宙局（NASA）の前身であるアメリカ航空諮問委員会[24]は、にわかには信じがたい発見をした。「尖っていない」形状が、耐熱シールドの役割を一番効果的にするというものだ。当時、航空機はどんどん高速化していて、航空力学的には抵抗力が軽減される形状デザインに重きをおいていた。翼の先端がシャープだったり、機首が尖っていたりね。

だがこうした模型を風洞[25]に入れて、マッハ2・2を超える超音速飛行をシミュレートしてみると、空気による加熱が無視できなくなり、素材によっては溶けてしまった。

過剰なカーブをつけない形状だと、空気は極端に速くぬけていかず、むしろエアクッションとして働き、衝撃波つまり加熱された衝撃層を前方に押し出す。灼熱のガスが宇宙船に接触するのを防ぎ、ガスは機体の周囲をまわり、大気中に消散していく。

スペースシャトル[26]の先端が戦闘機のように尖っていなかったのは、これがひとつの理由だ。先端が尖っていたら、再突入の際に溶けてしまっていただろう。

Q 地球に帰還する時、酔いどめの薬を飲みましたか？

A 帰還の際に吐き気をもよおした時を考え、薬を服用するか否かは、それぞれの宇宙飛行士がフライトサージャン[27]との合意の上で決定する。しかし再突入はかなり激しい飛行だが、下降中のソユーズ船内で気分が悪くなった宇宙飛行士を私はひとりも知らない。

一般的に、めまいや吐き気は着陸の直後に起こる。体が重力方向の急激な変化に対応しようとするからだ。ISSに滞在中はメクリジンを主成分とした乗り物酔い防止の薬[28]や、プロメタジンを成分に含む薬[29]を入手できる。

ただし、宇宙に飛び立つ前に、自分にあう薬を確認しておくことが重要だ。訓練期間中に使用する可能性のある薬を試し、体調の変化や副作用が起こるかチェックするのだ。

私にはメクリジンがあっていた。眠くならないのでISSを出発する前に少し服用した。ただ効いたかどうかはわからない。ともかく着陸後の1時間はひどく気分が悪かった。

23 52、57ページ。

24 1915年設立、1958年解体。

25 人工的に作った気流を送り込む実験装置。

26 31ページ。

27 29ページ。

28 Bonamine®、Dramamine®、Sea Legs®など。

29 Phenergran®など。

帰還後に気分が悪くなる理由のひとつとして、体液の欠乏があげられるだろう。宇宙で体液が減少することを防ぐ方法はほとんどない。無重力状態では体液が体全体に再分配され、その結果、血漿《けっしょう》と血液の量が20％も減少する。運動すれば、失われる血漿の量を少しは減らせるが、完全には防げない。

この血漿と血液の減少が着陸の際に問題となってくる。少なくなった血液を重力に逆らって頭に運ばなければならないため、宇宙で既に委縮していた心筋に、突如さらなる負荷がかかるのだ。頭がもうろうとなり、めまいや立ちくらみが起こるなど、起立不耐性として知られる症状があらわれる。

予防法として宇宙飛行士は、ミッションの最後の数時間に塩化ナトリウムの錠剤と2ℓの水を摂取する。着陸前に塩分と液体を取ることで血漿量が増え、血圧が上昇して起立不耐性の症状を多少は防げることが立証されている。

もうひとつの予防法は、抗重力服や圧迫服の着用だ。地球への帰還に備え、ロシアはケンタウロスと呼ばれる圧迫服[30]を提供してくれる。伸縮性のある生地でできていて、膝丈のショートパンツとふくらはぎを覆うスパッツのセットだ。ひもで締めると体に圧力が加わり、静脈瘤の発生を防いで動脈圧を維持してくれる。

私もほかのクルーと同様に、重力変化に対する体の不都合な順応に備え、宇宙服の下にこのケンタウロスを着て、塩化ナトリウムの錠剤を飲んだ。

どうやって地球に帰還するのですか？ 再突入のスピードは？

A ソユーズ宇宙船の地球への下降は、当然、ＩＳＳの移動スピードと同じスピードからスタートする。だが最初のうちはそれほど速くは感じなかった。依然として高度は４００㎞で、このスピードで自分の下を地球が通過していくのに見慣れていたからだ。

軌道を離脱する最初のエンジン燃焼もそれほど激しくはなかった。クルーはシートベルトで座席にしっかり固定され、進行方向に「後ろ向き」になって飛行していく。地球に戻るには、ソユーズの主エンジンを進行方向に向かって噴射し、減速して重力の力で地表まで運んでもらう必要があるからだ。減速するにつれ、宇宙船はもはや地球の周回軌道ではなく、地球にいたる放物線軌道に乗る。つまり、もう地球の表面に着くしかない。

地球の大気圏に突入する約30分前、主エンジンを４分37秒間、軌道離脱するために燃焼させる。毎時４１０㎞の速さで減速するのに十分な推力だ。この段階はゆっくり座席に押しつけられるような感じで、発射時の激しい加速とはまったく違う。

６か月の間休眠していた主エンジンの音が聞こえはじめると、とても頼もしい気がした。

ちなみに、このエンジンがうまく作動しない場合、小型の第２スラスター[31]がバックアップとして減速を担う。

30 高い重力加速度（Ｇ）を受ける戦闘機パイロットが着用する耐Ｇスーツのようなもの。

31 68ページ。

軌道離脱燃焼から23分後、ソユーズは自動的に居住、帰還、推進の3つのモジュール[32]に切り離される。この分離段階までは驚くようなことはない。楽しみはこれからだ！

まず居住モジュールの減圧[33]を行う必要がある。もし加圧された状態のままで居住モジュールを分離すると、かなり爆発的な分離となる。

帰還モジュールは、居住モジュールと推進モジュールの間に挟まれた状態で、モジュールどうしはたくさんのボルトで固定されている。分離するには多くの爆発ボルト[34]を起爆させ、各モジュール間のつなぎ目を分断しなければならない。

これはビッグイベントだと先輩クルーから警告されていたが、期待に違わなかった。一連の小さな爆発が起こり、私の頭のすぐわきで大きな音がけたたましくなった。次の瞬間、大きな衝撃を受け、宇宙船は激しく揺れた。とうとう私たちの尊きソユーズは3つにわかれたのだ。

この時、アラビア半島の上空１３９㎞地点で、ペルシャ湾を頭上に眺めたのを覚えている。帰還モジュールはゆっくりと、地球の大気の上層部に向けて逆さまに落ちていった。

大気圏に入ると、推進モジュールと居住モジュールは熱いプラズマに飲み込まれた。帰還モジュールは耐熱シールド[35]側から突入するように方向を自動調整され、あとは物理の法則にまかせるだけとなった。大気をエアブレーキとして使い、毎時８００㎞まで減速して地球に帰還した。

Q 再突入に要する時間は？ またどれくらい重力加速度がかかりますか？

A　大気圏突入の高度99・8㎞地点から、パラシュートが開く高度10・8㎞地点まで、下降するのに8分17秒。この間、高いマイナスの加速度は感じなかった。

分離したのち、[36]帰還モジュールは地球に向けて急降下する。窓の外を見てはじめて、この状態に気がついた。盤石なＩＳＳに長く滞在したあとに、この「制御不能」の状態を目のあたりにするわけだ。

回転状態が4分ほど続いたのち、ソユーズ宇宙船は大気の一層濃い部分、つまり地上から約80㎞地点に到達し、空力制御が効くようになった。[37]耐熱シールドのある面を先頭に落ちていく状態になった途端、私たちは重力加速度（Ｇ）負荷を感じはじめた。

ありがたいことにＧ負荷は穏やかにはじまったので、重力に対する感覚を取り戻す余裕があった。ただＧ負荷は急速にかかってくる。こうなったら重力加速力を利用して座席に体を深く押し込み、5点式ハーネスシートベルトをできるだけきつく締めなくてはならない。

これは大気圏再突入の際のＧ負荷から身を守るためではない。飛行はスムーズだが、パラシュートが開いていざ着陸となった時に、ケガのないように体をしっかり固定するのだ。

帰還モジュールでは、宇宙飛行士は先頭の耐熱シールドに背を向けてすわっている。だか

32　49ページ。

33　緊急時は必須ではない。

34　ボルト内部には爆薬が内蔵されていて、その爆発でボルトを破断する。262ページ。

35　159、267ページ。

36　49ページ。

37　80㎞の地点で空気の抵抗が発生し、空力中心と重心との関係から耐熱シールド（159、267ページ）面が先頭になる。

大気圏突入から着地までの高度と重力加速度

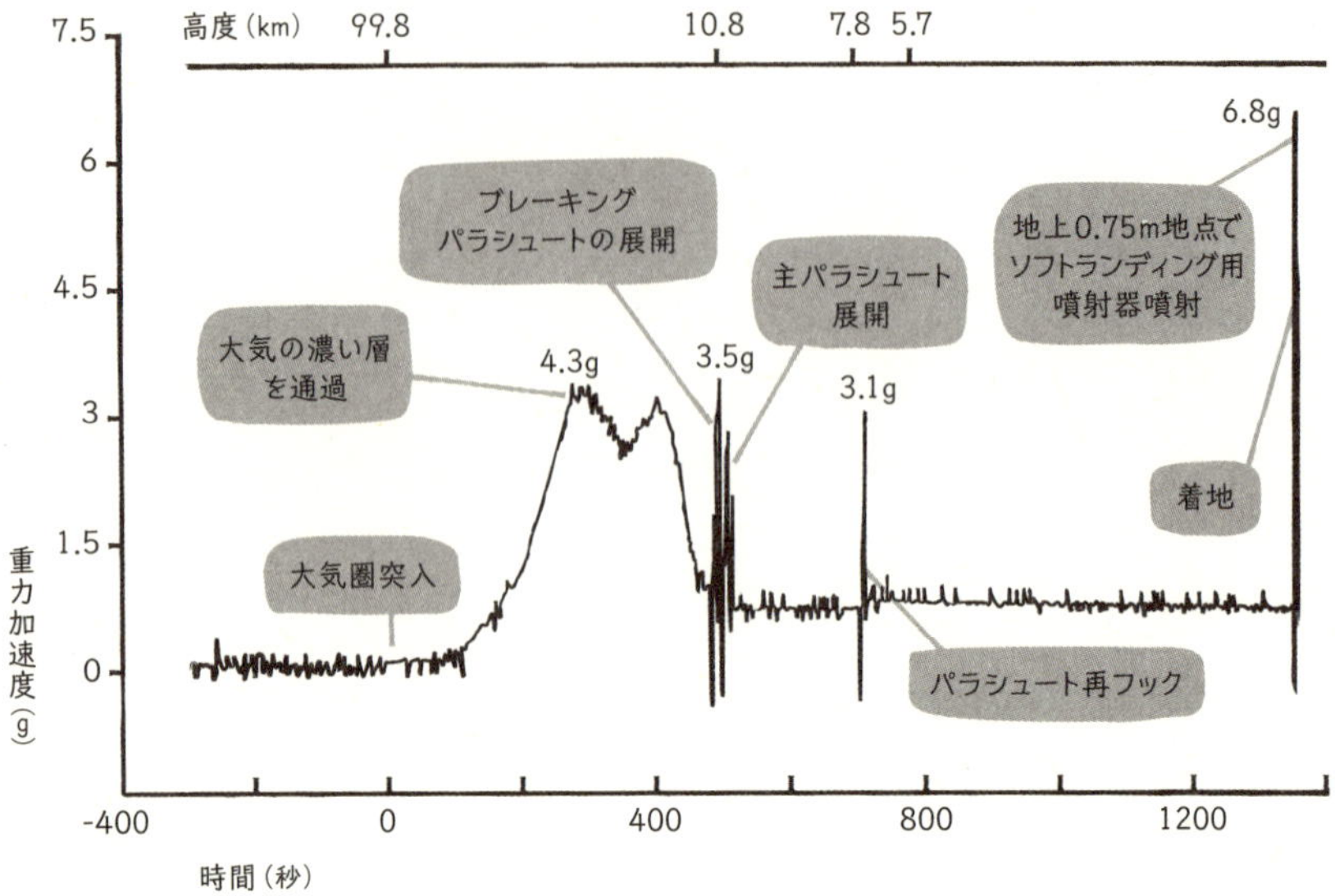

ら下降の影響は、おもりのように胸にのしかかる。

呼吸が苦しくなり、まるで自分がラグビーのスクラムの最前列にいて、毛深いフォワードたちに乗っかられている気分になった。学生時代、雨の降る土曜の校庭でラグビーをやっていたのは、宇宙飛行士になるためのよい訓練だったのかも知れない。

G負荷は4gを少し超えたところでピークに達し、そのあとゆっくり低下した。重力加速力は頭からつま先にかけてではなく、胸を通してかかる。そのため、高性能航空機のパイロットによく発症する視野狭窄《きょうさく》[38]、つまり視力が一時的になくなるブラックアウトを経験することはあまりない。

G負荷がかかると重くて心地悪かったが、難なく耐えられるレベルだった。それにスターシティ[39]での遠心加速器[40]の訓練のおかげで十分に備えはできていた。

Q 下降する際、帰還モジュール[41]内はどれくらい熱くなりますか？熱さにどう対処するのですか？

A ソユーズ宇宙船には小型だが熱制御システムがあり、ＩＳＳ搭載のものと同じ原理だ。仕組みを説明しよう。宇宙船の外側についているラジエーター内を液体が循環している。真空空間にさらされているため、冷えた状態だ。冷やされた液体が宇宙船内に流れ込み、熱交換システムで空気供給器の空気を冷やす。冷たい空気は、モジュール内のファンによって循環し、宇宙服の中に運ばれて換気してくれる。これは「能動」冷却システムの一部だ。

さらにソユーズは「受動」熱制御システムも採用していて、おもなものは宇宙船のまわりを包んでいる多層断熱材（ＭＬＩ）だ。宇宙服[42]のＭＬＩと同様に、この素材が宇宙の極端な高温や低温から宇宙船を守り、通常ソユーズ内の温度は摂氏18〜25度に調整される。

しかし降下プロセスでモジュールの分離が行われると、ラジエーターは投棄される推進モジュール[43]に搭載されているため、帰還モジュールには冷却された液体が供給されなくなる。するとモジュール内を循環する空気は次第にあたたまってくる。船外の温度は耐熱シー

38 視野が極端に狭くなること。急降下の際、操縦士が陥る一時的視覚喪失。
39 29ページ。
40 92ページ。
41 49ページ。
42 223ページ。
43 49ページ。
44 159、267ページ。

ルドが莫大なエネルギーにさらされるので、摂氏１６００度にも達する。

船内の温度が実際にどれくらい上昇したかわからないが、宇宙服の中を循環する空気はとてもあたたかく、私は汗をかいた。

窓の外を見ると、ＭＬＩ部品やほかの多くの可燃性パーツが、火花を散らして炎につつまれながら、宇宙船からはがれ落ちていた。まるで美しい花火のようだった。この状態が数分続いて再突入の半ばまでくると、高熱でウィンドウカバーが黒焦げになり、窓からはなにも見えなくなった。

大気圏突入中は通信不通

大気圏の衝撃加熱や耐熱シールド材[45]のアブレーション[46]によって生じるプラズマにより、大気圏突入の間は通信不通[47]になる。帰還時の宇宙船に起こるが、宇宙船のタイプや再突入の方法によって要する時間[48]は異なる。プラズマ層から宇宙船が姿をあらわし、通信が回復するのを運用管制センターが待つ間、船長は宇宙船やクルーの状態、重力加速度（G）負荷を報告し続ける。

Q 打ち上げと再突入はどちらが楽しかったですか？

A いい質問だ！　上昇していくのも下降していくのも、それぞれに醍醐味があったが、ロケットのみなぎるパワーや加速、はじめて宇宙へ乗り込むという期待感という意味では、打ち上げのほうがワクワクした。だがジェットコースターのような興奮とスリルを味わいたいのなら、地球に戻る宇宙船のパラシュートが開く瞬間にまさるものはない。

パラシュートは実際にはひとつではなく、複数のパラシュートが時間差で開く。宇宙船の

45　159、267ページ。

46　融解、摩滅。固体が溶融し、気体に変わること。その気化熱で本体を冷却する。

47　ブラックアウトという。

48　私たちの場合、5分だった。

時速を毎時８００kmから毎時３２４kmまで減速するように設計されていて、この速度まで低下すると主パラシュートを安全に開くことができる。

大気のおかげで速度は落ちていくが、地球の表面から11km上空にいる私たちは、音速よりは少し遅いが、まるで3トンのレンガのように落下した。

ふたつのやや小さな[49]先導パラシュートが開くとお楽しみのはじまりだ。先導パラシュートによってブレーキの役割を務めるブレーキングパラシュートが引き出されると、宇宙船は激しく揺れ動いてスピンする。これは20秒ほど続く。

この荒っぽい飛行がなぜ予想できないほど過酷なのかというと、この時、宇宙船はパラシュートの真下に吊るされているのではなく、軸から約30度ずれてぶらさがっているからだ。30度ほどずれている状態は、安全な着陸に向けてすべてが調整されるまで続く。この過酷な状況について、[50]ダグラス・ウィーロックはうまいことを言っている。「まるで、樽に入ってナイアガラの滝を流れ落ちるようだった。しかもその樽は火だるまときた！」とね。[51]ジェフリー・ウィリアムズによると、ブレーキングパラシュートの狂気の20秒は語り草になっているらしく、「最後に主パラシュートが船体から出て、展開する時の大きな揺れには覚悟しろ」と警告してくれた。

先導パラシュートが展開する時からできるだけ時計を見て、ストップウォッチに気持ちを集中させた。すると突然激しい揺れがとまった。まだ外の空気が高速で駆けぬけていくように思えたが、揺れは収まっていた。覚悟の20秒をやり過ごしたのだ。

だが主パラシュートが開いたかはわからなかった。ためらいがちに船長のユーリ・マレンチェンコ[52]を見ると、落ち着いた様子で小さくうなずいた。無事に乗りきったのだ。

話はもとに戻るが、私は打ち上げより断然再突入のほうが好きだ。スリルを味わって最後にニコッと笑いたいからね。

Q 着陸はかなりハードだったと思いますが、ケガなどしませんでしたか？

A ケガはしなかった。ただティム・コプラ[53]は着陸した途端、体を上から下まで軽くたたき、体のパーツがちゃんとついているか確認したと冗談っぽく言っていた。

ソユーズ宇宙船の着地は穏やかとはほど遠い。自動車のちょっとした衝突と同等レベルの衝撃を受け、度肝をぬかれる。だが着陸時にケガをしないよう設計されている。

優先事項は宇宙船を可能なかぎり減速させること。ひとたび主パラシュートが展開すると、耐熱シールド[54]と黒く焦げたウィンドウカバーは投棄される。これでカプセルの重量が減り、降下率[55]は毎時約22㎞までさがる。同時に着地した際の衝撃による重力加速度（G）負荷に耐えられるよう、座席は自動的に銃の撃鉄のようにあがった位置になる。そしてぴったり体に

49 262ページ。

50 アメリカのエンジニア、宇宙飛行士。

51 160ページ。

52・53 28ページ。

54 159、267ページ。

55 航空機が1分間に降下する高度。単位はft/min（毎分フィート）またはm/min（毎分m）であらわされる。

あったオーダーメイドの座席[56]が、迫りくるカザフスタンの大草原から守ってくれる。衝撃やケガから足を保護するために装着した布製ニーブレス[57]も大活躍だ。

着地までの15分間は、主パラシュートで吊りさげられて下降していく。着地した時に船内のものが飛び散らないよう、ゆるんでいないか確認した。船長のユーリ・マレンチェンコ[58]は手首にはめた高度計を見ながら、着地までのラスト100mを下降している間、カウントダウンしてくれた。いよいよ着地という時に不時着時の姿勢を取った。両手を胸の前で交差させ、フライトチェックリストをしっかりと押さえた。そしてシートライナーに首を深くうずめて口を閉じ、舌を引っ込めて歯でかまないようにした。あと、この段階で一番していけないことは、窓の外を見ることだ。首が不適切な位置のまま着陸の衝撃を受けることになる。

ついに宇宙船のガンマ（γ）線高度計[59]が、地面からわずか0・75mに到達したと検知し、ソフトランディング用噴射器[60]を噴射させる信号が送られた。この固形燃料推進装置は着地の寸前に噴射し、宇宙船を時速5㎞まで減速させる。ソユーズが着陸する際、ブワッと舞う砂ぼこりが見えるが、これは着地によるものではなく、この噴射のせいだ。

ソフトランディング用噴射器の噴射と宇宙船が着地する時間差はほんの一瞬だが、私たちには十分な警告になった。宇宙飛行士はみな「なにがソフトランディングだ。完全にまちがったネーミングだ」とジョークを飛ばすが、これがなければ確実にケガをする。

３トンの宇宙船は着地すると弾むわけではない。地面に激突し、宇宙船の外壁には小さなくぼみができ、船内の私たちはぐったりしていた。

船長が最初にすべきことは、スイッチを押してパラシュートライザー[61]の１本を切ることだ。これを行わないとパラシュートが風を受けて地面で開き、宇宙船を引きずってクルーがケガを負う可能性がある。

しかしベルトを全部切ってパラシュートを切り離すのはまずい。着陸コースをはずれたり、打ち上げ中断の場合、パラシュートを避難場所の材料にして救助を待つことになるからだ。

２０１４年11月。欧州宇宙機関（ＥＳＡ）の同僚、アレクサンダー・ゲルスト[62]たちは着地後、パラシュートライザーをなかなか切り離せず、宇宙船はしばらく地面を引きずられた。同乗していたレイド・ワイズマン[63]はのちのインタビューで「大草原をドスンドスンと引きずられたのは、帰還プロセスにおいて一番劇的な出来事だった」と語っている。

私たちが着地した時の風速は時速17・６km。これだけの風速の横風ならば、着地の衝撃で宇宙船が転がっても仕方がない。幸いパラシュートライザーは問題なく切断され、さらに幸運なことにだれもケガを負わなかった。

着地したのは、カザフスタンのジェズカズガンの町から南東１４８kmの場所。旅がはじまったバイコヌール宇宙基地[64]から約５００km東に離れていた。

ソユーズは何回か転がり、私は宇宙船の上部にいて、ティムとユーリを見おろす位置でとまった。捜索救難隊が到着してハッチを開けるまでの10分間に、私がやったことはフライト

56　４ページ、写真７。

57　29ページ。

58　28ページ。

59　放射線同位元素（セシウム１３７）を使い、高度を測定する機器。ソユーズ宇宙船の底部にある。

60　16ページ、写真42。２６２ページ。

61　パラシュートとハーネスをつなぐ４本のベルト。

62　ドイツの宇宙飛行士。

63　アメリカの宇宙飛行士。

64　27、34ページ。

ドキュメント、チェックリスト、その他もろもろの機器が彼らの頭上に落ちていくのを食いとめることだった。まったく重力というのは厄介だ！

ソユーズ宇宙船での着陸はラクじゃない！

２０１６年の報告書[65]によると、アメリカの宇宙飛行士のうち37・５％は、ソユーズの着陸が原因でなんらかの損傷を負っている。ほとんどは軽度のケガで、着陸から３か月以内に完治している。とにかくソユーズで着陸するのは簡単ではないというわけだ。

Q 再突入の際に不具合が生じたり、コースをはずれて着地した場合はどうなりますか？

A これまたとてもいい質問だ！　帰還の際に不具合が生じる可能性はいくつかあり、そうなった場合、飛行は非常に難しくなる。まずうまくやらないといけないのが軌道離脱噴射[66]。とにかく正確でないといけない。数秒でも長すぎたり短すぎたりすると、着地予定区域から数百㎞離れてしまう。
軌道離脱噴射が短すぎると、極端な場合、再突入の角度が浅すぎて地球に戻れなくなる。池に投げた石が水面をはじいて落ちていくような調子で、大気圏を通りぬけることはできない。宇宙船は、密度の低い上層部を十分に減速することなく通過し、帰還できなくなる。そしてわずかに楕円を描いた軌道に乗って宇宙に逆戻りし、おそらく数時間後にまた地球に近づくだろう。だがその時は制御不能の最悪な状態だ。

一方、軌道離脱噴射が長いと減速しすぎて、再突入の角度が急になり、破壊的な減速力と耐熱シールド[67]の急速な温度上昇をまねきかねない。地球に帰還する宇宙船は、正確に「再突入回廊」に乗らなければいけない。このかぎられた領域が、地球への安全な帰還を可能にしてくれるのだ。軌道離脱噴射のあとでもソユーズ宇宙船が3つのモジュール[68]に分離されないという問題が起こったとしても、エンジン、十分な燃料、酸素、電力、食糧、水、ついでにトイレは数日分まだ余裕があるので、新たな計画を立てる余地は残されている。

だが軌道離脱噴射が仮にうまくいったとしても、次のメインイベントである切り離し[69]が待っている。過去にはうまくいかなかったこともある。
実際、2008年4月19日、ソユーズTMA-11号[70]が地球に帰還する際、一部の分離に失敗した。帰還モジュールに推進モジュールを固定している爆発ボルト5つのうちひとつがうまく起爆せず、帰還モジュールは推進モジュールをつけたまま大気圏に突入したのだ。

65 「ソユーズによる着陸で3分の1のアメリカ人宇宙飛行士が負傷(One Third of US Astronauts In jured During Soyuz Landings)」、キース・コウイング、2016年10月27日付。nasawatch.com
66 262ページ。
67 159、267ページ。
68 居住、帰還、推進モジュールの3つ。49ページ。
69 272ページ。
70 ユーリ・マレンチェンコはこの時も船長を務めていた。

同じような状況が1969年にソユーズ5号にも起こった。どちらのケースも宇宙船は少し転がり落ち、空気力学的にもっとも安定した姿勢を取ろうとし、ハッチ部分が先頭にきてしまった。だがハッチは再突入のひどい熱に耐えられるように設計されていない。

ソユーズ5号に搭乗していたボリス・ボリョノフボリノフ[71]は、ハッチの隙間をふさぐガスケット[72]が燃えはじめる中、危険なガスや煙にさらされた。しかも体が正面を向いていなかったため、重力加速度（G）負荷が高まる中、座席ではなく、ハーネスに押しつけられた。

幸いどちらの事例でも、再突入の際の高温と空気抵抗によって爆発ボルトの不具合で残った支柱棒が破断され、ハッチが燃えつきる前に推進モジュールは切り離された。帰還モジュールは向きが戻り、耐熱シールドが再突入の衝撃熱を受ける状態に落ち着いた。

これらのケースにかぎらず不具合が生じると、ソユーズは砲弾が落ちるように大気抵抗だけに頼って、宇宙船を減速させる方法になってしまう。これは弾道モードと呼ばれている。

通常の環境下では、ソユーズは重心位置を工夫して少量の揚力[73]を生み出している。そのため下降角度がわずかに小さくなり、滑るように地球に帰還する。つまりG負荷が少ない。アメリカのアポロ計画[74]の司令船も同じ方法を使って地球帰還を行った。

ペギー・ウィットソン[75]は、ユーリ・マレンチェンコ[76]と一緒にソユーズTMA-11号に乗船していた時、弾道モードで帰還した。フライトエンジニアを務めていた彼女は、再突入の際に8・2gという厳しい数値が表示されているのに気づいたという。

71　ソビエト連邦の宇宙飛行士。

危険な状態というわけではないが、宇宙飛行士はこれだけの重力加速力に数分間、耐えなくてはならない。戦闘機のパイロットが、高いGでの操縦で経験するよりも長い時間だ。だからこそ宇宙飛行士はスターシティ[77]の遠心加速器[78]で訓練を積み、8gの状態を最低30秒間は経験する。これによって上手な呼吸法を身につけ、弾道再突入[79]に備えるのだ。

アメリカ初の有人飛行に成功したアラン・シェパード[80]は、計画どおりの弾道再突入を行い、11・6gというとてつもないG負荷を経験した。

弾道再突入のもうひとつの問題は、宇宙船がコースをはずれてしまうことだ。通常、ソユーズはかなり正確な位置に着地する。私たちの場合、予定着地点から8㎞しか離れていなかった。アラビア半島の上空から下降をスタートしたのに、かなりの的中率だ。

ソユーズがここまで正確に着陸できるのは、適切な軌道離脱噴射にある。また再突入の際に少量の揚力を生みだしているおかげでもある。

だが一番の強みは、降下の前半では左に傾き、後半では右に傾き、大気圏をS字型の飛行ルートで飛ぶ点だろう。この傾斜角度を微調整することで下降中の方位角と高度を制御し、シンプルながら効果的な方法で予定の着地ゾーンを的確にとらえる。

弾道再突入の場合、ほとんど揚力が生じないため制御も効かない。ソユーズTMA-11号は、着地予定地から475㎞も離れた場所に着地した。地上スタッフはこうした事態に備え、帰還に先立って弾道モード着陸地域を定め、世界の数か所に緊急着陸地域を確保する。帰還

72 構造物に気密性、液密性をもたせるために用いるパッキンなどの固定用シール材。隙間をふさいだり、異物の混入を防ぐ。

73 液体や気体の流体中におかれた板や翼などの物体に働く力のうち、流れの方向に垂直な成分。

74 48ページ。

75 アメリカの生化学者、宇宙飛行士。

76 28ページ。

77 29ページ。

78 92ページ。

79 弾道状（モード）の軌道での再突入。

80 57ページ。

モジュールは再突入での通信不通[81]からぬけ出すと、位置情報を自動で発信し、これを受けて捜索救難隊はただちに始動するのだ。

打ち上げと同じく着陸に際しても、ロシア連邦航空保安局が捜索救難隊を配備した。主要な着地予定エリアにはあらゆる地形に対応した水陸両用車[82]4台のほか、空挺部隊の固定翼機2機、Mi-8ヘリコプター8機を待機させていた。

これらには医療チーム、捜索救難チーム、宇宙機関幹部やマスコミ関係者が乗っていた。さらに弾道着陸地域にもMi-8捜索救難ヘリコプター2機が配備され、もう2機が予定着陸地域と弾道着陸地域との中間あたりに配備された。

宇宙飛行士は宇宙へ飛び立つ前に、弾道着陸用バッグを用意する。飛行服、着替え、サングラス、洗面道具を詰める。サングラスは目を保護するためだ。目は驚くほど繊細で、ほぼ人工的な照明に6か月もさらされていたあとでは、日光から目を守らねばならない。私たちのバッグは着地場所がコースから離れた場合に備え、弾道着陸地域に待機するヘリコプターに積まれていた。

このように、問題が発生しても地球へ安全に帰還できるよう、さまざまな対策が取られている。だが捜索救難隊が見つけてくれるまで、待つこともある。ソユーズにはGPSと衛星電話が搭載されているので、お母さんに無事を知らせ、居場所を伝えることは可能だ！

Q 最初に地球の匂いをかいだ時、どんな感じでしたか？

Ａ　地球に戻って新鮮な空気の匂いをかぐのが、ともかく楽しみだった。
ふるさとの地球に帰還し、新鮮な空気をはじめて吸った時は、ちょっとした期待をもって臨んだ。だが結果的にはむしろ息をとめているべきだった！

ハッチが開いた時、私を出迎えたのは、降り立ったカザフスタンの草原の甘い香りに満ちた新鮮な空気ではなかった。カプセルに充満したのは、鼻にツンとくる強烈な刺激臭だった。大気圏を急降下したことで焼けただれた外壁の焦げた匂いと、地上の焼けた草の匂いが混ざって舞い込んできたのだ。


２０１１年、私はＥＳＡの人間行動訓練に参加し、イタリアのサルデーニャ島にある洞窟[83]の奥底で７日間を過ごした。訓練終了後、地底からはい出た瞬間の記憶は今なお強烈だ。

あたたかい地中海の、午後のまぶしい陽ざしに包まれ、その風景と匂いは圧倒的だった。それはまるで、だれかがテレビのコントラストを最高レベルにあげたかのようだった。紺碧の空に緑豊かな木々。７日間もの間、かすかな明かりの中、茶色いグラデーションしか目にしていなかったので、すべてがあでやかな色彩を放っているように見えたのだ。「ああ、地球の匂いだ！」と感じ、洞窟の入り口の周囲から土や苔むした香りがリアルに迫ってきた。

私はつかの間の幸せに浸り、貧弱な感覚しかもたない人間よりずっと敏感に発達した感覚をもつ動物にとって、世界はどんなにすばらしいものだろうと思った。

81　２７７ページ。

82　オール・テライン・ビークル。

83　89ページ。

そんな感じを再び味わえると楽しみにしていたが現実は違った。

やがてハッチが開き、大柄なロシア人が満面の笑顔で私たちを歓迎してくれると、ユーリ・マレンチェンコ[84]、私、ティム・コプラ[85]の順で宇宙船から引きあげられた。少し先の椅子まで運ばれると、まさに待ち望んでいた瞬間が訪れた。すばらしい地球の匂いに満ちたそよ風が吹いたのだ。

言っておくが、ＩＳＳの匂いが不快だったのではない。匂いはほとんどしなかった。ＩＳＳにはじめて乗り込んだ時、病院のような匂いがほのかにすると思ったが、すぐに慣れた。ＩＳＳにあるものはすべて、匂いが最小限しか発生しないように設計されている。またガスを発生させない仕組みにもなっている。そのためＩＳＳ内では、嗅覚はあまり活躍する機会がない。ごくまれに補給船[86]が新鮮なフルーツを届けてくれる時をのぞき、私たちは地球の匂いから完全に遮断されていた。

Q 着陸後はどんなスケジュールでしたか？

A　ソユーズ宇宙船から引きあげられ、待ち構えていたマスコミの短いインタビューがおわると、私たちは椅子ごと近くにある医療班のテントに運ばれ、簡単な検診を受けた。

再突入の間はとても暑く、さらに30度近い6月のカザフスタンの暑さの中に宇宙服を着たまま30分すわっていたので汗だくだった。しかも脱水症状だった。

この時ばかりは血管に点滴の針を刺されたことがありがたかった。なにせ1・5ℓもの液体が体に入ったのだから。暑い宇宙服を脱いで飛行服に着替えるのは最高の気分だった。

そのすぐあと、私たちはガタガタ道を車で移動し、待機していたMi-8ヘリコプターで400㎞北東の[87]カラガンダ飛行場まで飛んだ。

この日は朝3時（[88]GMT）からソユーズの座席にしっかり固定されていて、その前も寝ていなかったので、私は移動の間、すすめられるまでもなく眠った。つかの間の休息ではあったが、カラガンダに着いた時にはずっと元気に立って歩ける気がした。

ただまだ足どりはままならなかった。[89]フライトサージャンが私の腕をしっかりとつかみ、出迎えの大勢の人たちをかきわけて誘導してくれた。だが、私の体はすでに地球の重力になじみはじめていた。頭がとても重く感じられ、いつもより一所懸命、首の筋肉が機能していると意識したのを覚えている。

カラガンダから[90]ユーリ・マレンチェンコは[91]スターシティへと帰っていった。[92]ティム・コプラと私はNASAの飛行機に乗ってノルウェーの[93]ボードーへ移動した。ボードーはNASAの飛行機の最初の給油地で、そこでティムと別れた。

ティムは引き続き同じ飛行機でアメリカのヒューストンへと帰り、私は別の飛行機でドイツのケルンに飛び、[94]欧州宇宙飛行士センター（EAC）に向かった。欧州宇宙飛行士隊の本拠地で、私はその後21日間、リハビリテーションとミッション後の活動を行った。

84・85 28ページ。

86 14ページ、写真34。167ページ。

87 カザフスタン、カラガンダ州の州都。

88 23ページ。

89 29ページ。

90 28ページ。

91 29ページ。

92 28ページ。

93 ノルウェー、ヌールラン県の都市で、北部ノルウェーで2番目に大きい。北極圏のちょうど北側に位置する。

94 31ページ。

ユーリとティムに別れを告げるのは、ちょっと悲しかった。あまりに長い間一緒に生活して働き、あまりに近い距離にいたので、こんなにも急に別れて何千kmも離れてしまうのかと思うと心がさわいだ。しかし私の喪失感は、彼らが一緒にいないことが大きな原因ではなかった。今後、ふたりにはいろいろな機会で会えるのだ。むしろミッションがおわってしまったことによるものだった。

私たちはそれぞれミッション後の報告や医療データの収集、メディアインタビューといった慌ただしいスケジュールに戻っていった。いずれも宇宙飛行士の極めて重要な仕事の一部だが、宇宙で生活して働くという挑戦と比較できるものではない。

ボードーでティムに別れを告げた瞬間、私はミッションのおわりを実感し、思わず笑った。ああ、まさに壮大な冒険だった！

Q 着陸後、はじめて紅茶を飲んだのはいつですか？

A 妻が気を利かせ、[95]フライトサージャンに[96]ヨークシャーのティーバッグを託していたので、カザフスタンからノルウェーのボードーへのフライトではじめての紅茶にありつけた。

6か月ぶりの、尿からリサイクルされたのではない最初の飲みものだった！　3杯くらい飲んだと思う。すばらしくおいしかった。

Q 家族にはいつ再会できましたか？

A ノルウェーのボードーでの短い乗り換え時間は、ミッションのおわりの悲しさを帯びたものだったが、その悲しさは長くは続かなかった。私をドイツのケルンに連れ帰るために到着したＥＳＡの飛行機には、サプライズな乗客が乗っていたのだ！　妻のレベッカだった。

短いフライトの間、私たちの口数は少なかった。午前3時にケルンに到着すると、友人やＥＡＣの同僚にあたたかく迎えられた。私の両親もいた。私はまっすぐそちらに向かい、抱きあった。ふたりの小さい息子たちは、隣接する臨時宿泊施設でまだ眠っていた。よほどの必要性がないかぎり子どもは起こすべきではない。結局、私は息子たちに起こされるまで数時間眠った。目が覚めると、息子たちふたりがベッドの上で飛び跳ねながら私をつつき、宇宙から無事に戻ってきたか確かめていた。

24時間足らず前には小さな宇宙船で地球軌道をまわっていたのに、私は息子たちといた。日曜の朝の多くの父親と同じように、ベッドで飛び跳ねる子どもたちに起こされた。いつもの光景という絵を完成させるには、1杯の紅茶と新聞の日曜版があれば十分だった。すべてがとても非現実的に感じられたが、同時にいつものすばらしい日常だった。

打ち上げの日、[97]バイコヌール宇宙基地で家族に別れを告げた時ほど、つらかったことはな

95 29ページ。

96 151ページ。

97 27、34ページ。

い。どんなに訓練や準備を重ね、医師の検査を受けても、宇宙に行くのはリスクがある。ひとたびロケットの座席にくくりつけられれば、自ら賽を投げたことになり、家に帰れない目が出るかもしれないのだ。人生にはあたり前のことなどないと思っているが、地球に帰還した朝、妻と子どもたちを抱きしめながら、自分が地球上で（地球外でも！）、もっとも幸せな人間だと思えるすべての理由がここにあると感じた。

Q 帰還後、はじめて食べた「まともな」食事はなんですか？

A　はじめての「まともな」食事はEACのクルー宿舎で食べた土曜のランチだ。それまで私が食べたものは、カザフスタンからドイツへのフライトで食べたスナックだけだった。

宇宙に滞在中、ある学校とアマチュア無線電話のイベントを行った時、生徒から「一番恋しい食べものはなんですか？」という質問を受けた。私は「新鮮なフルーツとサラダ」と答えたが、本当は焼きたてのパンとピザも食べたくて仕方なかった。

宇宙で食べるパンは、ロングライフブレッドと呼ばれる賞味期限の長いもので、グリセリンなどのつなぎを使って生地中の水分活性を低くしているため、微生物が繁殖しにくい。さらに無酸素の袋で完全密封されている。

パンの代わりにメキシコのトルティーヤという選択肢もあるが、ロングブレッドもトルティーヤも、シンプルなピーナッツバターとジャムのサンドイッチには申し分なかったが、焼きたてのパンとは比べものにならない。宇宙では焼きたてのパンが本当に恋しくなる。

おそらくジョン・ヤング[98]もそう思っていて、1965年3月23日にジェミニ3号の宇宙船に乗り込む時、宇宙服のポケットにこっそりコーンビーフ・サンドイッチを忍ばせたのだろう。

同乗したガス・グリソム[99]は、軌道上でヤングにサンドイッチをわけてもらったらしく、「うれしかった」と語ったという。ただ運用管制センターは驚いたどころか、パンくずが宇宙船の電気系統に大損害を与えたかもしれないと文句を言ったそうだ！

そんなわけで私も、地球に戻って初の「まともな」食事として、サポートチームが焼きたてのピザとフルーツ、サラダを用意してくれた時はとても感激した。

味覚を疑われるかもしれないが、パイナップルとハムのハワイ風ピザが私の大好物だ。熱々の焼きたて生地にジューシーなパイナップルの味わいは、本当に夢のようだった。今まで食べたピザの中でまちがいなく最高だ！

Q 重力のある中を歩くのはどんな感じでしたか？

A　私の場合、着陸してから最初の48時間は本当にまいった。歩くのに力が入らないとか、うまくバランスが取れないというのではない。立ちくらみや吐き気、めまいがした。

98　アメリカの宇宙飛行士。ジェミニ計画（82ページ）で2回、アポロ計画（21ページ）で2回、スペースシャトル計画（34ページ）で2回、計6回宇宙飛行を行った。

99　アメリカの宇宙飛行士。アメリカ初の有人宇宙飛行計画、マーキュリー計画（81ページ）の宇宙飛行士（マーキュリー・セブン）のひとり。アメリカで2番目の有人宇宙飛行経験者であり、世界ではじめて2度の宇宙飛行を経験した。

着陸した翌日のインタビューで、私はこの感覚を「世界で最悪の二日酔い」と説明した。

今でもその表現は正しかったと思う。前庭器官が再び重力になじむにつれ、脳は宇宙に到着した数時間で劇的に変化したさまざまな情報をもう一度整理しようとする。このプロセスで感じた疲労は、本当にほかに比較するものがないほどだった。

頭の揺れを最小限にとどめようと椅子にすわりながら、めまいが起こらない無重力状態のあの開放的な環境に戻りたいと思った。

だが地球の重力に再適応する手っ取り早い方法は、自分の体に以前のスキルを再習得させることであり、椅子にすわっていてもどうしようもないこともわかっていた。そう、私は立ちあがって歩く必要があったのだ。

最初のうちはなにをやっても重くてぎこちなく、「宇宙飛行士の姿勢」で臨んだ。これはジョン・ウェイン[100]が一日中ずっと馬に乗って過ごしたあとの歩き方に少し似ている。体が安定するよう足を大きく広げ、よたよた歩くのだ。

めまいが治まると、平衡感覚を試してみるのは、なかなかおもしろかった。片足で立つのは難しく、天井を見あげるとよく仰向けに倒れた。歩いている時に脇見をすると、しばしばよろめいた。交通量の激しい場所ではやってはいけないと心に誓ったものだ。

ＥＳＡの同僚は、私が廊下で壁にぶつかって跳ね返るのを見て、ミッション後のお酒を楽しんでいると思ったに違いない。だが平衡感覚が正常に戻るまで、アルコールのことは頭になかった。幸い、この状態は2～3日しか続かなかった。

Q ISSから戻ってシャワーを浴びた感想は？

A 最初のシャワーは、よろこび半分、痛み半分だった。

EACの宿舎に着くと6か月ぶりのシャワーを浴びたくて仕方なかった。あたたかいお湯を全身に浴びて本当に気持ちがよかった。ともかく最高！だった。

だが立ちあがるたびに立ちくらみとめまいがするし、お湯が耳のあたりを流れるとさらにひどくなった。だから1回目のシャワーはササッとすませた。「自分が求めていたのはこれだ！」と思い出すだけで十分だった。

Q 宇宙からなにかお土産を持って帰りましたか？

A いいね、なかなかすてきな質問だ。絵葉書や雑貨、お土産などを並べた小さな店をISSに開くといいかもしれない。

困ったことに、ISSでお土産によさそうなものはたいてい重要だ。宇宙飛行士がなにか失敬しようとしたら、宇宙機関から大目玉を食らう。なにしろ宇宙にものを運ぶのは非常にコストがかかるので、いったん宇宙へ運んだら、そこに残しておいたほうがいいわけだ。た

100 アメリカの男優、映画プロデューサー、映画監督。

だ、私にとって特別なものは、いくつか持ち帰って大切にしている。

まずは宇宙用ナイフとフォークだ。しゃれていて「シャトル」と彫られている。ずっと古いものを使用していたらしく、「ＩＳＳ」と彫られた箱はまだ開けられていなかった。

そしてつぶれたロシアのコイン。ポケットに入れていたものだ。変だと思うかもしれないが、これもロシアの宇宙飛行士に伝わる験担ぎ[101]のひとつだ。ロケットを発射台まで引き出す列車がひきつぶしたコインを持っていると、縁起がいいのだ。自分が乗るソユーズロケットが発射台で初公開された日の朝に、線路にコインを置いてもらえるようロシアの友人に頼んでおいた。私は検疫施設に入っていたので、外には出られなかったのだ。そうでなくても、ロケットがお披露目される式典にクルーが出席するのは縁起が悪い。

私が持ち帰ったお土産の中で格別なのは、船外活動（ＥＶＡ）の際に宇宙服に縫いつけた英国旗のワッペンだ。真空空間にはじめてさらされた英国旗だし、思うに英国史に輝く、探査と科学研究における新しいページを象徴するものではないだろうか？

実はミッションの数年前、王室公文書館のロイヤル・コレクションの展覧会に行く機会に恵まれ、英国の探検の歴史を物語る品々を見た。宇宙を旅した旗にふさわしいのはここ以外に考えられなかったので、宇宙から帰還したあと、私はエリザベス女王２世にこの英国旗を献上する名誉に浴した。

Q 帰還後、ものが浮くだろうと思って　つい手を離してしまいませんでしたか？

A　宇宙から帰還してものを落としたという話は、多くの宇宙飛行士から聞いた。私自身は経験がないのだが、軽いものを持っている時など、手を離してしまいたくなる気持ちはわかる。宇宙ではものから手を離すことに慣れてしまうからだ。
ミシェル・トグニーニ[102]は、帰還してから最初の数日間は何度も落としたと話していた。夕食の際、ナイフやフォークをそのまま浮かべておくのに慣れてしまっていたのだ。

だが重いものについては、まったく逆の感覚を持った。地球ではものがどれだけ重いか見当がつかなくて、なんでもぎゅっとにぎってしまった。

着陸後、ティム・コプラ[103]と私に最初に課されたのは、iPad で微細運動技能の評価実験を行うことだった。

NASAの飛行機でカザフスタンを飛び立った直後に iPad を差し出された。私は腕をのばして受け取ろうとしたが、あやうく落としそうになり、しまった！と思った。

おそらくフライトサージャン[104]は、iPad さえ持てない私を見て、深刻な筋委縮を患っていると思ったに違いない。無重力状態の中で6か月間、毎日同じ iPad を持ち歩いていたが、地球ではものがとても重く感じられることにひどく驚いた。

101　45ページ。
102　フランスの宇宙飛行士。
103　28ページ。
104　29ページ。

Q 宇宙飛行による健康への長期的な影響はありますか？

A これは重要な質問で、宇宙飛行士ならだれしも考えることだろう。宇宙飛行が「薬」だとしたら、それによって起こりうる「副作用」が宇宙に行きたいという気持ちに水を差してしまうかもしれない。

ＩＳＳで６か月過ごした場合、どのような影響があるか見てみよう。

筋肉の衰え

症状 宇宙では重力の影響が少ないので、体を支える骨格筋は萎縮していく。さらに、立ちあがる時に使う足腰の筋肉も、体重がかからないので次第に衰え、委縮する。わずか５～11日間宇宙にいるだけで、最大20％もの筋肉を失うことがある。

予防と対策 筋肉の衰えを防ぐには、定期的な運動とバランスの取れた食事が有効だ。

ＩＳＳには宇宙飛行士が日々体を鍛えられるように、[105]発展型抵抗運動装置（ＡＲＥＤ）という筋トレ装置が設置されている。このマシンは[106]主動筋を鍛えるのには効果的だが、主動筋よりも小さな体を支える筋肉を刺激して体幹を維持するのは難しい。

一方、[107]トレッドミル（Ｔ２）と[108]自転車エルゴメーター（ＣＥＶＩＳ）は心肺機能の維持、つまり心血管を健康に保ち、心筋の衰えを防ぐ効果がある。

私はミッションの初期の段階で体重が落ちた。体重自体はすぐに戻ったが、以前と同じというわけではなかった。実際、地球に帰還した時、筋肉のつき方が以前とは違っていた。

ISSでは毎日2時間も鍛えていて、打ち上げ時に比べて体は強くなった気がしていたが、重いスーツケースを持ちあげた時に体幹が衰えているのを感じた。その後、体幹がすっかり回復したと実感するまで2カ月ほどかかった。

骨の衰え

症状　骨はかかった力の強さに応じて形成される[109]。骨が簡単に折れないのは、骨を溶かす吸収作用（破壊）と、骨を作る形成作用を繰り返し、たえず生まれ変わっているからだ。リモデリングと呼ばれる。

だが無重力環境では骨への負荷が減るため、リモデリングのバランスが崩れる。ISSではひと月あたり約1・5％の骨量が減少するが、これは高齢者の年間減少量と等しい。

特に症状が出やすいのが骨盤部と背骨の下部で、骨粗しょう症が見られる場合もある。さらに骨密度が低下し、体に再吸収されるため、血液中のカルシウム濃度が上昇して、軟部組織[110]の石灰化[111]や腎結石のリスク増加につながる。

問題はそれだけではない。無重力下で新しい骨組織が形成されると、骨の構造そのものが変化し、地球に帰還した際に骨折リスクが高まる。

105　178ページ。

106　四頭筋や二頭筋、三頭筋、胸筋など。

107　14ページ、写真37。178ページ。

108　178ページ。

109　メカニカルストレス。具体的にはメカニカルストレスの強さに応じて骨芽細胞が新たな骨を形成し、これを繰り返す。

110　軟骨を含む骨以外の人体組織。

111　軟部組織にカルシウム塩が沈着する現象、あるいは沈着した状態。結果として硬化した組織などが形成される。たとえば、手が肩の高さより上にあがらなくなるなど。

予防と対策　運動が有効だ。骨格筋を鍛えて骨に力学的負荷を与え、新しい骨組織を作る骨芽細胞を刺激するのだ。ただ骨には筋肉と同じように、運動が有効な部分もあれば、そうでない部分もあるので、運動だけでは骨の衰えを防ぐことはできない。

宇宙飛行士は普段の食事で十分な量のカルシウムを摂取するほかに、サプリメントでビタミンDを毎日摂取し、健康な骨づくりを心がけている。

また塩分摂取量を控えることも骨量の減少を抑える。NASAは宇宙食のナトリウム含有量を減らすべく、80品目以上を変更した。一方で骨粗しょう症の治療に使われる[112]ビスフォスフォネートが、宇宙飛行での骨量の減少を抑えると研究で明らかになった。

私はISS滞在中に大腿骨頸部と腰椎の骨量が大幅に減ってしまったが、帰還してわずか半年後には、減少した量の50％が回復していた。たいていの宇宙飛行士は、帰還から1～2年以内を目途に骨量の完全回復を目指すが、私もそのくらいを想定している。

ISSでは骨密度の減少について多くの研究が進められている。こうした研究は長期滞在ミッションに携わる宇宙飛行士の骨量減少を抑えるだけでなく、地上での骨粗しょう症治療薬の開発を進める上でも役立っている。

視覚障害

症状　ごく最近の研究で宇宙飛行は視覚にも影響することがわかった。

症状として[113]視神経乳頭浮腫、眼球後部の平坦化、[114]脈絡膜ひだ、[115]綿花状白斑、[116]視神経線維層の肥厚、近距離視力の低下などが報告されている。３００人の宇宙飛行士を対象としたアンケート調査では、長期滞在ミッション経験者の60％が視力の低下を訴えた。

予防と対策　宇宙での視力の変化はなぜ起こるのか、原因はいまだにはっきりとわかっていない。少なくとも無重力によって引き起こされる体液の移行が、頭部と眼球の血管、果ては脳脊髄液にまで影響し、頭蓋内圧が上昇するのが一因だと考えられている。また空気中の二酸化炭素濃度の高い基準値、激しい筋力トレーニング、高ナトリウム食なども原因とされている。症状の出やすさには個人差があり、遺伝的に視覚障害が進行しやすい人もいる。

宇宙飛行士が夜間に着用する特別服の開発も検討されている。吸引型掃除機に接続すると睡眠中に血液と体液を足の方へ吸引し、心臓や脳への負担をやわらげるというものだ。

放射線被曝

症状　地上の生命は、地球の磁場によって宇宙の放射線から守られている。だがＩＳＳに滞在する宇宙飛行士たちは、太陽放射線や銀河宇宙線[117]にさらされる。

宇宙線に含まれる重イオンは非常に高速で、体の組織にダメージを与える上に、ＩＳＳを覆うアルミ製の外壁に衝突し、飛行士の居住区画に二次中性子[118]のシャワーを浴びせる。

ＩＳＳに滞在する宇宙飛行士は平均して１日約０・７〜１ミリシーベルトの放射線を浴び、６か月滞在して浴びる放射線量は地球で受ける量の約60年分。地球低軌道上にとどまること

112　骨の吸収を防ぐ医薬品。

113　視神経の部分的な腫れ。

114　網膜上に明るい筋と暗い筋が交互に入る。

115　網膜上に白い斑点が出る。

116　視神経乳頭から扇状に広がる線維。

117　深宇宙から飛来する高エネルギー粒子。

118　宇宙から飛来する一次宇宙線が、大気中で２次的に生成する宇宙線。

は、胸部X線検査を1日8回受けるようなものなのだ。

予防と対策　一番いいのは放射線の被曝量をできるだけ抑えることだ。対策としてＩＳＳの船体には、ポリエチレンのシールド[119]が部分的に用いられている。これによって宇宙線の衝突で放射される二次中性子の影響を抑えられる。

さらにＩＳＳの放射線環境は常時細かくモニターされている。すべての与圧モジュール[120]にはたくさんの計測器が備わっているが、加えて宇宙飛行士は各自で常に線量計[121]を身につけている。

またＥＶＡの際には、ＥＶＡ用の線量計を携行する。与圧モジュールという聖域を離れると、より多くの放射線にさらされるからだ。

残念ながら事実を控えめに述べても、長期滞在ミッションに携わる宇宙飛行士が高レベルの放射線を浴びていることは否定できない。放射線被曝が発がんリスクを高めるというのは意見のわかれるところだが、ＮＡＳＡは宇宙飛行士の放射線被曝による発がんリスクが一般人に比べて3％より大きくならないように、被曝量の上限を定めている[122]。

血管の老化

症状　人間の動脈は年を重ねるごとに次第に硬化し、このため血圧の上昇が起こったり、心血管疾患の発症リスクが増加する。最近行われた研究でＩＳＳから帰還した宇宙飛行士を調べたところ、宇宙へ出発する前に比べて動脈が硬化しているのが認められた。動脈硬化に関しては、宇宙での6か月は地上での10～20年に相当する。

予防と対策　幸いなことにこの老化現象は地球に帰れば元に戻る。動脈は数か月以内には出発前の状態に回復する。

こうした変化を観察することで、動脈硬化が進行するメカニズムについての理解が深まり、血管の老化を遅らせる技術発展の助けとなっている。

私はカナダ宇宙庁（ＣＳＡ）の血管エコー実験に志願し、被験者としてＩＳＳ初となる超音波検査を行った。目的は宇宙飛行士への健康リスクを調べるだけではない。最終的なゴールは地上に暮らす人々の血管の老化を防止し、健康と生活の質を向上させることだ。

背中と首の痛み

症状　宇宙に着いて最初の数週間は背骨がのびたり、安定筋[123]が衰えたり、姿勢が変わったりと体のあちこちに混乱が起き、背中と首に痛みが出る。これは帰還後の悩みでもあり、宇宙飛行士の半分以上が、ミッションが原因の痛みを訴える。また長期滞在を経験すると、１年以内に椎間板ヘルニアを発症する確率が、一般の人より４倍も高くなる。

119　覆い。遮蔽《しゃへい》。

120　１０８ページ。

121　放射能吸収量を測定する装置。

122　日本宇宙航空研究開発機構（ＪＡＸＡ）では、はじめての飛行年齢が20代の場合、男女ともに６００ミリシーベルトを上限としている。そのほかの年代においても規定がある。

123　固定筋。特に背骨を支える筋肉。

予防と対策　ＩＳＳで宇宙飛行士は、標準的な運動プログラムに加え、セラバンド[124]を使ってストレッチやヨガを行い、体幹の筋肉を鍛えたり、背中や首の痛みをやわらげる。
　ミッション終了後は、運動理学療法の専門家が筋肉の衰えを調べた上で、リハビリプログラムをオーダーメイドで作成してくれる。だが、宇宙飛行が原因で生じる背中や首の痛みから完全に解放されるには、たいてい数か月ほどかかる。

免疫系の低下

症状　免疫系もさまざまな要因によりダメージを受ける。ストレス、睡眠不足、孤独感、放射線被曝、偏った食生活などがおもな原因だ。宇宙では無重力という未知のストレスだけでなく、免疫の低下要因となるマイナスの条件がすべてそろっている。

　実際、ＩＳＳでの宇宙飛行士の免疫系は混乱することが、データによって裏づけられている。通常に比べて、免疫機能が低下する細胞もあれば、活性化する細胞もある。当然、弱まった免疫系は、外からの脅威に正しく対処できないため、感染のリスクが高まる。

　一方で、活性化した細胞が過剰な反応を示し、アレルギー症状や発疹を引き起こしてしまうことが報告されている。

予防と対策　科学者たちは実態を調査し、なぜ免疫系が混乱するのか、どうすれば長期滞在ミッションに従事する宇宙飛行士を守れるのか研究を重ねている。

現在、放射線シールドの改善や栄養面でのフォロー、薬剤の導入などが対策として考えられている。また調査によって、宇宙飛行士たちがミッション前に無線周波数帯への被曝が引き金となって免疫系に反応が起き、その後の感染に対して抵抗力があがっているのではないかと指摘されてもいる。こうした調査によって、免疫系に変化が生じる経緯や理由が解明され、地上の医療にも恩恵がもたらされるだろう。

ここまで読んでも、まだ火星に行きたい人は手をあげて！

健康被害には遠心加速器が有効

宇宙飛行による健康障害の多くは、宇宙で遠心加速器を使った模擬重力で、ある程度防ぐことができる。

映画『オデッセイ』[125]の原作でもある小説『火星の人』[126]には、地球と火星を往復する宇宙船が登場する。エルメスという回転式モジュールを搭載していて、火星の重力に近い0・4gを再現できる。

これはすばらしいアイデアだが、遠心加速器を宇宙船に組み込むのは、今はまだかなり厄介で、コストもかかるだろう。

124 ゴム製のトレーニングチューブ。

125・126 229ページ。

エピローグ

未来の君たちへ

Q 次のミッションが国際宇宙ステーションじゃなかったら、違う訓練を受けるのですか？

A この本を締めくくるのにぴったりの質問だ。これからも有人宇宙飛行や宇宙探査の可能性は広がり続ける。そんな希望に満ちた未来に思いをはせてみよう。

まずこの質問にひと言で答えるならば、イエスだ。

任務地が国際宇宙ステーション（ＩＳＳ）以外となると、訓練内容も多少変わってくるだろう。将来的にはＩＳＳでのミッションのための訓練も大幅に変わる可能性がある。

宇宙飛行へ向けての準備が、どのように変わっていくのか。そのヒントとして、近い将来、宇宙飛行士が乗る宇宙船と宇宙ステーションについて話をしよう。

民間有人宇宙船が誕生する

アメリカは、再び自国から有人ロケットを打ち上げ[1]、宇宙飛行士をＩＳＳへ送るべく準備をしている。アメリカ航空宇宙局（ＮＡＳＡ）は２０１４年9月、ボーイング[2]とスペースＸ[3]の２社に、ＩＳＳを往復する４人乗り宇宙船の開発を委託した。

実現するとＩＳＳに滞在するクルーは合計７人となり、宇宙で科学研究に費せる時間が週に40時間増える。ＩＳＳへの宇宙飛行士の輸送は、ロシアのソユーズ宇宙船が唯一の手段だが、ボーイング社のＣＳＴ‐１００スターライナーとスペースＸ社のドラゴン補給船[4]が加わるのだ。両機とも２０１９年までに運用開始となる見込みで、すでにこれらの宇宙船に備えた訓練もはじまっている。

地球低軌道での商業活動が活発になり、ＩＳＳのミッションが多様化する

ＩＳＳの運用は２０２４年まで延長されることが決定している。無重力環境を利用した研究がさまざまな利益をもたらし、広く普及するにつれて、民間企業からの関心が高まっている。実際、ビゲロー・エアロスペース[5]とアクシオム・スペース[6]の２社が、地球低軌道に滞在施設を建設して運営する構想を打ち出した。

ビゲロー・エアロスペース社はすでに、ＩＳＳにビゲロー膨張式活動モジュール（ＢＥＡ[7]

1　33、34ページ。

2　36ページ。

3・4　24ページ。

5　膨張式の宇宙ステーションモジュールを手が

M）を取りつけ、2年間のテスト運用を行なった。アクシオム・スペース社は、2020年代前半に、ISSを最初のモジュールとして使用する考えだ。

地球低軌道での無重力研究のプラットフォームを、徐々に民間企業に移行させていくためにも、ISSの運用を2028年まで延長すべきだという意見もある。

2020年代には民間企業による宇宙ビジネスが拡大するため、ISSでのミッションもますます多忙で、刺激的かつダイナミックなものになるだろう。

月周回軌道に小型宇宙ステーションができる

各国の宇宙機関は、低軌道における商業用宇宙ステーションへの移行を支持しているが、それは、自らのかぎられたリソースを次なる太陽系探査に集中させたいからだ。この流れを受けて生まれたのが、次世代を担うNASAの超重量物運搬ロケット、スペースローンチシステム（SLS）で、[8]アポロ計画で使用されたサターンVよりも巨大でパワフルだ。

SLS打ち上げの最初の5回は、月周回軌道に深宇宙探査ゲートウェイを組み立てることを予定している。つまり、電気・推進モジュール、居住モジュール、補給モジュール、エアロックモジュールを備えた小型宇宙ステーションになる。

2019年にはじまるこのミッションは、深宇宙での科学研究の道を切り開くだけでなく、

けるアメリカの宇宙ベンチャー企業。1999年、ホテル王のロバート・ビゲローが設立。

6 アメリカのヒューストン所在の企業。世界初の民間宇宙ステーション建設を目的に2015年に設立された。

7 インフレータブル式試験用モジュール。108ページ。

8 1967〜1973年、アポロ計画（21ページ）およびスカイラブ計画に用いられた、使い捨て方式の液体燃料多段式ロケット。スカイラブはアポロ計画終了後、残ったサターンロケットを利用したアメリカ初の宇宙ステーション。1973〜1979年、地球を周回した。

人類が再び月面を探査する機会にもつながり、さらには火星探査への足がかりにもなるだろう。まずＳＬＳの無人試験飛行を行い、その後、４人のクルーを乗せたオリオン宇宙船[9]が打ち上げられる。クルーは最長６週間滞在し、深宇宙探査ゲートウェイの組み立てにあたる。２０２６年の完成予定だ。

宇宙飛行士はこの新しい宇宙ステーションで数週間のミッションを行うが、年間を通して滞在することはない。この構想はＮＡＳＡが主導しているが、実現には他国の宇宙機関や学術機関、民間企業との強力なパートナーシップが求められる。欧州宇宙機関（ＥＳＡ）は、オリオン用の欧州サービスモジュールを開発する重要な役割を担っている。

火星探査を視野にさまざまな計画が始動している

１９６９年７月20日にニール・アームストロング[10]が月面着陸して以来、太陽系の有人探査の次の目的地として注目されたのは火星だった。そしてついに、この長年の大望を叶えるための道筋が明らかになった。２０２７年までにＳＬＳによって深宇宙輸送機を打ち上げ、深宇宙探査ゲートウェイを組み立てる予定だ。月近傍での補給モジュールと1年間の有人ミッションに続いて、重量41トンもの深宇宙輸送機で４人の宇宙飛行士を火星探査に送り込み、２０３３年に帰還する計画になっている。

３年も続くミッションでは火星に着陸せず、火星の周囲をまわって深宇宙探査ゲートウェイへ戻ってくる。ミッションから得られる収穫は、火星の地を踏むという究極の目標を達成する礎《いしずえ》となり、ほかの惑星へ移住するための一歩を踏み出すことにもつながる。

太陽系探査を推し進め、火星へ進出しようと画策しているのは、各国の宇宙機関だけではない。スペースX社のCEOであるイーロン・マスクはその野望を臆することなく明言した。「火星に移住し、人類を単なる地球人からもっと広範囲の惑星人にしてみせる」と。

これは夢物語ではない。スペースX社は惑星間輸送システム（ITS）[11]の実現に向け、メタン燃料搭載のロケットエンジン、ラプターをすでに開発し、テスト運用している[12]。

このエンジンは強力で、ISSへの打ち上げに現在使われている同社のファルコン9ロケット[13]に搭載のマーリン1Dエンジンに比べ、3倍以上の推力だ。打ち上げ機の第1段ブースターは再使用型で、ラプターエンジンを42基も搭載。その推力は、アポロ11号を月まで打ち上げたサターンVの約4倍にものぼり、打ち上げ能力は十分にある。

宇宙飛行にかかるコストを削減し、有人探査の境界を広げようとしているのは、大富家がCEOのスペースX社だけではない。AMAZON創設者のジェフ・ベゾスは、ブルー・オリジンという航空宇宙企業を立ちあげた。再び月面着陸を目指し、太陽系における人類の足跡を拡大するべく、次々と新しいロケットの開発に乗り出している。

さらにドリームチェイサー宇宙船の開発を続けているシエラ・ネヴァダ・コーポレーショ[14]

9 46ページ。

10 21ページ。

11 再使用型のロケットエンジン、打ち上げ機、宇宙船からなる宇宙システムで、火星への有人飛行を想定している。

12 火星に向けてすでにファルコンヘビーを発射し、イーロン・マスクの愛車ステラを火星軌道に投入した。

13 112ページ。

14 アメリカのネバダ州にある航空機および宇宙船の開発製造会社。

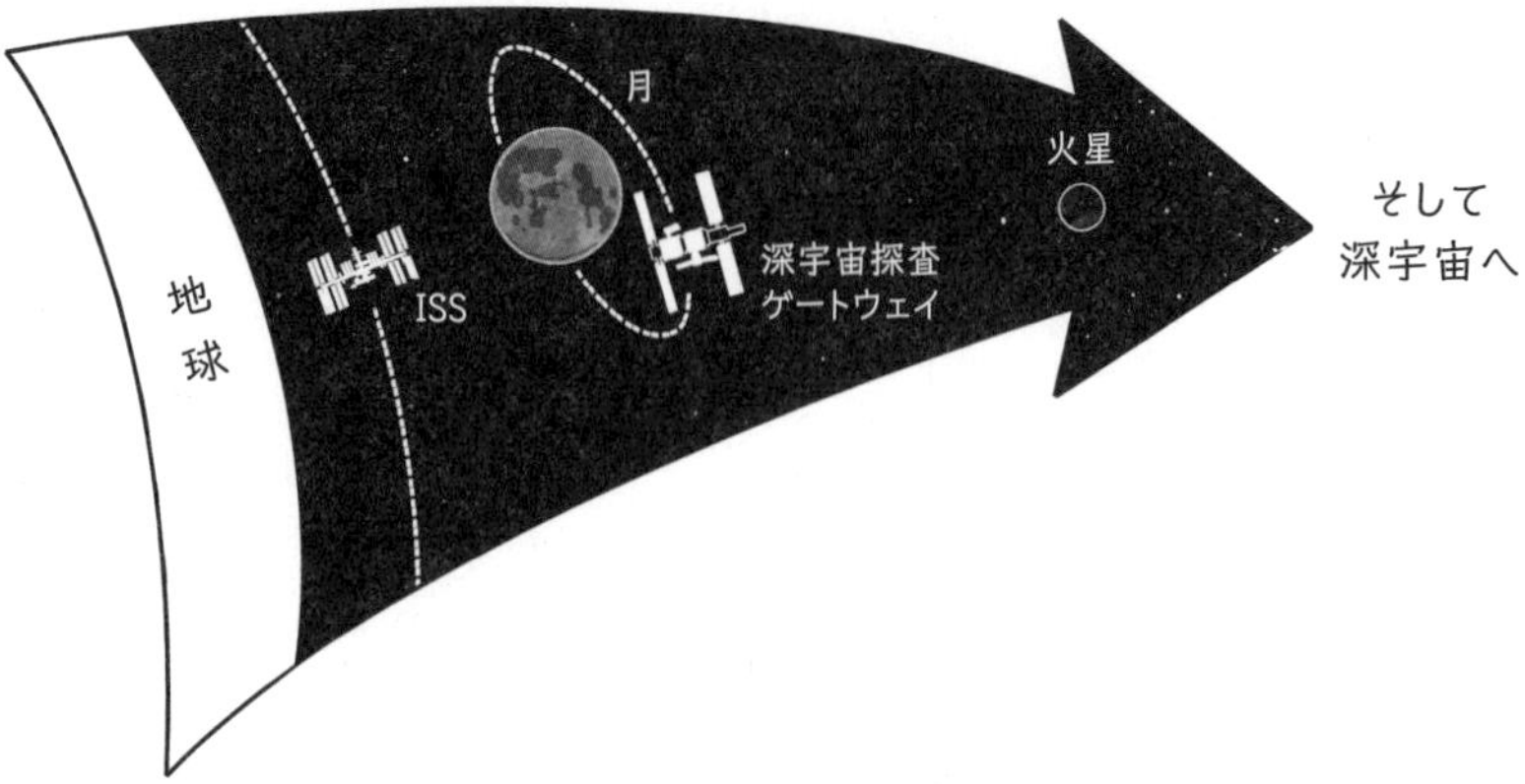

ン（ＳＮＣ）は、２０１６年にＮＡＳＡと契約し、２０１９年から２０２４年の間にＩＳＳに商用補給を６回以上行うことになった。

また[15]ヴァージン・ギャラクティック、ブルー・オリジンといった企業は、近い将来、何百人もの民間人が夢のような宇宙旅行を体験できる技術を開発中だ。今後、有人宇宙飛行への関心はますます高まることだろう。

こうした新時代の宇宙開発競争は数年前にはじまった。企業間の競争が生まれたり、持続可能性の向上や宇宙飛行のコスト削減が進められただけではなく、新たな連携や国境を越えた協力関係を通してすばらしい機会が得られるようになった。

競争は激しさを増し、宇宙探査の新たな夜明けが近づいている。

今、問われているのは、「月と火星に移住できるか」ではなく「いつ移住するか」なのだ！

15 55ページ。

質問リスト

プロローグ　宇宙の話をはじめよう

第1章　さあ、旅立とう

第2章　宇宙飛行士の訓練を紹介しよう

第3章 国際宇宙ステーションの暮らし

第5章　宇宙から地球について考えよう

第6章　地球への帰還

エピローグ　未来の君たちへ

省略記号リスト

CSA カナダ宇宙庁　082
EAC 欧州宇宙飛行士センター　031
EMU 船外活動(EVA)ユニット　200
ESA 欧州宇宙機関　031
EVA 船外活動
GMT グリニッジ標準時　023
HUT 剛性上部胴　188
ISS 国際宇宙ステーション
JAXA 日本宇宙航空研究開発機構　082
LCVG 冷却下着　188
MAG 大人用おむつ　041
NASA アメリカ航空宇宙局　021
NEEMO 極限環境ミッション運用　089
SSU 直列シャントユニット　193
T2 トレッドミル　178

謝辞

まず、おもしろくて難しくてユーモアのあるさまざまな質問を投げかけて、有人宇宙飛行の世界へ興味をもってくれたすべての人に感謝する。どうもありがとう。みなさんからの質問に答えるのは楽しく、おかげで充実した内容の本になった。

そして本書のプロジェクトを見守り、アドバイスをしてくれた聡明な父、ナイジェル・ピークと、イアン・キュリー博士に感謝する。

欧州宇宙機関(ESA)のカール・ウォーカー氏とロスティア・スエンソン氏には、事実確認をはじめ本書の実現に関してお世話になった。すてきなイラストを手がけてくれたエド・グレイス、ジョー・カートンにも感謝を。

ペンギン・ランダムハウス社傘下、コーナーストーン社の制作チームの協力なしには、本書は日の目を見ることがなかっただろう。担当編集者のベン・ブリュージーにお礼を申し上げる。今や彼は宇宙飛行士だと言ってもいいくらい宇宙に詳しい。

表紙デザインを手掛けたジェイソン・スミス、コピー・エディティング担当のマンディ・グリーンフィールド、ジョアンナ・テイラー、ケイティ・ラウネイン、イラスト部分のオーガナイズ担当のベッキー・ミラー、本書のプロデュース担当のリンダ・ホジソンに感謝する。宣伝担当のシャーロット・ブッシュ、マーケティング担当のレベッカ・アイキンとハティー・アダム＝スミス、販売チームの面々とアスラン・バーン、権利関係担当のパイパー・ライトとそのアシスタントのスーザン・サンドにも感謝を。

そしてリトル・ブラウン・アンド・カンパニー社の面々にもこの場を借りてお礼を申し上げる。

また、自ら培ってきた知識を惜しみなく与えてくれた恩師やインストラクター、メンターのみなさんにもお礼を申し上げたい。質問に答える際に、彼らの忍耐や情熱が指針となった。

最後に妻のレベッカへ。思ったよりも厄介だった本書の執筆中、献身的に支えてくれて本当にありがとう。

ティム・ピーク

著者　ティム・ピーク

イギリス陸軍航空隊を経て欧州宇宙機関(ESA)所属の宇宙飛行士になる。2015年12月15日、第46／47次長期滞在ミッション遂行のため、国際宇宙ステーション(ISS)に出発。186日滞在し、2016年6月18日に地球に帰還。テストパイロットの資格を保有し、陸軍航空隊時代には、3000時間以上のフライトおよび30種類以上ものヘリコプターと固定翼機の操縦を経験している。2017年、ISSで撮影した写真が満載の『Hello, is this Planet Earth?(やあ、キミが地球?)』を発売。たちまちベストセラーとなり、同年、イギリスブックアワードにおいてノンフィクション・ライフスタイル部門の「今年の本」に輝いた。

*チャールズ皇太子が1976年に立ちあげた若年層の失業者支援慈善団体、ザ・プリンスズ・トラスト(The Prince's Trust)のアンバサダーであることから、本書の印税は同団体に寄付される。

監修者　柳川孝二

JAXA社友、Koshoya2020代表。早稲田大学物理学修士課程修了後、宇宙開発事業団(現JAXA)入社。ロケットエンジンLE-5の開発、ISS、宇宙実験、有人宇宙技術開発、宇宙飛行士選抜および訓練を担当。おもな著書に『なぜ、人は宇宙をめざすのか』(誠文堂新光社、共著)、『宇宙飛行士という仕事』(中央公論新社)など。

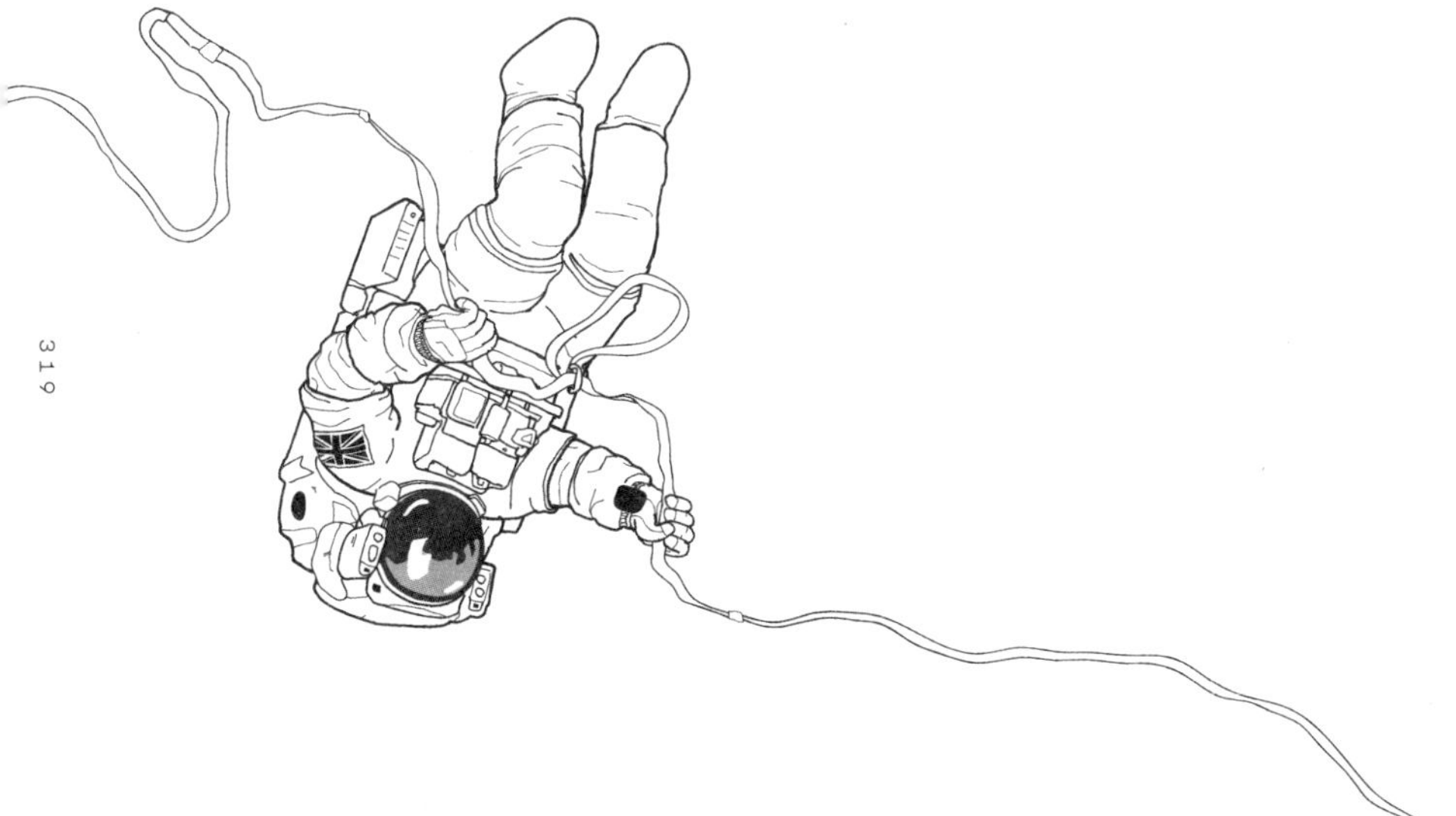

Photography Credits

1. ESA – S. Corvaja
2. © NASA
3. © NASA – L. Harnett
4. © Getty
5. © ESA
6. © NASA
7. © GCTC
8. © ESA
9. © UKSA
10. © GCTC – Yuri Kargapolov
11. © GCTC – Yuri Kargapolov
12. © NASA – B. Stafford
13. © NASA
14. © GCTC
15. © UKSA – Max Alexander
16. © NASA – Victor Zelentsov
17. © ESA – S. Corvaja
18. © ESA – S. Corvaja
19. © ESA – S. Corvaja
20. © ESA – S. Corvaja
21. © ESA – S. Corvaja
22. © Getty
23. © ESA / NASA (picture taken by ESA Astronaut Tim Peake)
24. © ESA / NASA (picture taken by NASA Astronaut Tim Kopra)
25. © ESA / NASA (picture taken by NASA Astronaut Tim Kopra)
26. © ESA / NASA (picture taken by ESA Astronaut Tim Peake)
27. © ESA / NASA (picture taken by ESA Astronaut Tim Peake)
28. © ESA / NASA (picture taken by ESA Astronaut Tim Peake)
29. © ESA / NASA (picture taken by ESA Astronaut Tim Peake)
30. © ESA / NASA (picture taken by ESA Astronaut Tim Peake)
31. © ESA / NASA (picture taken by ESA Astronaut Tim Peake)
32. © ESA / NASA (picture taken by ESA Astronaut Tim Peake)
33. © ESA / NASA (picture taken by ESA Astronaut Tim Peake)
34. © ESA / NASA (picture taken by ESA Astronaut Tim Peake)
35. © ESA / NASA (picture taken by ESA Astronaut Tim Peake)
36. © ESA / NASA (picture taken by ESA Astronaut Tim Peake)
37. © Getty
38. © ESA / NASA (picture taken by NASA Astronaut Scott Kelly)
39. © ESA / NASA (picture taken by NASA Astronaut Scott Kelly)
40. © ESA / NASA (picture taken by ESA Astronaut Tim Peake)
41. © ESA / NASA (picture taken by NASA Astronaut Tim Kopra)
42. © Getty
43. © Getty

Hardback endpapers © ESA / NASA (pictures taken by ESA Astronaut Tim Peake)

esa
European Space Agency

ASK AN ASTRONAUT
by Tim Peake
Copyright © ESA/Timothy Peake 2017
Photographs © ESA/NASA and Getty Images
Illustrations © Ed Grace

First published Ask an Astronaut by Century, an imprint of Cornerstone.
Cornerstone is part of the Penguin Random House group of companies.
Japanese translation published by arrangement withThe Random House Group Limited through The English Agency (Japan) Ltd.

Century
20 Vauxhall Bridge Road
London SW1V 2SA

Century is part of the Penguin Random House group of companies whose addresses can be found at global.penguinrandomhouse.com.

Copyright © ESA/Timothy Peake 2017

Tim Peake has asserted his right under the Copyright, Designs and Patents Act, 1988, to be identified as the author of this work.

Jacket monage : front cover photo of Tim by Marie Schmidt, space texture and illustrateons © Getty Image/Shutterstock; back cover photo courtesy of NASA/ESA.

The publishers are grateful to those who contributed questions to this book, and every effort has been made to acknowledge them.
Any errors or omissions may be corrected at the next reprint.

A CIP catalogue record for this book is available from the British Library.

Typeset in 11.75/15.5 pt Times by Jouve (UK), Milton Keynes
Printed and bound in Great Britain by Clays Ltd, St Ives plc

Penguin Random House is committed to a sustainable future for our business, our readers and our planet.

This Japanese edition was produced and published in Japan in 2018
by NIHONBUNGEISHA Co.,Ltd.
1-7 Kandajinbocho, Chiyodaku,
Tokyo 101-8407, Japan

Japanese translation © 2018 NIHONBUNGEISHA Co.,Ltd.

Japanese edition creative staff
Editorial supervisor : Koji Yanagawa
Translation cooperation : Rica Shibata
Text layout : Nao Tamura
Contributing editor : Masayo Tsurudome
ISBN978-4-537-21650-9
Printed in Japan

日本語版制作スタッフ
監修：柳川孝二
翻訳協力：柴田里芽
組版・カバーデザイン：田村奈緒
編集協力：鶴留聖代

宇《う》宙《ちゅう》飛《ひ》行《こう》士《し》に聞《き》いてみた！
世《せ》界一《かいいち》リアルな宇宙《うちゅう》の暮《く》らしQ&A

2018年12月31日　第1刷発行

著　者　ティム・ピーク
発行者　中村 誠
印刷所　株式会社文化カラー印刷
製本所　大口製本印刷株式会社
発行所　株式会社日本文芸社
〒101-8407　東京都千代田区神田神保町1-7
TEL 03-3294-8931(営業) 03-3294-8920(編集)
Printed in Japan 112181207-112181207 Ⓝ01
ISBN 978-4-537-21650-9 260004
URL https://www.nihonbungeisha.co.jp/
© NIHONBUNGEISHA 2018

乱丁・落丁本などの不良品がありましたら、小社製作部宛にお送りください。送料小社負担にておとりかえいたします。法律で認められた場合を除いて、本書からの複写・転載（電子化を含む）は禁じられています。また、代行業者等の第三者による電子データ化及び電子書籍化は、いかなる場合も認められていません。（編集担当：角田）